碳中和城市与绿色智慧建筑系列教材

教育部高等学校建筑类专业教学指导委员会规划推荐教材

丛书主编　王建国

建筑碳排放计算

Computation of Building Carbon Emissions

孙澄　韩昀松　周志刚　编著

中国建筑工业出版社

图书在版编目（CIP）数据

建筑碳排放计算 = Computation of Building
Carbon Emissions / 孙澄，韩昀松，周志刚编著 .
北京：中国建筑工业出版社，2024. 12. ——（碳中和城
市与绿色智慧建筑系列教材 / 王建国主编）（教育部高
等学校建筑类专业教学指导委员会规划推荐教材 / 王建
国主编）. —— ISBN 978-7-112-30584-1

Ⅰ . X511

中国国家版本馆 CIP 数据核字第 202433F61W 号

为了更好地支持相应课程的教学，我们向采用本书作为教材的教师提供课件，有需要者可与出版社联系。
建工书院：https://edu.cabplink.com
邮箱：jckj@cabp.com.cn　电话：（010）58337285

策　　划：陈　桦　柏铭泽
责任编辑：王　惠　陈　桦
责任校对：赵　菲

碳中和城市与绿色智慧建筑系列教材
教育部高等学校建筑类专业教学指导委员会规划推荐教材
丛书主编　王建国

建筑碳排放计算
Computation of Building Carbon Emissions
孙澄　韩昀松　周志刚　编著
*
中国建筑工业出版社出版、发行（北京海淀三里河路 9 号）
各地新华书店、建筑书店经销
北京海视强森图文设计有限公司制版
北京中科印刷有限公司印刷
*
开本：787 毫米 ×1092 毫米　1/16　印张：$17\frac{1}{2}$　字数：331 千字
2024 年 12 月第一版　2024 年 12 月第一次印刷
定价：69.00 元（赠教师课件）
ISBN 978-7-112-30584-1
（43990）

《碳中和城市与绿色智慧建筑系列教材》

总序

建筑是全球三大能源消费领域（工业、交通、建筑）之一。建筑从设计、建材、运输、建造到运维全生命周期过程中所涉及的"碳足迹"及其能源消耗是建筑领域碳排放的主要来源，也是城市和建筑碳达峰、碳中和的主要方面。城市和建筑"双碳"目标实现及相关研究由 2030 年的"碳达峰"和 2060 年的"碳中和"两个时间节点约束而成，由"绿色、节能、环保"和"低碳、近零碳、零碳"相互交织、动态耦合的多途径减碳递进与碳中和递归的建筑科学迭代进阶是当下主流的建筑类学科前沿科学研究领域。

本系列教材主要聚焦建筑类学科专业在国家"双碳"目标实施行动中的前沿科技探索、知识体系进阶和教学教案变革的重大战略需求，同时满足教育部碳中和新兴领域系列教材的规划布局和"高阶性、创新性、挑战度"的编写要求。

自第一次工业革命开始至今，人类社会正在经历一个巨量碳排放的时期，碳排放导致的全球气候变暖引发一系列自然灾害和生态失衡等环境问题。早在 20 世纪末，全球社会就意识到了碳排放引发的气候变化对人居环境所造成的巨大影响。联合国政府间气候变化专门委员会（IPCC）自 1990 年始发布五年一次的气候变化报告，相关应对气候变化的《京都议定书》（1997）和《巴黎气候变化协定》（2015）先后签订。《巴黎气候变化协定》希望 2100 年全球气温总的温升幅度控制在 1.5 ℃，极值不超过 2 ℃。但是，按照现在全球碳排放的情况，2100 年全球温升预期是 2.1~3.5 ℃，所以，必须减碳。

2020 年 9 月 22 日，国家主席习近平在第七十五届联合国大会一般性辩论上向国际社会郑重承诺，中国将力争在 2030 年前达到二氧化碳排放峰值，努力争取在 2060 年前实现碳中和。自此，"双碳"目标开始成为我国生态文明建设的首要抓手。党的二十大报告中提出，"积极稳妥推进碳达峰碳中和。立足我国能源资源禀赋，坚持先立后破，有计划分步骤实施碳达峰行动……深入推进能源革命……"，传递了党中央对我国碳达峰、碳中和的最新战略部署。

国务院印发的《2030 年前碳达峰行动方案》提出，将碳达峰贯穿于经济社会发展全过程和各方面，重点实施"碳达峰十大行动"。在"双碳"目标战略时间表的控制下，建筑领域作为三大能源消费领域（工业、交通、建筑）之一，尽早实现碳中和对于"双碳"目标战略路径的整体实现具有重要意义。

为贯彻落实国家"双碳"目标任务和要求，东南大学联合中国建筑出版传媒有限公司，于 2021 年至 2022 年承担了教育部高等教育司新兴领域教材研究与实践项目，就"碳中和城市与绿色智慧建筑系列教材"建设开展了研究，初步架构了该领域的知识体系，提出了教材体系建设的全新框架和编写思路等成果。2023 年 3 月，教育部办公厅发布《关于组织开展战略性新兴领域"十四五"高等教育教材体系建设工作的通知》（以下简称《通知》），《通知》中明确提出，要充分发挥"新兴领域教材体系建设研究与实践"项目成果作用，以《战略性新兴领域规划教材体系建议目录》为基础，开展专业核心教材建设，并同步开展核心课程、重点实践项目、高水平教学团队建设工作。课题组与教材建设团队代表于 2023 年 4 月 8 日在东南大学召开系列教材的编写启动会议；系列教材主编、中国工程院院士、东南大学建筑学院教授王建国发表系列教材整体编写指导意见；中国工程院院士、西安建筑科技大学教授刘加平和中国工程院院士、清华大学教授庄惟敏分享分册编写成果。编写团队由 3 位院士领衔，8 所高校和 3 家企业的 80 余位团队成员参与。

2023 年 4 月，课题团队向教育部正式提交了战略性新兴领域"碳中和城市与绿色智慧建筑系列教材"建设方案，回应国家和社会发展实施碳达峰碳中和战略的重大需求。2023 年 11 月，由东南大学王建国院士牵头的未来产业（碳中和）板块教材建设团队获批教育部战略性新兴领域"十四五"高等教育教材体系建设团队，建议建设系列教材 16 种，后考虑跨学科和知识体系完整性增加到 20 种。

本系列教材锚定国家"双碳"目标，面对建筑类学科绿色低碳知识体系更新、迭代、演进的全球趋势，立足前沿引领、知识重构、教研融合、探索开拓的编写定位和思路。教材内容包含了碳中和概念和技术、绿色城市设计、低碳建筑前策划后评估、绿色低碳建筑设计、绿色智慧建筑、国土空间生态资源规划、生态城区与绿色建筑、城镇建筑生态性能改造、城市建筑智慧运维、建筑碳排放计算、建筑性能智能化集成以及健康人居环境等多个专业方向。

教材编写主要立足于以下几点原则：一是根据教育部碳中和新兴领域系列教材的规划布局和"高阶性、创新性、挑战度"的编写要求，立足建筑类专业本科生高年级和研究生整体培养目标，在原有课程知识课堂教授和实验教学基础上，专门突出了碳中和新兴领域学科前沿最新内容；二是注意建筑类专业中"双碳"目标导向的知识体系建构、教授及其与已有建筑类相关课程内容的差异性和相关性；三是突出基本原理讲授，合理安排理论、方法、实验和案例分析的内容；四是强调理论联系实际，强调实践案例和翔实的示范作业介绍。总体力求高瞻远瞩、科学合理、可教可学、简明实用。

本系列教材使用场景主要为高等学校建筑类专业及相关专业的碳中和新兴学科知识传授、课程建设和教研学产融合的实践教学。适用专业主要包括建筑学、城乡规划、风景园林、土木工程、建筑材料、建筑设备，以及城市管理、城市经济、城市地理等。系列教材既可以作为教学主干课使用，也可以作为上述相关专业的教学参考书。

本系列教材编写工作由国内一流高校和企业的院士、专家学者和教授完成，他们在相关低碳绿色研究、教学和实践方面取得的先期领先成果，是本系列教材得以顺利编写完成的重要保证。作为新兴领域教材的补缺，本系列教材很多内容属于全球和国家双碳研究和实施行动中比较前沿且正在探索的内容，尚处于知识进阶的活跃变动期。因此，本系列教材的知识结构和内容安排、知识领域覆盖、全书统稿要求等虽经编写组反复讨论确定，并且在较多学术和教学研讨会上交流，吸收同行专家意见和建议，但编写组水平毕竟有限，编写时间也比较紧，不当之处甚或错误在所难免，望读者给予意见反馈并及时指正，以使本系列教材有机会在重印时加以纠正。

感谢所有为本系列教材前期研究、编写工作、评议工作、教案提供、课程作业作出贡献的同志以及参考文献作者，特别感谢中国建筑出版传媒有限公司的大力支持。没有大家的共同努力，本系列教材在任务重、要求高、时间紧的情况下按期完成是不可能的。

是为序。

丛书主编、东南大学建筑学院教授、中国工程院院士

前言

随着全球气候变暖问题的日益严重，减少碳排放已成为当今社会所面临的一项紧迫任务。推动实现"2030碳达峰、2060碳中和"目标，是党中央经过深思熟虑做出的重大战略决策，也是一场广泛而深刻的经济社会系统性变革。

建筑业作为我国的支柱产业，在国民经济发展和社会民生保障等方面扮演着重要角色。然而，由于其资源消耗、能源消耗和废弃物排放量巨大，建筑业也成为我国碳排放的主要来源之一。根据中国建筑节能协会发布的《中国建筑能耗与碳排放研究报告（2023年）》，2021年全国建筑全过程碳排放总量为50.1亿tCO_2，占全国能源相关碳排放的比重为47.1%。因此，减少建筑领域的碳排放对于实现"双碳"战略至关重要，任务艰巨且具有潜力，对于实现低碳经济发展具有重要意义。

在全球碳达峰、碳中和背景下，亟需厘清建筑领域碳排放计算问题，明晰建筑节能减碳机制，提升建筑节能技术水平，以及探究建筑"双碳"目标的实施路径。建筑碳排放相关标准、制度及方法学作为建筑"双碳"工作的基础技术备受关注。

为应对这一挑战，我国相继出台了《关于完整准确全面贯彻新发展理念做好碳达峰碳中和工作的意见》等多项政策文件，将低碳转型置于重点位置，并强调了进行建筑碳排放计算工作的紧迫性、基础性以及重要性。在全球范围内，建筑行业的碳排放计算工作也一直备受关注。例如，国际标准化组织（ISO）制定了《建筑和土木工程的可持续性：现有建筑在使用阶段的碳计量》ISO 16745—2017，世界资源研究所（WRI）与世界可持续发展工商理事会（WBCSD）合作开发了温室气体核算体系。此外，许多发达国家也提出了各自的建筑碳排放计算工具，包括相关方法、模型、体系及软件平台。然而，由于国际组织和发达国家的计算方法尚未统一，并且存在着风险因素如国情不同等问题，这些工具在我国并不适用。

目前，我国建筑领域的绿色低碳化标准体系仍在建设中，涉及建筑碳排放计算的主流标准包括4个，分别是：《建筑碳排放计算标准》GB/T 51366—2019；《民用建筑绿色性能计算标准》JGJ/T 449—2018；《建筑和土木工程的可持续性：现有建筑在使用阶段的碳计量》ISO 16745—2017；《建筑碳排放计量标准》CECS 374—2014。这4个标准均阐述了建筑碳排放计算的方法学和原则，主要包含实测法、碳排放因子法、物料衡算法、施工工序能耗估算法等。在具体的计算内容和侧重点上，各标准存在一定的差异。

《建筑碳排放计量标准》CECS 374—2014 是由中国工程建设标准化协会编制发布的我国第一部真正意义上的建筑碳排放分析计算标准，适用于新建、改建和扩建及既有建筑的全生命周期碳排放计算，重点介绍数据收集与处理方法。在此基础上，经过众多专家学者反复论证与研究，《建筑碳排放计算标准》GB/T 51366—2019 于 2019 年 12 月 1 日正式实施。该标准规范了新建、扩建和改造民用建筑全生命周期中运行、施工及拆除阶段以及材料生产和运输阶段的碳排放计算方法，并统一了边界、对象和方法，具有重大的原始创新和突破性价值。《民用建筑绿色性能计算标准》JGJ/T 449—2018 仅对建材生产及运输、运行阶段的碳排放计算作出要求和分析。《建筑和土木工程的可持续性：现有建筑在使用阶段的碳计量》ISO 16745—2017 是仅针对建筑运行阶段碳排放计量、报告和核证的国际标准，具有较强的国际认可度。

2019 年 3 月 13 日，住房和城乡建设部发布了最新版的国家标准《绿色建筑评价标准》GB/T 50378—2019，在条文中提出进行建筑碳排放计算分析，采取措施降低单位建筑面积碳排放强度的建议。2021 年 9 月 8 日，住房和城乡建设部发布国家标准《建筑节能与可再生能源利用通用规范》GB 55015—2021，作为强制性工程建设规范，要求全部条文必须严格执行。规范中明确，新建建筑碳排放强度应分别在 2016 年执行的节能设计标准的基础上平均降低 40%。建筑碳排放计算，首次明确成为设计文件中的强制性要求。2021 年 10 月，国务院发布《关于印发 2030 年前碳达峰行动方案的通知》，其中对"优化建筑用能结构"作出了明确规定。2022 年 3 月，住房和城乡建设部发布《关于印发"十四五"建筑节能与绿色建筑发展规划的通知》，明确指出建筑领域需加强统计与监测能力的建设、完善建筑领域能源消费统计制度和指标体系、探索建立城市基础设施能源消费统计制度。

本书旨在介绍建筑碳排放计算方法与技术，并提供相关数据支持，以帮助读者更好地理解并应用于实际工作中。无论是从设计阶段到施工过程再到运营管理，都需要考虑如何最大限度地降低建筑物对环境造成的负面影响。

本书适合广大从事建筑设计、施工、运营管理等相关领域的专业人士阅读，也可作为高等学校相关专业学生的参考教材。我们希望通过本书能够提高读者对于建筑碳排放计算重要性的认识，并激发他们在实践中采取积极行动，共同致力于构建一个更加环保和可持续发展的未来。

本书主要内容如下：第 1~5 章主要介绍了建筑碳排放计算与分析的时代语境、理论基础、数据体系、科学方法和工具平台，第 6~10 章介绍了建筑全生命周期的碳排放计算与分析，包括设计阶段、建造阶段、运行阶段、改造阶段和拆除阶段，第 11~15 章阐述了碳排放计算对设计决策制定、施工方案制定、建筑智慧运维、新型建材开发和建筑碳汇交易的助力作用。

本书编写人员包括从事教学、科研、实践的教师，具体分工为：第 1 章，孙澄、张陆琛；第 2 章，韩昀松、庄典；第 3 章，刘羿伯；第 4 章，姜益强；第 5 章，张甜甜；第 6 章，董琪、周志波；第 7 章，杨旭；第 8 章，周志刚；第 9 章，董建锴；第 10 章，董建锴；第 11 章，周志波；第 12 章，杨旭；第 13 章，周志刚；第 14 章，黄欣鹏；第 15 章，张田妹、曲大刚。全书由孙澄、韩昀松老师进行统稿。

本书在编写过程中参考了大量宝贵的文献资料，吸取了行业专家的经验，借鉴了有关专业书籍内容和论文。在此，向这部分文献资料的作者表示衷心的感谢！感谢薛名辉老师为本书审稿。同时，也希望读者能将使用过程中发现的问题和建议及时反馈给我们，以便日臻完善。

本书编写团队
2023 年 11 月 11 日

目录

第 1 章

建筑碳排放计算与分析的时代语境

本章主要内容及逻辑关系如图 1-1 所示。

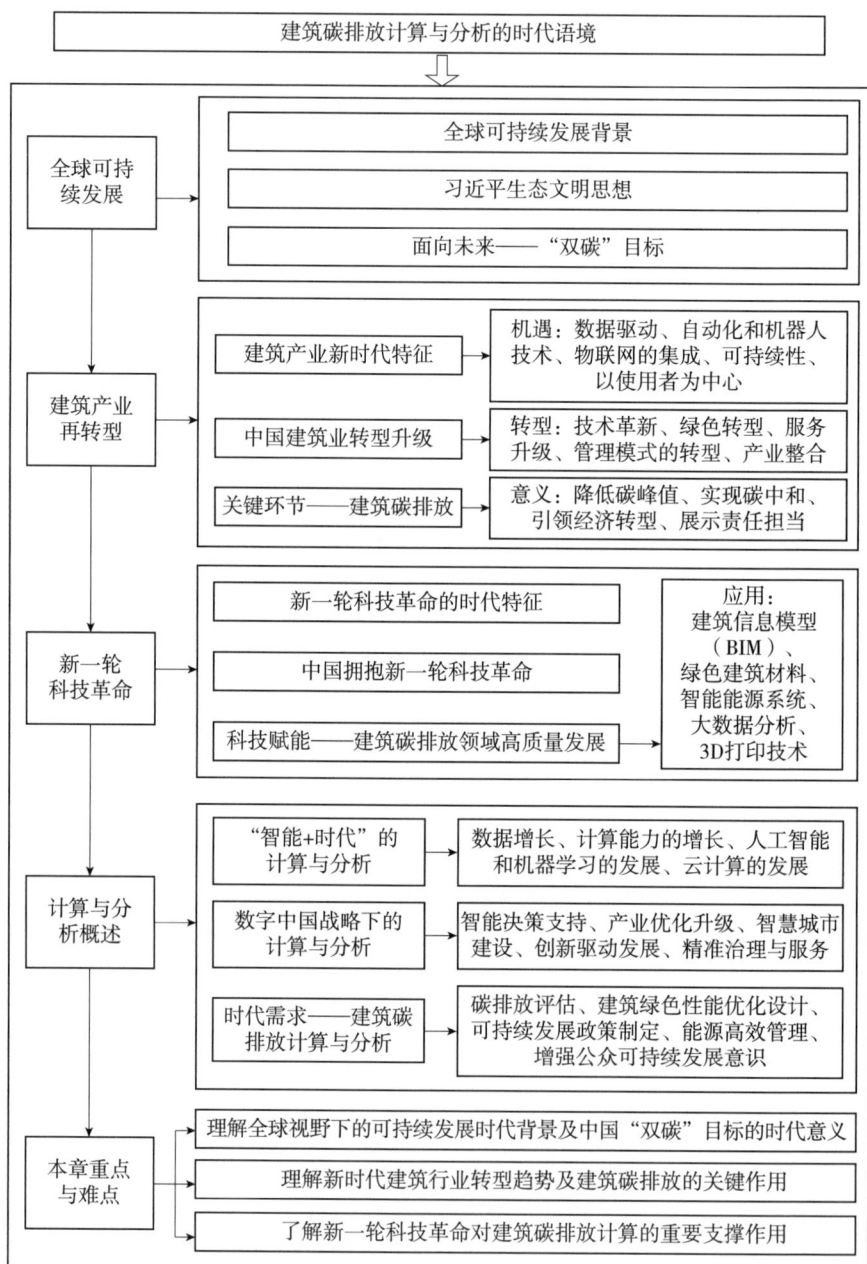

建筑碳排放计算与分析的时代语境

全球可持续发展	全球可持续发展背景
	习近平生态文明思想
	面向未来——"双碳"目标

建筑产业再转型	建筑产业新时代特征	机遇：数据驱动、自动化和机器人技术、物联网的集成、可持续性、以使用者为中心
	中国建筑业转型升级	转型：技术革新、绿色转型、服务升级、管理模式的转型、产业整合
	关键环节——建筑碳排放	意义：降低碳峰值、实现碳中和、引领经济转型、展示责任担当

新一轮科技革命	新一轮科技革命的时代特征	应用：建筑信息模型（BIM）、绿色建筑材料、智能能源系统、大数据分析、3D打印技术
	中国拥抱新一轮科技革命	
	科技赋能——建筑碳排放领域高质量发展	

计算与分析概述	"智能+时代"的计算与分析	数据增长、计算能力的增长、人工智能和机器学习的发展、云计算的发展
	数字中国战略下的计算与分析	智能决策支持、产业优化升级、智慧城市建设、创新驱动发展、精准治理与服务
	时代需求——建筑碳排放计算与分析	碳排放评估、建筑绿色性能优化设计、可持续发展政策制定、能源高效管理、增强公众可持续发展意识

本章重点与难点	理解全球视野下的可持续发展时代背景及中国"双碳"目标的时代意义
	理解新时代建筑行业转型趋势及建筑碳排放的关键作用
	了解新一轮科技革命对建筑碳排放计算的重要支撑作用

图 1-1 本章主要内容及逻辑关系

　　随着科技的发展和全球对环境保护的关注度提升，建筑碳排放计算与分析已经成为建筑产业的重要议题。这一议题的时代语境受到了两个主要因素的影响：科技的进步和可持续发展意识的增强。

　　随着人们对全球气候变化问题的关注度提升，减少碳排放、实现可持续发展已经成为全球的共识。作为碳排放的主要来源之一，建筑产业也面临着压力和机遇。通过计算和分析建筑碳排放，我们可以找到实现碳中和的路径，为可持续的未来做出贡献。

科技的进步，尤其是大数据和人工智能的发展，使得我们有能力收集和处理大量的建筑能源使用数据。通过数据分析，我们可以更精确地估算建筑的碳排放量，并找出优化建筑设计和运营以减少碳排放的策略。这在以往是难以实现的。

这两个因素相互促进，共同形成了建筑碳排放计算与分析的时代语境。在这个语境下，我们期待看到更多的创新和实践，以推动建筑产业的绿色转型。

1.1 全球可持续发展

1.1.1 全球可持续发展背景

全球可持续发展是一个关乎所有人类社会发展的重要议题，它是决定我们和后代能否在一个健康、公正、和平的世界中生活的关键，平衡可持续的发展是全人类共同追求的目标。

20 世纪 60 年代至 70 年代，随着环保运动的兴起，人们开始意识到人类活动对环境的负面影响 [1]。这一时期的主要焦点是环境保护，但没有将环境问题与社会经济问题联系起来。

1980 年，世界自然保护联盟（IUCN）在《世界保护战略》中首次提出了"可持续发展"的概念。1987 年，由挪威前总理格罗·哈莱姆·布伦特兰德领导的世界环境与发展委员会在《我们共同的未来》[2] 报告中给出了可持续发展的定义："满足当代人的需求，同时不损害未来几代人满足自己需求的能力。"20 世纪 90 年代至 21 世纪初，各国开始尝试将可持续发展理念落实到具体的政策和实践中。1992 年，巴西里约热内卢举行的联合国环境与发展大会上通过《里约环境与发展宣言》(《里约宣言》) [3]，确定了 21 世纪环境与发展的基本原则，并倡导实现环境与发展的和谐统一；同年，联合国环境与发展大会上签订《联合国气候变化框架公约》（UNFCCC）[4]，旨在稳定大气中的温室气体浓度，防止人类活动对气候系统的危险干预；在 UNFCCC 的基础上，1997 年和 2015 年签订的《京都议定书》[5] 与《巴黎协定》[6] 分别在当年确定了各国应当承担的减排目标，以应对全球气候变化。2015 年，联合国制定了《2030 年可持续发展议程》[7] 和 17 个可持续发展目标（SDGs），涵盖了减贫、健康、教育、经济、环境保护等多个领域，这标志着可持续发展从理念转变为具体的、全球性的行动指南。

1.1.2 习近平生态文明思想

生态文明建设是关乎中华民族永续发展的根本大计。习近平总书记传承中华民族优秀传统文化，顺应时代潮流和人民意愿，站在坚持和发展中国特色社会主义、实现中华民族伟大复兴中国梦的战略高度，围绕生态文明建设发表一系列重要论述[8]，深刻回答了为什么建设生态文明、建设什么样的生态文明、怎样建设生态文明等重大理论和实践问题，形成了习近平生态文明思想。

人类生活在同一个地球村里，越来越成为"你中有我、我中有你"的命运共同体。习近平总书记指出，人类是命运共同体，保护生态环境是全球面临的共同挑战和共同责任。习近平生态文明思想站在世界前途和人类命运的高度，既立足中国，努力推进生态文明建设、人与自然和谐共生的现代化，坚决摒弃"先污染、后治理"的老路，走出了一条现代化新道路；又放眼世界，积极为全球环境治理、应对气候变化提供中国智慧和中国方案，体现了宏阔世界眼光、博大人类情怀、高超战略智慧的天下观。

习近平总书记指出，地球是人类的共同家园，也是人类到目前为止唯一的家园。建设绿色家园是人类的共同梦想，保护生态环境、应对气候变化需要世界各国同舟共济、共同努力。要坚定践行多边主义，深度参与全球环境治理，增强在全球环境治理体系中的话语权和影响力，坚持共同但有区别的责任等原则，坚持公平公正惠益分享，努力推动构建公平合理、合作共赢的全球环境治理体系，凝聚全球环境治理合力，让绿色发展理念深入人心，让发展成果、良好生态更多更公平地惠及各国人民。气候变化带给人类的挑战是现实的、严峻的、长远的。中国共产党是胸怀天下的党，始终以世界眼光关注人类前途命运。在习近平生态文明思想的科学指引下，中国贯彻新发展理念，以经济社会发展全面绿色转型为引领，以能源绿色低碳发展为关键，坚持走生态优先、绿色低碳的发展道路，成为全球生态文明建设的参与者、贡献者、引领者。

1.1.3 面向未来——"双碳"目标

面对全球性挑战，以习近平同志为核心的党中央统筹国内国际两个大局，2020 年 9 月 22 日，习近平在第七十五届联合国大会一般性辩论上的讲话中提出："应对气候变化《巴黎协定》代表了全球绿色低碳转型的大方向，是保护地球家园需要采取的最低限度行动，各国必须迈出决定性步伐。中国将提高国家自主贡献力度，采取更加有力的政策和措施，二氧化碳排放力争于 2030 年前达到峰值，努力争取 2060 年前实现碳中和。"这一重大目标决策是着力解决资源环境约束突出问题、实现中华民族永续发展的必然选择，是构建人类命运共同体的庄严承诺。

中国将优化能源结构，逐步减少对化石能源的依赖，大力发展可再生能源，包括风能、太阳能、水电等；加强对高能耗、高排放行业的整治，推进绿色低碳技术和产品，发展循环经济；2021 年，中国正式开启了全国范围的碳排放权交易市场，一系列发展政策都将有助于引导和推动实现碳达峰和碳中和。

"双碳"目标是中国应对全球气候变化，履行《巴黎协定》的重要承诺，对于减缓全球气候变化具有重要影响。实现"双碳"目标需要在能源、工业、交通、建筑等诸多领域进行深度调整和改革，将带动中国经济实现更为绿色、低碳、可持续的发展。"双碳"目标体现了中国作为全球最大的发展中国家，对于全球环境问题的积极应对和责任担当，提升了中国在国际社会的影响力。

1.2 建筑产业再转型

1.2.1 建筑产业新时代特征

建筑产业再转型展示出以数字化、自动化、智能化、可持续性、使用者为中心和跨领域融合的时代特征 [9]。这些特征对建筑产业的未来发展方向提出了新的要求和期待，同时也为行业带来了新的机遇。

（1）**数据驱动**：在数字化转型的推动下，建筑行业正在积极接纳和利用大数据和人工智能技术。大数据可以从各种源收集信息，包括建筑材料的环保性能、建筑设计的效率、建筑物的运行成本等，以便进行深入的分析和预测。此外，人工智能和机器学习的应用，例如预测性维护、能源管理和优化，可以实现"自我调整"的建筑，从而进一步减少能源消耗和碳排放。

（2）**自动化和机器人技术**：建筑行业的自动化和机器人技术正在经历快速的发展。例如，3D 打印技术不仅可以用于制造定制的建筑元素，甚至可以用于打印整个建筑结构。这种技术能够提高施工速度、减少建筑废弃物，并允许在设计中实现更高的灵活性。此外，无人机和机器人正在越来越多地用于危险或困难的工作，如高空作业、地基挖掘等，从而提高工作效率和安全性。

（3）**物联网的集成**：建筑行业正越来越多地利用物联网技术，将建筑物连接到更大的网络环境中。这些连接不仅包括电力网、供水系统、交通网络等基础设施，还包括信息和服务网络。在智能家居的例子中，我们可以看到物联网如何使生活更加便利和舒适。在更大的范围内，智能建筑和智能城市的概念可以实现资源的最优分配和使用。

（4）**可持续性**：随着可持续性变得越来越重要，建筑行业正在寻找和开发新的方法和技术来减少对环境的负面影响。这包括使用可再生能源、使用绿色建筑材料、设计能源高效的建筑、提高建筑物的寿命等。这些方法和技术的目标都是使建筑行业成为解决气候变化问题的一部分，而不是问题的源头。

（5）**以使用者为中心**：用户体验在现代建筑中越来越重要，这是因为建筑不仅是一个物理空间，也是一个服务平台。因此，理解和满足用户的需求、提供高质量的服务，是现代建筑行业成功的关键。这涉及许多方面，包括使用人工智能和大数据来理解和预测用户需求，提供定制的服务和环境。例如，智能建筑可以根据用户的行为和偏好调整温度、光照和噪声等环境因素，提供最舒适的环境。此外，物联网技术还可以提供多种服务，如自动化的安全系统、远程控制的家居设备等。

1.2.2 中国建筑业转型升级

中国的建筑业正在经历一场大规模的转型升级，面临着诸多挑战，同时也呈现出众多机遇，这一转型升级主要体现在以下几个方面：

（1）**技术革新**：由于建筑业对环境、资源的大量消耗以及对能源的高度依赖，新技术的引入对于实现绿色建筑和节能减排具有巨大的作用。例如，BIM（Building Information Modeling，建筑信息模型）技术、3D打印技术、绿色建材和智能建筑系统等在建筑业中的应用正在逐步加强。此外，AI、大数据和物联网技术的应用也将推动建筑业的数字化转型。

（2）**绿色转型**：中国政府正大力推进绿色发展，倡导节能环保，而建筑业作为资源消耗和污染排放的重要行业，其绿色转型是大势所趋。这需要通过节能建筑设计、绿色建材的推广使用、建筑垃圾的回收处理等方式，实现建筑业的可持续发展。

（3）**服务升级**：随着消费者需求的不断提高和多元化，建筑业的服务模式也需要进行相应的升级。从传统的施工型转向设计与施工一体化，再到提供全生命周期的服务，这既是建筑业服务升级的需要，也是对市场竞争压力的应对。

（4）**管理模式的转型**：在管理模式上，中国建筑业正在从传统的项目管理模式转向现代化的企业管理模式。引入更多的现代管理理论和工具，如精益管理、项目管理办公室（PMO）等，以提升工程项目的管理效率和质量。

（5）**产业整合**：随着市场竞争的加剧和产业规模的扩大，产业整合是未来建筑业的一大发展趋势。通过兼并、收购等方式，实现企业规模的扩大，优化资源配置，提高行业集中度，以增强竞争力。

1.2.3 关键环节——建筑碳排放

建筑碳排放领域的发展是"双碳"目标和建筑产业转型升级的关键环节。建筑业是全球能源消耗和碳排放的主要来源之一，据统计，建筑业和建筑运行相关的能源使用占全球总能源消耗近40%，建筑碳排放计算管控具有重要意义：

（1）**降低碳峰值**：通过推动建筑行业的绿色和低碳转型，可以有效降低建筑的碳排放，从而降低社会总体的碳排放峰值。这包括提升建筑设计、施工和运营过程的能源效率，推广使用可再生能源，减少建筑废弃物等。

（2）**实现碳中和**：建筑行业不仅可以通过降低自身的碳排放，还可以通过碳捕获和储存等技术，积极吸收和储存碳，从而实现碳中和。例如，通过使用绿色建筑材料、绿色植被等，可以将建筑变为一个积极的碳汇。

（3）**引领经济转型**：建筑行业的绿色和低碳转型可以引领和推动社会经济的绿色和低碳转型。通过研发和推广新的建筑技术、新的能源系统和新的建筑材料，可以催生新的产业和就业机会，推动经济的可持续发展。

（4）**展示责任担当**：作为社会的重要组成部分，建筑行业在实现"双碳"目标的过程中展示出的责任和担当，对于提升社会的环保意识、促进绿色文化的形成具有重要影响。

1.3 新一轮科技革命

1.3.1 新一轮科技革命的时代特征

新一轮科技革命，常被称为第四次工业革命或工业4.0，是以信息化、数字化、网络化、智能化为特征的全球性变革[10]。这次科技革命的主要驱动力包括人工智能、物联网、大数据、云计算、5G、区块链、3D打印、生物科技等新一代信息技术。总的来说，新一轮科技革命正在全方位地改变我们的世界。我们面临着许多机遇，但也存在很多挑战。我们需要找到合适的方式，利用这些新技术推动经济社会发展，同时解决伴随而来的社会、伦理和环境问题。

在新一轮科技革命中，网络化和数字化已经深入到生产、管理、生活的各个环节。例如，物联网技术使得各类设备都能够联网，实现智能化控制和优化。5G网络的大规模部署更是为物联网的发展提供了强大的网络基础。在数字化方面，无论是政府、企业还是个人，都在大量生成和使用数据，数据已经成为新的生产要素。

在人工智能领域，我们已经可以看到计算机在图像识别、语音识别、自然语言处理等多个方面达到或者超过人类的表现，如谷歌的 AlphaGo 在围棋比赛中击败了人类冠军。

大数据技术的发展使得我们可以处理以前无法想象的大量数据，这为决策提供了更强大的支持。比如，通过大数据分析，我们可以更准确地预测市场趋势，优化供应链，提升服务质量。新一轮科技革命中的许多技术，如人工智能、区块链、生物科技等，都在短时间内取得了显著的进展。这些快速的技术创新不仅带来了新的产品和服务，也推动了社会和经济结构的变革。

新一轮科技革命也带来了许多新的伦理、社会问题。比如，随着大数据和人工智能的发展，如何保护个人隐私，如何确保算法的公正性和透明度，都成为人们关注的问题。

新一轮科技革命也提供了解决环境问题和推动可持续发展的新途径，如通过智能电网和新能源技术减少碳排放，通过生物科技推动可持续农业等。

1.3.2　中国拥抱新一轮科技革命

科技自立自强是大国崛起的必经之路，是在新科技革命和产业变革背景下中国共产党强国理念的时代体现，是实现高质量发展和构建新发展格局的重要支撑。党的十八大以来，中国科技事业以其特有的维度彰显了中国式现代化的科技底蕴，夯实了中国式现代化的科技根基。

科技自立自强离不开科技创新发展，科技创新是提高社会生产力和综合国力的战略支撑。回望新中国成立以来 70 多年的历史，全力发展科技、支持经济建设、捍卫国家安全的主线始终贯穿其中。20 世纪五六十年代，在复杂的国际形势下，为了保卫国家安全和维护世界和平，我们果断作出独立自主研制"两弹一星"的战略决策，并最终取得成功。"十四五"时期，中国又一次走在科技竞争的前列，C919 国产大型客机圆满完成商业首航，长征二号 F 遥十六运载火箭搭载神舟十六号载人飞船发射任务圆满成功，2023 中关村论坛发布新一代 256 核区块链专用加速芯片、新一代量子计算云平台等 10 项重大科技成果，中国科技创新进入高质量发展阶段。

2023 年 5 月 25 日，习近平主席在致 2023 中关村论坛的贺信中激励各界携手促进科技创新，指出"人类要破解共同发展难题，比以往任何时候都更需要国际合作和开放共享"。中国拥抱新一轮科技革命，自立自强，并且承担起大国应有的责任，开放共享，积极融入全球科技创新网络，聚焦气候变化、人类健康等问题，并为解决这些问题持续贡献中国智慧、中国方案和中国力量。

1.3.3　科技赋能——建筑碳排放领域高质量发展

新一轮新科技革命爆发的创新性技术在建筑碳排放领域高质量发展方面表现出极大的潜力。以下为部分科学技术创新成果在建筑碳排放领域的应用：

（1）建筑信息模型（BIM）：BIM 是一种以三维模型为基础，集成了时间和成本等多维信息的数字化工具，可以帮助我们在设计、建造和运营建筑的过程中实现优化。例如，通过 BIM，我们可以在设计阶段预测建筑的能源效率和碳排放量，并通过优化设计以减少碳排放。

（2）绿色建筑材料：科技进步也带来了新的、更环保的建筑材料。比如，一些新型的混凝土可以吸收 CO_2，一些新型的绝热材料则可以大大提高建筑的能源效率。

（3）智能能源系统：科技进步使得我们可以更有效地利用可再生能源，并通过智能电网和能源管理系统优化能源使用。例如，一些先进的太阳能电池板和蓄电池系统可以使建筑在一定程度上自给自足，而智能电网则可以在电网中平衡供需，降低能源消耗。

（4）大数据分析：通过收集和分析建筑的能源使用数据，我们可以找出能源浪费的地方，并通过优化运营减少碳排放。比如，一些先进的建筑管理系统可以实时监控建筑的能源使用，自动调整空调、照明等系统的运行，以节约能源。

（5）3D 打印技术：3D 打印技术可以减少建筑建造过程中的材料浪费，而且可以更精准地控制建筑的质量，这都有助于降低建筑的碳排放。

1.4 计算与分析概述

1.4.1　"智能＋时代"的计算与分析

计算与分析的本质是人类根据已知量算出未知量、获得信息从而形成有价值的洞察，找到解决问题、进行决策的方法[11]。计算与分析方法自古代结绳计数发展到现代计算，未来还将继续发展，走向超越经典计算机能力的量子计算，计算与分析方法工具前进的步伐从未停歇。我们现在所处的"智能＋时代"是一个数据增长快速、计算能力强大、人工智能和机器学习发展迅速、云计算广泛应用的时代。

（1）数据增长：随着移动设备和物联网设备的普及，我们的世界正在生成比以往更多的数据。这些数据包括社交媒体帖子、GPS 信号、购物交易记录、医疗健康信息等。这种数据的增长已经超过了我们用传统方法处理的能力，因此我们需要新的计算和分析工具。

（2）**计算能力的增长**：随着计算能力的增长，我们现在能够处理和分析以前无法处理的大数据。这是由于摩尔定律的持续推动，即集成电路上的晶体管数量大约每两年翻一番。此外，通过并行计算和分布式计算，我们现在可以同时处理大量的计算任务。

（3）**人工智能和机器学习的发展**：这些技术使我们能够从大数据中发现模式和趋势，从而预测未来的行为。例如，我们可以使用机器学习算法预测股票市场的走势，或者预测一个病人的健康状况。

（4）**云计算的发展**：云计算使我们能够将计算任务和数据存储外包给第三方服务提供商，从而节省硬件和能源成本，这也使得计算和分析可以在更大的规模上进行。

1.4.2　数字中国战略下的计算与分析

在全球数字化大背景下，中国的数字化建设显得尤为迫切。党的二十大报告指出，要加快建设网络强国、数字中国。习近平总书记深刻指出，加快数字中国建设，就是要适应我国发展新的历史方位，全面贯彻新发展理念，以信息化培育新动能，用新动能推动新发展，以新发展创造新辉煌。"十四五"规划《纲要》提出数字中国建设国家重大战略目标，深刻阐明了加快数字经济发展对于把握数字时代机遇，建设数字中国的关键作用。

2023 年中共中央、国务院印发了《数字中国建设整体布局规划》，提出到 2025 年，要基本形成横向打通、纵向贯通、协调有力的一体化推进格局，数字中国建设取得重要进展：数字基础设施高效联通，数据资源规模和质量加快提升，数据要素价值有效释放，数字经济发展质量效益大幅增强，政务数字化智能化水平明显提升，数字文化建设跃上新台阶，数字社会精准化普惠化便捷化取得显著成效，数字生态文明建设取得积极进展，数字技术创新实现重大突破，应用创新全球领先，数字安全保障能力全面提升，数字治理体系更加完善，数字领域国际合作打开新局面。计划到 2035 年，数字化发展水平进入世界前列，数字中国建设取得重大成就。数字中国建设体系化布局更加科学完备，经济、政治、文化、社会、生态文明建设各领域数字化发展更加协调充分，有力支撑全面建设社会主义现代化国家。

数字中国建设的时代语境是多元而复杂的，同时充满了无限的机遇和挑战，数字中国战略正在全面推动各个领域计算与分析工具方法的充分运用，随着技术的不断进步和应用场景的不断拓展，计算与分析将会在数字中国建设中扮演越来越重要的角色。

（1）**智能决策支持**：计算与分析技术可以帮助政府、企业等各方快速准确地获取海量数据，并从中挖掘出有价值的信息和洞见。这些信息可以为决策者提供科学依据，帮助他们制定更加精准、有效的政策和战略。

（2）**产业优化升级**：在数字中国战略下，计算与分析技术可以帮助传统产业实现数字化、智能化升级。通过对产业链各环节的数据进行深度分析，可以发现潜在的优化空间和改进点，从而提高生产效率、降低成本，实现产业结构的优化升级。

（3）**智慧城市建设**：计算与分析技术在数字中国战略中也被广泛应用于智慧城市建设。通过对城市各个领域的数据进行实时监测和分析，可以实现城市运行的智能化管理，提升城市的治理水平和服务质量，改善居民生活环境。

（4）**创新驱动发展**：计算与分析技术的应用不仅可以提高现有产业的效率和质量，还可以促进新兴产业的发展。通过对市场、消费者行为、科研成果等数据的深度分析，可以发现新的商机和发展方向，推动创新型企业的崛起，助力经济转型升级。

（5）**精准治理与服务**：在数字中国战略下，计算与分析技术可以帮助政府实现精准治理和服务。通过对公共安全、社会福利、医疗卫生等方面的数据进行分析，可以精准识别问题和需求，有针对性地制定政策和提供服务，实现资源的优化配置和社会治理的精细化。

1.4.3 时代需求——建筑碳排放计算与分析

计算与分析方法工具广泛运用于评估和减少碳排放、优化建筑设计、制定环保政策、管理建筑能耗，甚至间接作用于增强公众的减排意识，对于建筑碳排放领域发展意义重大[12]。

（1）**碳排放评估**：计算与分析的核心功能是量化和理解数据。在建筑领域，专业的全生命周期评估（LCA）工具可以帮助我们计算建筑全生命周期的碳排放，包含从设计、建造、运行到最终拆除等不同阶段。我们可以分析各个阶段的数据，确定碳排放的主要来源，从而制定有效的减排策略。

（2）**建筑绿色性能优化设计**：对建筑碳排放的计算与分析可以在设计阶段就被应用到建筑设计过程中。例如，建筑师可以使用高级计算工具来模拟建筑的能耗，来分析不同的建筑形式、材料和系统对碳排放的影响。这种方法可以确保建筑设计从一开始就将碳排放作为关键的设计因素。

（3）**可持续发展政策制定**：决策者可以利用建筑碳排放的计算与分析结果，制定有效的环保政策。例如，他们可以设定建筑能效标准，推动节能建筑的发展；可以设定碳税，让碳排放的代价反映在建筑成本中；也可以提供激励，如补贴或税收优惠，鼓励绿色建筑的建设。

（4）**能源高效管理**：在建筑使用阶段，建筑碳排放的计算与分析可以帮助建筑经营者或居民更有效地管理能源。例如，他们可以通过监测和分析能耗数据，找出能耗高的区域，确定节能的策略。此外，智能建筑系统可以自动进行能耗的计算与分析，并实时调整建筑的运行状态，以达到最佳的能效。

（5）**增强公众可持续发展意识**：公众可以通过对建筑碳排放的计算与分析结果，更直观地理解建筑对气候变化的影响。这种认识可以促使他们选择绿色建筑，节约能源，从而推动社会的可持续发展。

1.5 本章重点与难点

应从可持续发展需求和科技发展支持两个角度系统地掌握建筑碳排放计算与分析的时代语境内涵。

（1）理解全球视野下的可持续发展时代背景及中国"双碳"目标的时代意义；

（2）理解新时代建筑行业转型趋势及建筑碳排放的关键作用；

（3）了解新一轮科技革命对建筑碳排放计算的重要支撑作用。

思考题

简述建筑碳排放计算对我国全面推进强国建设的重要作用，并结合工业4.0时代的其他新兴技术，简析建筑碳排放计算的发展方向。

第 2 章

建筑碳排放计算与分析的理论基础

本章主要内容及逻辑关系如图 2-1 所示。

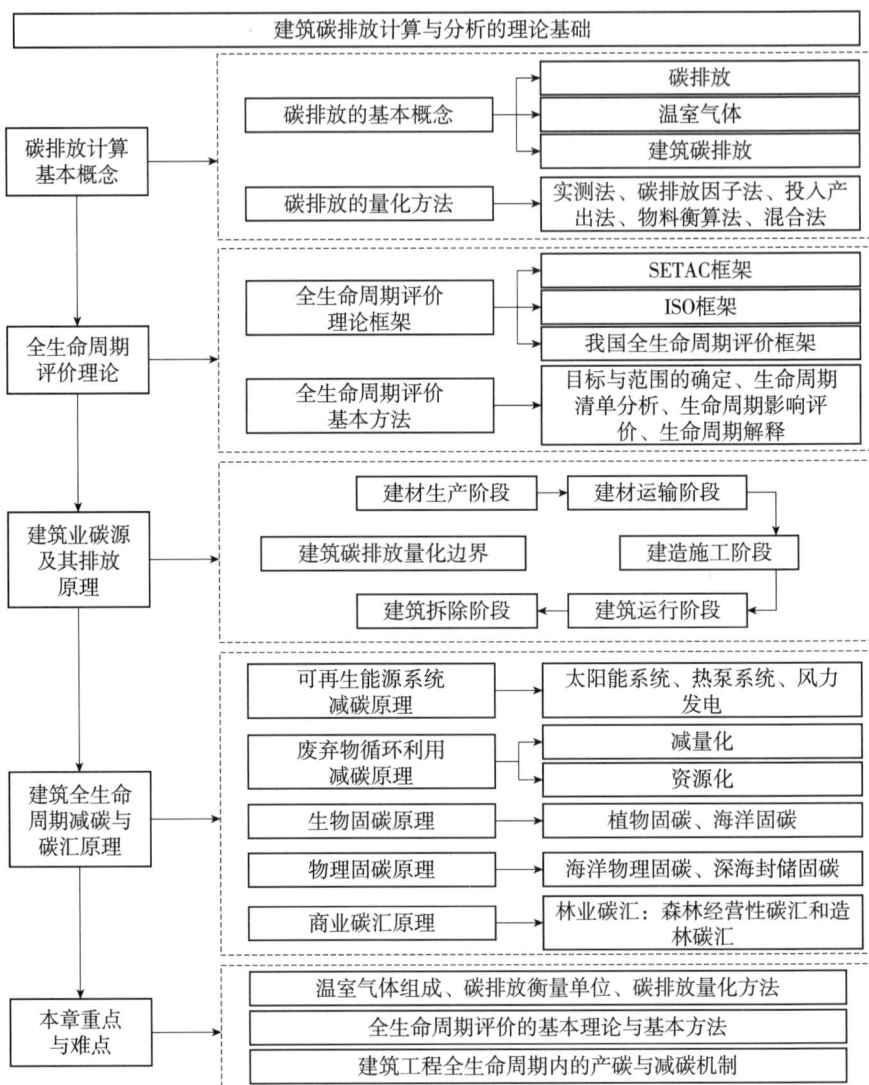

图 2-1 本章主要内容及逻辑关系

了解碳排放基本组成和建筑行业碳排放机制与原理，是开展建筑碳排
放计算的基础。本章首先对碳排放计算的基本概念进行介绍，界定了包括温
室气体、建筑碳排放在内的多个核心概念，并介绍了几种典型的碳排放量化
方法。目前国内外施行的各类碳排放计算方法均以上述量化方法为基础制
定。接下来基于建筑工程的全生命周期属性，介绍了全生命周期评价理论，
包括理论框架和评价方法。以建筑全生命周期作为线索，介绍了建筑业碳源
的基本类型，并分别介绍了各碳源在建材生产、建材运输、建造施工、建筑
运行、建筑拆除阶段的排放原理。最后介绍了建筑全生命周期减碳与碳汇原

理，包括可再生能源、废弃物循环利用、生物固碳、物理固碳的概念及其减碳原理等，并初步展示了商业碳汇的产生与运行机制。

2.1.1 碳排放的基本概念

碳排放是所有温室气体（greenhouse gas）排放的统称。温室气体是指大气层中自然存在的和由于人类活动产生的能够吸收和散发由地球表面、大气层和云层所产生的、波长在红外光谱内的辐射波的气态成分。温室气体包括但不限于二氧化碳（CO_2）、甲烷（CH_4）、氧化亚氮（N_2O）、氢氟碳化物（HFCs）、全氟碳化物（PFCs）和六氟化硫（SP_6）。除以上六大类以外，实际上水蒸气（H_2O）和臭氧（O_3）亦可产生温室效应，但由于二者的时空分布变化快、难以定量描述，故一般不作为控制项。

建筑碳排放是指建筑物在与其有关的生产、运输、建造、运行及拆除阶段产生的温室气体排放的总和，以 CO_2 当量表示。建筑建造、运行、拆除过程产生的温室气体主要为 CO_2，其碳排放强度通常使用 $kgCO_2$；建材生产和运输及制冷剂排放的温室气体包括各种温室气体，其碳排放强度通常使用 CO_2 当量（$kgCO_2e$）。CO_2 当量指与一定质量的某种温室气体具有相同温室效应的 CO_2 的质量，是可用于比较不同温室气体对温室效应影响的度量单位。

2.1.2 碳排放的量化方法

（1）**实测法** 实测法是碳排放量化的最基本方法，是指采用标准计量工具和实验手段对碳排放源进行直接监测而获得相应数据的方法。理论上，实测法的计量结果来源于对碳排放源的直接监测，可代表真实的碳排放水平，因而最为可靠；但实际上，受监测条件、计量仪器、成本投入等多方面的限制，实测法难以广泛应用于一般性的碳排放计算。

（2）**碳排放因子法** 碳排放因子法又称过程分析法，是根据碳排放源的活动数据以及相应过程的碳排放因子进行碳排放量化的方法。本方法将某一生产过程按工序流程拆分，各生产环节的碳排放量以实测碳排放因子与相应活动数据的乘积表示；进而可根据各环节的碳排放量之和，推算全过程的碳排放总量。该方法概念简单、计算方便，并可针对具体过程进行详细的碳排放拆解与分析，因而在碳排放量化中得到广泛的应用。但在碳排放过程拆分时，受客观条件和计算成本等方面的限制，不可避免地需忽略某些次要环节，从而造成计算系统边界定义的不完备，为结果带来误差。

（3）**投入产出法**　投入产出法以"投入=产出"的理想化模型为基础，建立相应的经济投入产出表，从而综合各部门与各生产环节数量依存关系，一般用于宏观研究。由于投入产出法可根据投入产出表考虑各部门间的生产关系，从而可捕获整个生产链的碳排放流动情况，避免了碳排放因子法的误差。然而该方法仅能以部门平均水平去估计特定生产过程的碳排放，故针对微观问题的分析结果通常较为粗糙。建筑碳排放研究涉及材料生产、建筑施工等诸多环节，投入产出模型的建立涵盖面广，建立的难度较大，难以采用该方法对建筑物全生命周期碳排放进行计算。

（4）**物料衡算法**　物料衡算法是从工业设计中衍生出的计算方法，依据质量守恒定律，投入物质量等于产出物质量，根据原料与产品之间的定量转化关系，对生产过程中使用的物料情况进行定量分析，计算原料的消耗量、各种产品及副产品的产量、生产过程中各阶段的消耗量。这种方法虽然能得到比较精确的碳排放数据，但是需要对全过程的投入物和产出物进行全面的分析研究，工作量大、过程复杂，仅适用于生产部门对具体产品碳排放量的精确核算，不适合用该方法计算建筑碳排放量。

（5）**混合法**　碳排放因子法由于系统边界受限，通常存在误差；投入产出法针对具体碳排放过程的准确性不高。所以综合两种方法，近年来混合法在碳排放量化方面得到了广泛的应用：①分层混合法（TH），利用碳排放因子法对主要的生产或使用过程进行研究，而对于其他的过程采用投入产出法进行碳排放的估计。②投入产出分析混合法（IOH），利用更为详细的部门生产与消耗数据对投入产出表中的工业部门进行详细拆分，以提高计算结果的针对性。③整合的混合法（IH），利用碳排放因子法进行总体的碳排放计算，利用投入产出法进行上下游的附加分析。

2.2 全生命周期评价理论

全生命周期评价（Life Cycle Assessment）是一种评价产品、工艺或活动从原材料采集，到产品生产、运输、销售、使用、回用、维护和最终处置整个生命周期阶段有关的环境负荷的过程。它首先辨识和量化整个生命周期阶段中能量和物质的消耗以及环境释放，然后评价这些消耗和释放对环境的影响，最后确认减少这些影响的机会。

2.2.1　全生命周期评价理论框架

（1）**SETAC 框架**　1990 年国际环境毒理学和化学学会（SETAC）首先系统地提出了全生命周期评价的概念，它将全生命周期评价定义为：一种通过对产品、生产工艺及活动的物质、能量的利用及造成的环境排放进行量化和识别而进行环境负荷评价的过程；是对评价对象能量和物质消耗及环境排放进行环境影响评价的过程；也是对评价对象改善其环境影响的机会进行识别和评价的过程。SETAC 于 1993 年出版了纲领性报告《生命周期评价纲要——实用指南》，该报告为全生命周期评价方法提供了一个基本技术框架，成为全生命周期评价方法论研究起步的里程碑。SETAC 将全生命周期评价基本方法分为目标范围确定、清单分析、影响评价和改善评价等 4 个部分。

（2）ISO 框架　国际标准化组织（ISO）于 1993 年 10 月成立了 ISO/TC207 环境管理技术委员会，经委员会组织整理，于 1997 年将全生命周期评价纳入其标准环境管理体系 ISO 14000 系列，正式出台了 ISO 14040 "环境管理—生命周期评价—原则与框架"，以国际标准形式提出全生命周期评价方法的基本原则与框架。ISO 将生命周期评价定义为：对产品系统整个生命周期的输入、输出及潜在环境影响的汇集和评价。其生命周期评价基本方法分为：评价目的和范围的确定、清单分析、影响评价、结果解释等 4 个部分。

（3）我国全生命周期评价框架　1997 年 4 月，国家技术监督局将国际标准化组织（ISO）已颁布的 ISO 14000 系列标准中已颁布的前 5 项标准等同转化为我国国家标准。2008 年根据 ISO 14040 和 14044 两项新国际标准，颁布了《环境管理　生命周期评价　原则与框架》GB/T 24040—2008、《环境管理　生命周期评价　要求与指南》GB/T 24044—2008。在建筑全生命周期评价方面，我国在 2011 年颁布了行业标准《建筑工程可持续性评价标准》JGJ/T 222—2011，该标准对建筑工程物化阶段、运行维护阶段与拆除处置阶段的环境影响进行了定量测算和评价。

2.2.2　全生命周期评价基本方法

尽管国内外不同组织机构的 LCA 框架存在一定差异，但其核心内涵是一致的，其采用的全生命周期评价基本方法也较为统一。以 ISO 框架为例，ISO 14040 系列标准提供了进行生命周期评价的基本方法，即通过汇总和编辑一个产品体系在整个生命周期的所有输入和输出的清单，评价其对环境造成的潜在影响，最后对清单和影响进行解释。具体来说，全生命周期评价方法分为 4 个阶段：目标与范围的确定、生命周期清单分析（LCI）、生命周期影响评价（LCIA）和生命周期解释。

（1）目标与范围的确定　此部分用于确定研究目标和界定研究范围。确定目标是要清楚地说明开展全生命周期评价的目的和意图，以及研究结果可能应用的领域。研究范围的确定要足以保证研究的广度、深度与定义的目标一致。

（2）**生命周期清单分析（LCI）** 此部分是对所研究的产品系统全生命周期过程中的输入输出项目进行编目和量化的过程，包括数据收集和计算。建立清单分析的过程即在所确定的产品系统内，针对每个单元过程，建立相应功能单位的系统输入与输出。

（3）**生命周期影响评价（LCIA）** 生命周期影响评价是根据清单分析后所提供的资源、能源消耗数据以及各种排放数据对产品所造成的环境影响进行定性定量的评估，确定产品环境负荷，比较产品环境性能的优劣，或对产品重新设计。SETAC、ISO 和美国 EPA 框架都将影响评价分为"三步"模型，分别是分类、特征化和量化。分类是将 LCI 结果划分到各个影响类型的过程，将对环境有一致或类似影响的数据分作一类。特征化的目的是给出对某一分类影响的量化计算系数，该系数称为特征化因子，例如以温室气体的全球变暖潜能值（GWP）作为特征化因子，将每种温室气体的 LCI 结果折合为 CO_2 当量。量化的过程是确定不同环境影响类型的相对贡献大小或权重，从而得到总的环境影响水平，量化需要经过数据标准化和加权，在标准化后的环境影响潜能值基础上，通过权重系统对不同影响类型进行重要性等级的排序，最终得到环境影响的综合水平。

（4）**生命周期解释** 生命周期解释是根据清单分析、影响评价，或这两者结合起来识别和评价整个生命周期内与资源、能源和污染物相关的环境负荷减少的可能性或途径，进而明确如何减少环境影响的具体措施。

2.3 建筑业碳源及其排放原理

碳源是指自然界中向大气释放碳的母体，现有研究更多关注人类活动导致的碳源。碳汇是指自然界中碳的寄存体，例如自然界中的森林、海洋、草地等均具有吸收并储存 CO_2 的能力。

2.3.1 建筑碳排放量化边界

（1）**建筑碳排放阶段** 建筑全生命周期包括建材生产阶段、建材运输阶段、建造施工阶段、建筑运行阶段、建筑拆除阶段。从时间的角度，建筑全生命周期碳排放是指建筑作为最终产品，在其全生命周期内所消耗各种能源、资源等导致的碳排放总和，包括建筑材料生产及运输阶段、建造施工阶段、建筑运行阶段、建筑拆除处置阶段导致的碳排放总和。

（2）**建筑碳排放归属** 在建筑物的全生命周期中，各种与建筑相关的活动的实施在满足人类各种需求的同时消耗了大量的资源。活动是由组织或者个人实施的。可以从组织或者个人的角度，对碳排放量化进行范围界定。根据 ISO 14064-1 或 GHC Protocol，以组织是否拥有或者控制排放源为原则，碳排放量应该包括直接排放和间接排放。建筑直接碳排放定义为：在单项工程的全生命周期内，与建筑相关的企业或个人直接拥有或控制的排放源所产生的碳排放。建筑间接碳排放定义为：在单项工程的全生命周期内，与建筑相关的企业或个人的活动所导致的、但其他公司拥有或控制的排放源所产生的碳排放。

2.3.2　建材生产阶段碳排放

建筑建造阶段消耗大量的建筑材料，其中只有少量建筑材料直接来源于大自然，其余绝大部分材料都经过不同生产厂家的加工之后再用于建筑物的建造。对于建筑业而言，建筑材料生产导致的碳排放量称为建筑材料隐含碳排放。理解建材生产阶段直接排放的原理对于精确核定建材碳排放因子以及提出降低建材生产阶段碳排放的相关举措具有重要的意义。

从建材的开采和加工的过程来看，建材生产阶段碳排放包括以下三部分：①原材料采集、生产、运输碳排放；②能源采集、生产、运输碳排放；③建筑材料生产过程的直接碳排放。全过程的碳排放存在机械设备使用化石能源直接产生碳排放和化学反应释放直接产生碳排放两种类型。原材料运输使用的机械设备直接消耗能源，其产生的碳排放计入建材生产阶段碳排放。对于原材料采集及工厂生产加工，因各种材料特性及生产工艺的不同，其碳排放原理不尽相同。

2.3.3　建材运输阶段碳排放

建材生产企业可以自己组织运输或者将运输业务外包给物流企业。从范围界定来说，建材运输的碳排放应包含建材从生产地到施工现场或工地仓库（合同指定地点）的运输导致的碳排放。而建材在生产阶段的运输导致的碳排放应该属于建材生产阶段的碳排放。建材的使用和运输通常遵循就近原则，建材运输可以采用公路运输、铁路运输、空中运输、水上运输等运输方式。运输设备的总 CO_2 排放分为燃料周期碳排放和车辆周期碳排放。

从燃料周期碳排放角度出发，建材运输设备燃烧化石燃料提供动力，例如燃烧汽油、柴油等，导致直接碳排放。在中国运输业造成的燃油消耗和碳排放中，货运车辆占有重要的比重，而卡车是建筑材料的主要运输方式。卡车常用的燃料包括汽油、柴油、混合动力等，在能源使用的过程中会产生碳排放。单位质量的建材运输导致的 CO_2 排放量与以下 4 个方面的因素有主要关系：①使用燃料的类型；②燃料的碳排放因子；③机械能源使用情况；④建材运输距离。

从车辆周期碳排放角度出发，除运输行驶时化石燃料的直接碳排放外，还有车辆生产、车辆维修等部分的碳排放，特别是电力、电池和材料供应等产生的碳排放。此阶段目前尚未被收入评价规范中。

2.3.4 建造施工阶段碳排放

建筑业是劳动密集型行业，建造施工很大程度上依赖机械设备，例如运输设备、吊装设备、钢筋切削和焊接设备、混凝土的泵送及浇筑设备等。

施工现场的施工区和生活区均会导致直接和间接碳排放。现阶段针对建筑碳排放的计算更多关注施工区的施工建造活动导致的碳排放。在建造施工区域，包括 CO_2 在内的空气排放物主要是化石燃料燃烧活动和操作设备用电的结果。因此，建造施工使用的能源主要包括柴油、汽油、电力。机械设备的运转需要消耗化石能源和电力，化石能源消耗导致直接碳排放，电力的使用导致间接碳排放。依据建造顺序，建造施工碳排放一般以分部分项工程碳排放和措施项目工程碳排放进行核算。除建造施工外，施工现场办公生活相关设备运行用能、用电、用天然气等也会导致碳排放。

2.3.5 建筑运行阶段碳排放

建筑运行阶段会消耗大量能源，也称为建筑能耗。建筑能耗主要包括维持建筑环境的终端设备能源消耗和各类建筑内活动的终端设备能源消耗。在建筑运行阶段，包括 CO_2 在内的空气排放物主要来自使用化石燃料燃烧消耗和日常生活中的电力消耗。建筑在运行阶段的维修保养也需要物料运输和使用，从而导致碳排放。

不同的建筑类型其用能系统及使用能源类型不尽相同，但是基本都包括暖通空调系统、生活热水系统、照明系统、电梯系统、餐厨系统、动力系统等。建筑能源类型包括电力、燃气（天然气）、石油、市政热力（外购热力）等，其中电力是最主要的能源类型。天然气的消耗直接导致碳排放；而电力、外购热力等的消耗间接导致碳排放。

暖通空调系统一般消耗电力间接导致碳排放。暖通空调系统的能源消耗包括冷源能耗、热源能耗、输配系统及末端空调处理设备能耗等。除此之外，暖通空调系统中由于制冷剂的使用而产生温室气体排放。

为了满足生活热水的需要，一般需要消耗化石燃料（例如天然气）和电力进行加热，进而直接或者间接导致碳排放。生活热水系统一般消耗电力，但是很多民用建筑在生活热水供应、冬季采用地暖供暖等方面也转向使用天然气，导致直接碳排放。

建筑照明是建筑运行的最基本的要求。照明系统需要消耗电力从而导致间接碳排放。

存在电梯的高层建筑或者有电梯要求的其他建筑存在电梯能耗。电梯系统消耗电力，存在间接碳排放。电梯能耗与电梯速度、载重量、特定能量消耗、运行时间等诸多因素有关。

2.3.6　建筑拆除阶段碳排放

拆除阶段产生的碳排放包括拆除过程和建筑废弃物处理过程中产生的碳排放。拆除项目由于建筑自身特点、施工工艺及管理方法的不同，其拆除方案和废弃物处理方式等都有差异。可以将建筑拆除阶段分为建筑拆除废弃物产生、废弃物现场管理、废弃物运输、废弃物处置处理等 4 个阶段。

在建筑拆除废弃物产生阶段，首先需要将建筑物进行切割和破碎，然后对废弃物进行清理，碳排放主要来自建筑拆除和废弃物清理、收集、处置所需机械设备导致的燃料燃烧活动和操作设备用电。如果采用爆破拆除，还需要使用炸药机械消耗能源导致直接碳排放；电力消耗、人工消耗、炸药消耗导致间接碳排放。

现场管理是指建筑废弃物产生后，对施工现场的废弃物进行收集、分拣、分类、预处理等作业活动和管理措施。这样做一方面是为了提高管理的效率，另一方面是便于其中的金属、木材、玻璃和塑料等具有循环利用价值的材料尽可能地被回收并且统一出售。而对于现阶段无法循环利用和没有回收价值的废弃物，为了便于运输或者现场回收，往往需要在拆除现场对其进行适当的预处理，例如破碎等。这些措施都需要人工和机械设备的投入，机械消耗化石能源导致直接碳排放，电力消耗、人工消耗导致间接碳排放。

废弃物运输是指将不能回收的建筑废弃物从施工现场运至填埋场、循环利用或者运输到其他运输终点的过程。废弃物运输阶段主要的碳排放来自运输工具在运输过程中消耗能源产生的直接碳排放和消耗人工所产生的间接碳排放。一般而言，废弃物的运输多为公路运输。

不能回收的建筑材料在拆除后被运到废弃物处理场进行露天倾倒或填埋。这些材料产生的净填埋排放量虽然很低，但是不能忽略。不同废弃物产生的碳排放应根据废弃物的特性及填埋等条件进行监测、统计确定。

减少碳源一般通过减少能源、资源消耗而减少碳排放，从碳排放端解决问题。可再生能源利用以及建筑废弃物循环利用均是减少碳源的措施。增加碳汇则是从碳吸收端采取措施减少碳排放，增加碳汇主要采用固碳技术，包括生物固碳和物理固碳。商业碳汇则是采用交易和经济激励的手段达到减碳的目的，通过引入市场机制来解决全球气候的优化配置问题。

2.4.1 可再生能源系统减碳原理

可再生能源的利用可以部分替代化石能源的利用，达到直接减排的目的。采用经济可行的可再生能源系统有利于实现建筑全生命周期的碳减排，尤其是实现运行阶段的 CO_2 零排放，也是零碳建筑实现的重要手段。

（1）**太阳能系统** 太阳能系统的综合利用，根据使用地的气候特征、实际需求和使用条件，可以为建筑物供电、供生活热水、供暖或供冷。首先，太阳能转化为热能，为人们提供生活热水等。目前主要通过太阳能收集装置进行热能转换，如人们经常使用的太阳能热水器。其次，太阳能发电，为人类提供绿色能源。其中，太阳能热发电是通过"光—热—动—电"转换方式发电，一般是由太阳能集热器将所吸收的热能转换成蒸汽，再驱动汽轮机发电。与普通的火力发电类似，太阳能发电的缺点是效率很低而成本很高。太阳能电池发电是一种应用光生伏特效应而将太阳光能直接转化为电能的发电方式。太阳能电池是一个半导体光电二极管，当太阳光照到光电二极管上时，光电二极管就会把太阳光能变成电能，产生电流。当许多个电池串联或并联起来就可以成为输出功率较大的太阳能电池方阵。太阳能光伏/光电建筑就是利用太阳能发电的原理，在建筑结构外表面铺设光伏组件，将太阳能发电系统与屋顶、天窗、幕墙等建筑构件融为一体，为建筑提供电力。

（2）**热泵系统** 热泵是一种能从自然界的空气、水或土壤中获取低品位热能，经过电力做功，输出可用的高品位热能的设备。热泵可以把消耗的高品位电能转化为热能，是一种高效供能技术。热泵应用可分为土壤源热泵、水源热泵以及空气源热泵，应用在空调、生活热水、供暖等方面。热泵提取自然界中的能量，效率高、污染少，其利用能达到节约部分高位能（如煤、电能等）的目的，是当今最清洁、经济的能源方式。

（3）**风力发电** 风能因其资源无尽、分布广泛、清洁无污染的优势，运用前景广阔。风力发电是利用风力带动风车叶片的旋转，风轮通过主轴连接齿轮箱，经过齿轮箱增速后带动发电机发电的发电方式。由于风力发电效率与风速有关，而风速的大小是随机变化的，因此风力发电机的输出功率是不稳定的。不同地区的风能资源通过有效风能密度和有效风速进行划分。有效风能密度指，当风速在 3~20 m/s 内时，单位时间内通过单位面积的空气流所具有的动能。风力发电机的年发电量也可通过安装地区的有效风能密度进行估算。

2.4.2 废弃物循环利用减碳原理

建筑在建造、修缮、拆除的过程中会产生大量的建筑废弃物，如淤泥、渣土、弃料等。建筑废弃物除了建设工程回填利用外，绝大部分未经任何处理便被送往填埋场。首先，对土地的占用间接地减少植被对CO_2的吸收，减少生物固碳。其次，废弃物在填埋场进行填埋时，不仅消耗人工、机械，废弃物自身也会释放温室气体。要在建筑废弃物处置阶段实现能源、资源、土地等的节约，进而实现碳减排，应从两方面入手：一是减量化，二是资源化。

建筑废弃物排放的减量化是从根本上解决建筑废弃物问题的关键环节。在设计环节，建设工程设计单位应以优化建筑设计，提高建筑物的耐久性，减少建筑材料的消耗和建筑废弃物的产生为原则。在施工环节，鼓励施工单位采用金属模板、组合模板等施工工艺，提高材料的循环利用率；临时建筑以及施工现场临时搭设的办公、居住用房应采用周转式活动房，工地临时围挡应采用装配式可重复使用的材料；推行建筑工业化提高预制构配件在建筑工程中的应用率；推行钢结构建筑，利用钢材可以循环利用的特性。在建筑物的拆除环节，实现建筑废弃物处理方式的创新，提高建筑废弃物回收利用率，大力推进建筑节材工作。

建筑废弃物是一种资源。通过一定的技术手段对建筑废弃物加以再利用和再生利用，既可以节省资源、能源的消耗，降低碳排放，又可以发挥资源的最大价值。不同的循环利用厂对废弃物处理的工序各有差异，但总体而言，建筑废弃物的资源化回收利用过程主要包括建筑废弃物破碎与分选、再生骨料的资源化回收利用两个步骤。此外，以废弃混凝土等建筑废弃物为例，废弃混凝土中含有大量的CaO，经粉碎细化后可以与CO_2发生化学反应，转化为$CaCO_3$，能够起到固化储存CO_2的效果。

2.4.3 生物固碳原理

生物固碳主要包括植物固碳和海洋固碳。

（1）植物固碳 植物固碳的原理是，通过光合作用，植物从空气中吸收CO_2，与水结合，在光照条件和叶绿体的场所下，生成储存能量的有机物并释放出氧气。在这个过程中，光能首先被转化成不稳定的高能化合物（ATP），然后再转变成有机物中稳定的化学能，产生能量形式变化。灌木、乔木、草本植物及土壤作为陆地生态系统的组成部分都具有一定的固碳能力。但不同植物的固碳能力是有差异的，这种能力通常与植物的生长速度一致，可以使用生物量的增加量来度量不同树种的固碳能力。

（2）海洋固碳 海洋覆盖地球表面的70.8%，是地球上最重要的"碳汇"聚集地。据测算，地球上每年使用的化石燃料产生的 CO_2 约13%为陆地植物所吸收，35%为海洋所吸收，其余部分暂留存于大气中。海洋固碳是指通过海洋"生物泵"的作用进行固碳，即由海洋生物进行有机碳生产、消费、传递、沉降、分解等系列过程实现"碳转移"。海洋中的藻类、珊瑚礁贝壳等都有很强的固碳能力。海滨湿地固碳是因为湿地在植物生长、促淤造陆等生态过程中积累了大量的无机碳和有机碳。加上湿地土壤水分呈过饱和状态，具有厌氧的生态特性，湿地积累的碳形成了富含有机质的湿地土壤。

2.4.4 物理固碳原理

物理固碳是将 CO_2 长期存储在开采过的油气井、煤层和深海里。为了提高效率增加埋存量，降低成本，碳封存过程中需要提高 CO_2 的浓度。20世纪80年代，联合国政府间气候变化专门委员会（IPCC）提出"碳捕集与封存"技术，主要是将捕集的 CO_2 通过一定的方式运输到合适的地方封存，减少向大气中排放 CO_2，但是这项技术的问题瓶颈是建设和运行成本高昂。碳捕集、利用与封存技术（CCUS）是碳捕获与封存技术新的发展趋势，把生产过程中排放的 CO_2 捕获并提纯，继而投入到新的生产过程中，循环再利用，而不是简单的封存，既能产生经济效益，也更具现实操作性。随着全球应对气候变化及碳中和目标的提出，CCUS作为固碳减碳技术，已成为多个国家碳中和行动计划的重要组成部分。

海洋物理固碳是通过海洋物理泵的作用，能够使海水中的"二氧化碳—碳酸盐"体系向深海扩散和传递，最终形成碳酸钙（$CaCO_3$），沉积于海底，形成钙质软泥，从而起到固碳作用。

深海封储固碳是另一种固碳的有效方法。科学研究发现，在深海（海水深度大于3000 m时）CO_2 与水会形成一种水化物。此水化物外面会形成一层固态的外壳，限制 CO_2 与海水的接触。这种方式储藏的气体将足以应对最严重的地震或其他地球巨变，能够保证几千年"安全无逃逸"。收集的 CO_2 被液化压缩，再由延伸至海洋深处的管道送至深海隔离。由于液态 CO_2 的密度大于海水，经由管道送入深海后，液态 CO_2 会自动下沉到海床部分。在深海水压之下，液态 CO_2 会沉积不动。

2.4.5 商业碳汇原理

碳汇交易是基于《联合国气候变化框架公约》及《京都议定书》对各国分配 CO_2 排放指标的规定，创设出来的一种虚拟交易。即因为发展工业而制造了大量的温室气体的发达国家，在无法通过技术革新降低温室气体排放量达到规定的碳排放标准的时候，可以在发展中国家投资造林，以增加碳汇，抵消碳排放。

现阶段最主要的植物碳汇方式是林业碳汇，即利用森林的储碳功能，通过造林、再造林、森林管理等增加林业面积的活动和减少毁林面积的活动，吸收和固定大气中的 CO_2，并按照相关规则进行碳汇交易的过程、活动或机制。林业碳汇包括森林经营性碳汇和造林碳汇两个方面。经营性碳汇针对的是现有森林，通过经营手段促进林木生长，增加碳汇。造林碳汇是指在已确定基线的土地上，以增加碳汇为主要目的，对造林过程实施碳汇计量和监测而开展的有特殊要求的造林活动。

2.5 本章重点与难点

本章主要介绍了与建筑碳排放计算相关的各类基础理论与原理。其中温室气体组成、碳排放衡量单位、碳排放量化方法是建筑碳排放计算的核心概念。此外，建筑碳排放计算是工程领域中最典型的全生命周期评价应用，因此明确全生命周期评价的基本理论与基本方法有助于梳理碳排放计算流程，并理解各工程环节碳排放计算方法的制定原理。在此基础上，本章的重点内容在于建筑工程全周期内的产碳与减碳机制，具体来说，包括了建筑全生命周期碳源及其排放原理，以及建筑全生命周期减碳与碳汇原理。只有明确建筑全生命周期内全部碳排放、碳汇来源及产生机制，才能实施对于各环节的定量计算，最终得到准确客观的碳排放计算结果。

思考题

1. 在建筑设计阶段开展减碳设计成本最低，效果最好，建筑设计阶段可以整合使用哪些减碳手段？

2. 商业碳汇除帮助降低碳排放外，还以何种方式作用于国家经济发展？

3. 代表性温室气体有哪几种？

4. 碳排放有哪几种常见量化方法？

5. ISO 框架确定的全生命周期评价步骤是什么？

6. 什么是建筑碳汇？

第 3 章

建筑碳排放计算与分析的数据体系

本章主要内容及逻辑关系如图 3-1 所示。

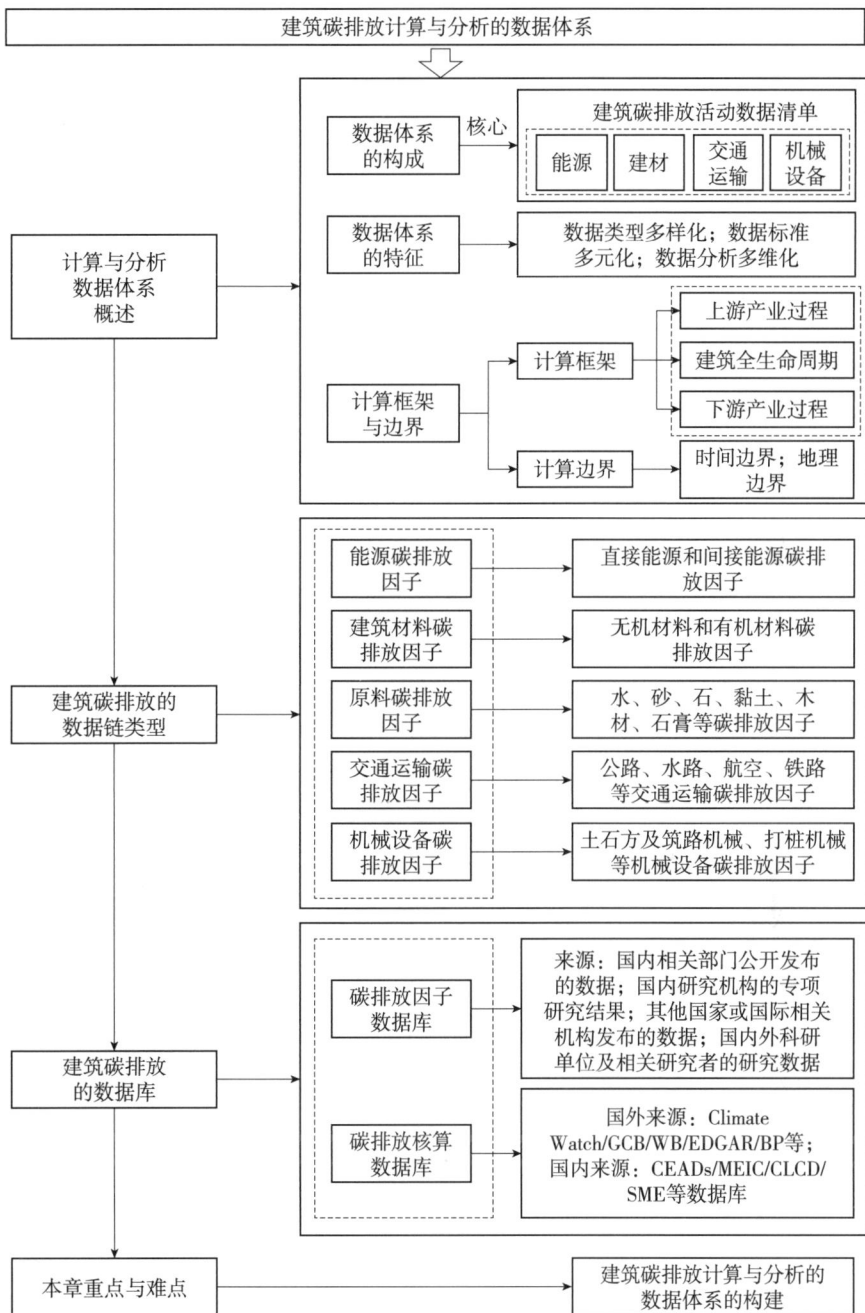

图 3-1 本章主要内容及逻辑关系

构建建筑碳排放计算与分析的数据体系是支撑"双碳"目标实现的基础工作。本章从建筑碳排放计算与分析的数据体系构成出发，分析数据体系的特征，界定计算框架与边界，详细介绍了建筑碳排放的数据链类型以及国内外主要的建筑碳排放数据库。

本节对建筑碳排放计算与分析的数据体系进行概述。首先分析建筑碳排放计算与分析数据体系的构成。基于此，对建筑碳排放计算与分析数据体系的特征进行解读。着重介绍建筑碳排放计算的框架与边界。

3.1.1 建筑碳排放计算与分析数据体系的构成

建筑碳排放是我国社会生产活动碳排放的重要组成部分[13]，对能源需求、环境保护的影响巨大，且呈逐年递增趋势。2024 年初，中国建筑节能协会建筑能耗与碳排放数据专委会发布的《中国建筑能耗与碳排放研究报告（2023 年）》中指出"2021 年全国建筑全过程碳排放总量为 50.1 亿 tCO_2，占全国能源相关碳排放的比重为 47.1%"，建筑减碳成为实现"双碳"目标的重要工作。因此，构建完善的建筑碳排放计算与分析数据体系与核算机制，以量化手段科学控制建筑碳排放成为亟待解决的问题。

建筑碳排放计算与分析数据体系的建立不仅能为建筑全生命周期的减碳方案提供思路框架和评价依据，也可以为下一步的碳核算、碳交易奠定理论基础。基于对建筑碳排放计算的重视，国家有关部门及建筑行业协会相继颁布有关建筑碳排放量化的标准和规范[14-16]。2022 年 4 月 1 日起实施的《建筑节能与可再生能源利用通用规范》GB 55015—2021 首次明确将建筑碳排放计算作为建筑设计的强制要求。

建筑碳排放计算与分析数据体系的核心是建立一个量化和评估碳排放活动的数据清单，根据《建筑碳排放计算标准》GB/T 51366—2019，可将建筑全生命周期分为四个阶段，即建材生产及运输阶段、建筑建造阶段、建筑运行阶段、建筑拆除阶段，基于建筑全生命周期各阶段碳排放计算公式（表 3-1），可将建筑全生命周期碳排放活动数据清单分为能源、建材、交通运输、机械设备四类。碳排放活动数据清单是建筑全生命周期过程中物质、活动和能量的拆解和一般化阶段，是以过程分析为基础的包括活动内部及其与环

建筑全生命周期各阶段碳排放计算公式   表 3-1

序号	阶段	计算公式	公式释义
1	建材生产及运输阶段	$C_{sc}=\sum_{i=1}^{n}M_iF_i$	C_{sc}——建材生产阶段碳排放（$kgCO_2e$）； M_i——第 i 种主要建材的消耗量（t）； F_i——第 i 种主要建材的碳排放因子（$kgCO_2e$/单位建材数量）
2		$C_{ys}=\sum_{i=1}^{n}M_iD_iT_i$	C_{ys}——建材运输过程碳排放（$kgCO_2e$）； M_i——第 i 种主要建材的消耗量（t）； D_i——第 i 种建材的平均运输距离（km）； T_i——第 i 种建材的运输方式下，单位重量运输距离的碳排放因子 [$kgCO_2e$/（$t\cdot km$）]

序号	阶段	计算公式	公式释义
3	建筑建造阶段	$$C_{JZ} = \frac{\sum_{i=1}^{n} E_{jz,i} EF_i}{A}$$	C_{JZ}——建筑建造阶段单位建筑面积的碳排放量（$kgCO_2/m^2$）； $E_{jz,i}$——建筑建造阶段第 i 种能源总用量（kWh 或 kg）； EF_i——第 i 类能源的碳排放因子（$kgCO_2/kWh$ 或 $kgCO_2/kg$）； A——建筑面积（m^2）
4	建筑运行阶段	$$C_M = \frac{\left[\sum_{i=1}^{n}(E_i EF_i) - C_p\right] y}{A}$$	C_M——建筑运行阶段单位建筑面积的碳排放量（$kgCO_2/m^2$）； E_i——建筑第 i 类能源年消耗量（单位 /a）； EF_i——第 i 类能源的碳排放因子（$kgCO_2/kWh$ 或 $kgCO_2/kg$）； C_p——建筑绿地碳汇系统年减碳量（$kgCO_2/a$）； y——建筑设计寿命（a）； A——建筑面积（m^2）
5	建筑拆除阶段	$$C_{CC} = \frac{\sum_{i=1}^{n} E_{cc,i} EF_i}{A}$$	C_{CC}——建筑拆除阶段单位建筑面积的碳排放量（$kgCO_2/m^2$）； $E_{cc,i}$——建筑拆除阶段第 i 种能源总用量（kWh 或 kg）； EF_i——第 i 类能源的碳排放因子（$kgCO_2/kWh$ 或 $kgCO_2/kg$）； A——建筑面积（m^2）

境系统交换的数据量化分析，其构成主要包含碳排放因子和各活动数据的消耗量。建筑碳排放计算与分析数据体系的构成及碳排放分级关系如图 3-2 所示。

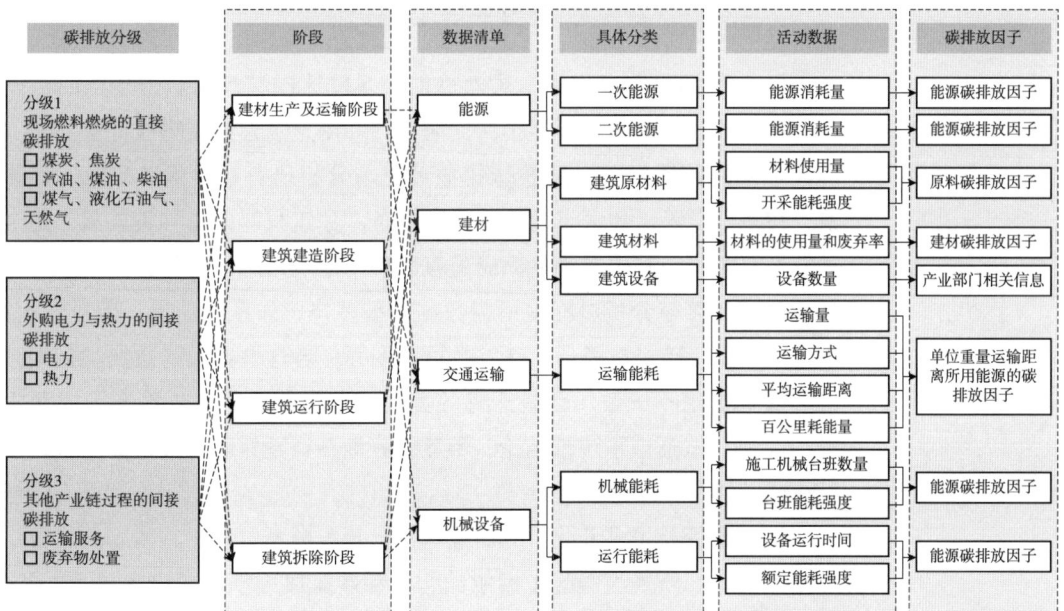

图 3-2 建筑碳排放计算与分析数据体系的构成及碳排放分级关系

3.1.2 建筑碳排放计算与分析数据体系的特征

构建建筑碳排放计算与分析的数据体系是支撑"双碳"目标实现的基础工作。《中共中央 国务院关于完整准确全面贯彻新发展理念做好碳达峰碳中和工作的意见》《2030 年前碳达峰行动方案》均提出要建立统一规范的碳排放统计核算体系，中共中央办公厅、国务院办公厅印发的《关于推动城乡建设绿色发展的意见》也提出要"建立城市建筑用水、用电、用气、用热等数据共享机制，提升建筑能耗监测能力"。

美国能源部门下设机构美国能源信息署（EIA）对能耗进行全面的数据收集，基本涵盖能源领域全部范围，同时进行信息丰富的能源分析，包括能源市场趋势的每月短期预测以及美国和国际能源的长期前景等。新加坡能源基准网站 [Building and Construction Authority. Energy Efficiency in Greener Buildings（bca.gov.sg）] 公开提供建筑能耗数据。英国房屋能源由专门的能源绩效证书（Energy Performance Certificates，EPC）评估小组或国内能源评估员来进行审查，部门网站公开 2008 年以来的建筑能耗数据以便对燃料贫乏和气候变化等能源效率问题进行独立研究。我国《中国建筑节能年度发展研究报告》《中国建筑能耗与碳排放研究报告》以及中国碳核算数据库（China Emission Accounts and Datasets，CEADs）、中国多尺度排放清单模型（Multi-resolution Emission Inventory for China，MEIC）等数据体系的建立，也为建筑碳排放计算与分析相关科学研究、政策评估和管理工作提供基础数据支持。

根据已有相关研究和实践，建筑碳排放计算与分析数据体系主要具有以下特征：

（1）**数据类型多样化** 虽然目前很多发达国家政府和国际组织在建筑行业碳排放计量方法上开展了广泛研究，并制定了建筑碳排放计量方法，建立起丰富的数据库[17]，建筑碳排放计算与分析已有相关标准政策、计算工具、核算标准等，但由于建筑生命周期长、建筑材料设备种类丰富、建筑活动复杂且多样，其碳排放活动受建筑面积、建筑形态、运行方式等多种因素影响，在计算与分析过程中所需数据类型多样，如系统边界、碳排放阶段、碳排放来源、碳排放因子、清单数据范围等。若这些方面的数据类型划分标准和数据选用不一致，且缺乏将各类数据汇集并进行有效筛选等的科学手段[18]，则无法形成系统性结论，不能很好地支撑建筑碳排放计算与分析以及"双碳"目标的分解实施。

（2）**数据标准多元化** 建筑碳排放计算与分析过程中，省际人口数、地区生产总值、所处气候区（用能结构）和碳排放因子差异较大，不同类型、气候分区下的建筑终端能耗组成比例存在差别，当前相关机构与研究者针对建筑碳排放数据进行了大量研究，且取得了一定的成果，常规数据得到了较为充分的分析，但由于生产技术条件、地域因素等条件的影响，部分数据难以通过统一指标进行计算，缺乏对于结果可靠性或不确定度的论证[19]。因此，碳排放计算难以使用统一的衡量标准[13]，建筑碳排放计算难以达到针对性、全局性和时效性，继而造成建筑碳排放总量计算误差较大、后期运维管理困难等问题[20]。

（3）数据分析多维化　当前，大部分建筑碳排放计算与分析数据统计存在滞后性，且建筑相关用能数据平台数据共享机制不健全，共享渠道尚未打通，跨部门、跨行业获取和共享数据存在障碍[18]，数据孤岛现象普遍存在，数据缺乏时效性，难以应对建筑信息更新的动态连续性。同时，建筑行业数据模糊，统计数据规模范围有限，城市建筑数量、面积等信息未被充分利用，无法确认建筑全生命周期碳排放的具体数据[21]。对建筑碳排放的计算只考虑了某阶段或某几类建材，并没有从建筑全生命周期的角度进行度量，数据缺乏完整性，造成建筑减排政策和标准的制定困难。而大数据时代的到来为建筑碳排放计算与分析的数据体系的建立带来了机遇与挑战，数据规模的快速增长促使数据种类从以建筑运行阶段的碳排放数据为主的单一维度数据，向包含建筑全生命周期内信息的创建、管理、共享和保护的多维度数据转变，能够较为准确计算建筑碳排放量，对于促进建筑业的稳定高效发展，实现国家减排目标具有重要意义。

3.1.3　建筑碳排放计算框架与边界

建筑碳排放计算方法多样，使用尺度不同，各自具有优缺点，且相互补充，因此，近年来将各种计算方法混合使用进行建筑碳排放计算得到了广泛应用。那么，在建筑碳排放计算之前首先需要界定明确的计算框架和边界，以便于消除计算误差，解决核算结果无法比对和参考的问题。

目前国内外建筑领域碳排放计算框架和边界划分不尽相同，《建筑碳排放计算标准》GB/T 51366—2019 中制定了建筑碳排放的计算框架，如图 3-3 所示。

其中，建材生产及运输阶段的碳排放计算包括建筑主体结构材料、建筑围护结构材料、建筑构件和部品等。建筑建造阶段的碳排放包括完成各分项工程施工产生的碳排放和各项措施项目实施过程产生的碳排放。建筑运行阶段的碳排放计算范围包括暖通空调、生活热水、照明及电梯、可再生能源、建筑碳系统在建筑运行期间的碳排放量。建筑拆除阶段的碳排放包括人工拆除和使用小型机具机械拆除使用的机械设备消耗的各种能源动力产生的碳排放。

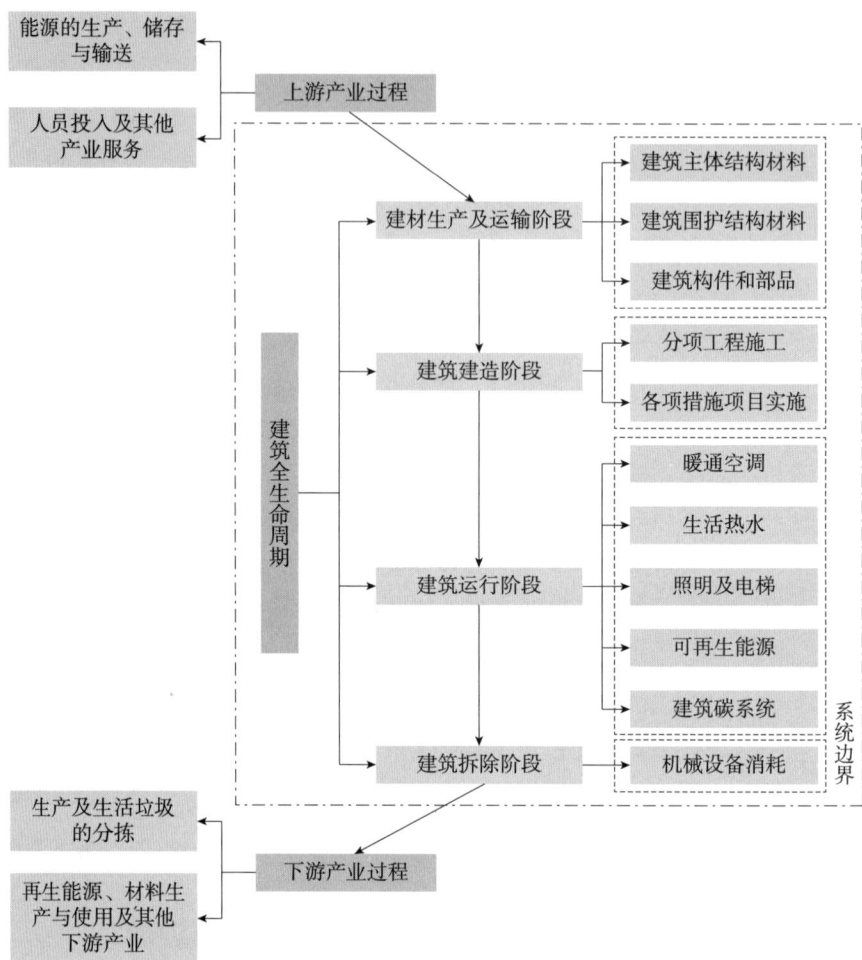

图 3-3　建筑碳排放计算框架

各阶段内因直接作用、间接作用产生的建筑碳排放分为直接碳排放、间接碳排放和隐含碳排放。直接碳排放被认为是建筑领域需重点解决的问题，如燃料燃烧、设备移动、管线泄漏等活动产生的碳排放；间接碳排放是指因建筑全生命周期内所有活动而导致的、但发生在基地之外的温室气体排放，如电力、热力消耗所产生的碳排放；隐含碳排放包含了建筑材料、设备的生产和运输过程中所产生的碳排放以及建筑废弃物运输和处理过程中所产生的碳排放。

此外，建筑碳排放的计算边界还包括时间边界和地理边界。时间边界主要是指建筑全生命周期的时间跨度，碳排放计算中采用的建筑设计寿命应与设计文件一致，当设计文件不能提供时，应按 50 年计算。而建筑所处气候区不同，在建筑碳排放计算过程中应适当考虑结构加固、供冷或供热能源供应等问题。

本节详细介绍建筑碳排放的碳排放因子。碳排放因子（carbon emission factor）是将能源与材料消耗量与 CO_2 排放相对应的系数，用于量化建筑物不同阶段相关活动的碳排放。碳排放因子是建筑全生命周期碳排放计算中的重要参数。建筑全生命周期碳排放计算中涉及建筑材料、运输机械、施工机械、能源、水等碳排放因子，种类繁杂且测算难度较大，在建筑碳排放计算过程中一般优先采用公认可靠来源或最新发布的数据，如碳排放因子数据库、经认证的学术或研究机构的调查报告、各类报表或统计年鉴、工艺信息等。

碳排放因子根据碳排放的类型可以分为能源碳排放因子、建筑材料碳排放因子、原料碳排放因子、交通运输碳排放因子、机械设备碳排放因子等。

3.2.1　能源碳排放因子

能源碳排放因子是指单位能源消耗产生的碳排放量，一般通过实验室测定得出。根据能源类型，可以分为直接能源碳排放因子和间接能源碳排放因子，直接能源碳排放因子一般指化石能源碳排放因子，间接能源碳排放因子指电力、热力等二次能源所对应的碳排放因子。化石能源主要包括煤炭类、石油类、天然气类等不可再生能源；电力碳排放因子因发电形式的不同而有所差别，主要以区域电网的基准线排放因子或区域电网平均碳排放因子两种形式存在，一般通过公开数据查询获取或基于能源平衡表计算获得；热力碳排放因子一般基于企业调查或能源平衡表计算获取或通过排放强度进行测算得到。表 3-2 统计了目前常见的能源碳排放因子种类。

常见的能源碳排放因子种类　　　　　　　　　　表 3-2

能源类型	能源名称
化石能源	煤炭类：包括煤炭、原煤、焦炭、褐煤、洗煤、无烟煤等
	石油类：包括石油、原油、车用汽油、航空汽油、煤油、柴油、燃料油等
	天然气类：包括天然气、液化石油气、焦炉煤气、炼厂干气等
电力	包括火力发电、核能发电等

3.2.2　建筑材料碳排放因子

建筑材料是指利用能源和原材料加工得到的产品，其碳排放因子的确定难度较高，现阶段建筑材料碳排放因子测算的基本方法大体可分为两类：一类是根据国家或区域的行业宏观统计的碳排放总量计算平均碳排放因子，另一类是基于建筑材料具体的生产工艺流程进行测算。表 3-3 统计了目前常见的建筑材料碳排放因子种类 [22]。

常见的建筑材料碳排放因子种类 表 3-3

建筑材料类型			建筑材料名称
无机材料	金属材料	黑色金属	钢材（型钢、钢筋、线材、中小型材、热轧带钢、冷轧带钢、不锈钢等）等
		有色金属	铝、铜等
	非金属材料	天然石材	砂、石板材等
		烧土制品	黏土实心砖、黏土空心砖、陶瓷（建筑陶瓷、卫生陶瓷、釉面砖）等
		蒸压（养）制品	粉煤灰砌块、混凝土砌块等
		玻璃及熔融制品	玻璃（平板玻璃、浮法玻璃、强化玻璃、钢化玻璃、反射玻璃、镜面玻璃、夹层玻璃、Low-E 玻璃、中空玻璃等）等
		凝胶材料	石灰、各类水泥（P·Ⅰ52.5、P·O42.5、P·S32.5 等）等
		混凝土类	砂浆、混凝土等
有机材料	植物质材料		竹、木材（胶合板、纤维板、中密度板、刨花板、规格材、竹地板、木地板等）等
	合成高分子材料		聚乙烯（PEX）、聚丙烯（PPR）、聚氯乙烯（PVC）、聚苯乙烯（PS）、挤塑聚苯乙烯（XPS）、可发性聚苯乙烯（EPS）涂料等

3.2.3 原料碳排放因子

建筑行业的原料主要是指可以从自然界直接获取或通过简单加工处理得到的需要进一步加工支撑其他产品的材料，如水、砂、石、土、木材等。建筑原材料是建筑材料的基础，原材料的消耗量数据主要包括材料使用量、开采能耗强度等，一般包含在建筑材料的清单数据中，原材料的用量、能耗数据、反应方程式等是计算建筑材料碳排放因子的依据。

常见的建筑原料碳排放因子种类包括：水、砂、石（包括矿山石、卵石、土石、砂石等）、黏土、木材、石膏等。常用建筑原料的碳排放因子见表 3-4[19]。

常用建筑原料的碳排放因子 表 3-4

材料类别	单位	密度参考值，kg/m³	碳排放系数，$kgCO_2e$/ 单位		
			最小值	最大值	推荐值
新水	t	1000	0.21	0.42	0.21
砂子	t	1450	1.8	50.0	6.6
碎石	t	1560	1.4	50.0	4.4
再生骨料	t	1350	4.0	22.0	13.0
黏土	t	1400	0.3	33.0	0.5

材料类别	单位	密度参考值，kg/m³	碳排放系数，kgCO₂e/ 单位		
			最小值	最大值	推荐值
石灰石	t	2700	430.0	430.0	430.0
白云石	t	3000	474.0	474.0	474.0
粉煤灰	t	790	7.5	84.4	8.0
炉渣	t	800	70.0	443.0	109.0
膨胀珍珠岩	t	120	520.0	3237.0	2880.0
大白粉	t	—	90.0	290.0	175.0
滑石粉	t	—	120.0	350.0	175.0
腻子粉	t	—	350.0	940.0	440.0
生石灰	t	3300	1180.0	1570.0	1190.0
石膏	t	900	120.0	340.0	125.5
胶合板材	m³	600	271.0	696.0	487.0

3.2.4　交通运输碳排放因子

将建筑原料、建筑材料从生产地或采集地运输到施工现场需要消耗能源，建筑材料的运输主要采用铁路、公路与水路三种运输方式，而交通运输碳排放因子的差别主要在于交通工具的不同和燃料能源类型的不同，交通运输碳排放因子的计算主要是通过统计年鉴中的主要经济指标计算不同类型运输方式的平均能耗程度。交通运输碳排放清单包括运输量、运输方式、平均运输距离、百公里耗能量等，数据一般来源于建筑工程预算清单或工程决算清单。

常见的交通运输碳排放因子种类包括：公路运输（汽油）、公路运输（柴油）、水路运输（内河运输、海运）、航空运输、铁路运输等。常见运输方式的碳排放因子见表 3-5[16]。

常见运输方式的碳排放因子，kgCO₂e/（t·km）　　　　表 3-5

运输方式类别	碳排放因子
轻型汽油货车运输（载重 2 t）	0.334
中型汽油货车运输（载重 8 t）	0.115
重型汽油货车运输（载重 10 t）	0.104
重型汽油货车运输（载重 18 t）	0.104

続表

运输方式类别	碳排放因子
轻型柴油货车运输（载重 2 t）	0.286
中型柴油货车运输（载重 8 t）	0.179
重型柴油货车运输（载重 10 t）	0.162
重型柴油货车运输（载重 18 t）	0.129
重型柴油货车运输（载重 30 t）	0.078
重型柴油货车运输（载重 46 t）	0.057
电力机车运输	0.010
内燃机车运输	0.011
铁路运输（中国市场平均）	0.010
液货船运输（载重 2000 t）	0.019
干散货船运输（载重 2500 t）	0.015
集装箱船运输（载重 200 TEU）	0.012

3.2.5 机械设备碳排放因子

在建筑施工过程中，机械设备的使用消耗汽油、柴油和电能也会产生碳排放，但在建筑施工阶段，施工工艺多，操作技术复杂，机械设备数量多且型号各式各样。相关碳排放因子测算主要有两种方法：一是使用气体检测设备直接测量温室气体排放量，二是根据机械设备使用过程中消耗的电力和化石燃料量乘以相应的碳排放因子进行计算。

计算机械的碳排放因子，关键是采集该机械单位台班的能耗数据，常见的能耗数据获取方法有 3 种：定额法、实测法和功率法。机械设备碳排放清单根据消耗途径可分为机械能耗和运行能耗。机械能耗消耗量数据包括施工机械台班数量、台班能耗强度等，数据一般来源于建筑工程预算清单或工程决算清单。运行能耗是指维持建筑运行必备的供电、照明、供暖和制冷能耗，以及日常活动所需的办公设备和家用电器能耗，消耗量数据包括设备运行时间、额定能耗强度等。

常见的机械设备碳排放因子种类包括：土石方及筑路机械、打桩机械、起重机械、水平运输机械、垂直运输机械、混凝土及砂装机械、加工机械、泵类机械、焊接机械、动力机械、地下工程机械、其他机械。常见机械设备台班碳排放因子见表 3-6[15]。

36

机械名称	型号	台班能源消耗			碳排放因子, kgCO$_2$/台班
		汽油, kg	柴油, kg	电, kwh	
电动夯实机	夯击能力 20~62 N·m	—	—	16.60	16.733
汽车式起重机	提升质量 5 t 中	23.30	—	—	47.322
汽车式起重机	提升质量 20 t 大	—	38.41	—	83.388
自升式起重机	起重力 2000 kN·m 大	—	—	236.47	238.362
载货汽车	装载质量 8 t 大	—	35.49	—	77.049
载货汽车	装载质量 15 t 大	—	56.74	—	123.183
电动卷扬机	单筒慢速 牵引力 50 kN 小	—	—	33.60	33.869
单笼施工电梯	提升质量 1 t 提升高度 75 m	—	—	45.66	46.025
单笼施工电梯	提升质量 1 t 提升高度 100 m	—	—	45.66	46.025
灰浆搅拌机	拌筒容量 200 L 小	—	—	8.61	8.679
混凝土输送泵	输送量 60 m³/h 大	—	—	374.80	377.798
滚筒式混凝土搅拌机	内燃 出料容量 500 L 以内 中	—	13.82	—	30.003
混凝土振捣器	平板式 小	—	—	8.00	8.064
混凝土振捣器	插入式 小	—	—	8.00	8.064
钢筋调直机	直径 40 mm 小	—	—	11.90	11.995
钢筋切断机	直径 40 mm 小	—	—	32.10	32.357
钢筋弯曲机	直径 40 mm 小	—	—	12.80	12.902
木工圆锯机	直径 500 mm 小	—	—	24.00	24.192
普通车床	400 mm×2000 mm 小	—	—	22.77	22.952
电动多级离心泵	扬程 120 m 以下 小	—	—	180.40	181.843
交流弧焊机	容量 32 kV·A 小	—	—	96.63	97.403
直流弧焊机	功率 32 kW 小	—	—	93.60	94.345
对焊机	容量 75 kV·A 小	—	—	122.90	123.883
电渣焊机	电流 1000 A 中	—	—	147.00	148.176
电动空气压缩机	排气量 1 m³/min 小	—	—	40.30	40.622
电锤	功率 520 W 小	—	—	1.40	1.411
石料切割机	小	—	—	13.00	13.104
磨边机	小	—	—	10.00	10.080

3.3

建筑碳排放的数据库

建筑全生命周期碳排放量的计算关键是将能源与碳排放因子准确建立连接。因此，数据库的研究和建立是建筑全生命周期碳排放计算与分析的重要工作，本节主要对国内外主要的碳排放因子数据库及碳排放核算数据库进行介绍。

3.3.1 碳排放因子数据库

由于建筑全生命周期涉及的周期长、材料多，目前国内外尚缺少单独的建筑碳排放因子数据库，大部分是全生命周期评价（Life Cycle Assessment，LCA）方法中用于支持全生命周期清单分析（Life Cycle Inventory，LCI）的基础清单数据库，包括建筑在内的多个行业，涵盖温室气体在内多种类型大气污染物[12]。目前，国内外各大权威机构、研究报告等针对不同能源类型、材料种类建立了碳排放因子数据库，见表3-7。

常用碳排放因子数据库 表3-7

碳排放因子类型	数据来源	机构	数据库类型
能源碳排放因子	《国家温室气体排放清单指南》	联合国政府间气候变化专门委员会（IPCC）	国际机构
	温室气体核算体系/《能源消耗引起的温室气体排放计算工具指南》/《中国燃煤电厂温室气体排放计算工具指南》/《外购电力温室气体排放》	世界资源研究所（WRI）	国际机构
	国际能源署（IEA）官网	国际能源署（IEA）	国际机构
	世界企业永续发展委员会（WBCSD）官网	世界企业永续发展委员会（WBCSD）	国际机构
	美国能源信息署（EIA）官网	美国能源信息署（EIA）	国际机构
	美国环境保护署（EPA）官网 eGRID数据库	美国环境保护署（EPA）	国际机构
	美国能源部（DOE）官网	美国能源部（DOE）	国际机构
	日本能源经济研究所官网	日本能源经济研究所	国际机构
	《省级温室气体清单编制指南》《中国区域电网基准线排放因子》《中国低碳技术化石燃料并网发电自愿减排项目区域电网基准线排放因子》	应对气候变化司	国内机构
	《中国温室气体清单研究》	国家发展和改革委员会能源研究所	国内机构
	行业企业温室气体排放核算方法与报告指南	国家发展和改革委员会	国内机构
	《中国能源统计年鉴》	国家统计局能源统计司	国内机构
	中国产品全生命周期温室气体排放系数库	中国城市温室气体工作组（CCG）	国内机构

碳排放因子类型	数据来源	机构	数据库类型
建筑材料碳排放因子	《国家温室气体排放清单指南》	联合国政府间气候变化专门委员会（IPCC）	国际机构
	世界企业永续发展委员会（WBCSD）官网	世界企业永续发展委员会（WBCSD）	国际机构
	世界资源研究所（WRI）官网	世界资源研究所（WRI）	国际机构
	国际钢铁协会官网	国际钢铁协会	国际机构
	《建筑碳排放计算标准》	住房和城乡建设部	国内机构
	行业企业温室气体排放核算方法与报告指南	国家发展和改革委员会	国内机构
	中国产品全生命周期温室气体排放系数库	中国城市温室气体工作组（CCG）	国内机构
原料碳排放因子	中国产品全生命周期温室气体排放系数库	中国城市温室气体工作组（CCG）	国内机构
机械设备碳排放因子	中国产品全生命周期温室气体排放系数库	中国城市温室气体工作组（CCG）	国内机构
交通运输碳排放因子	《建筑碳排放计算标准》	住房和城乡建设部	国内机构
	中国产品全生命周期温室气体排放系数库	中国城市温室气体工作组（CCG）	国内机构

碳排放因子的数据来源复杂，且具有地域性、时效性等特征，不同国家对该项工作都非常重视，分别建构了不同的数据库，总体上可以分为以下四类：

（1）国内相关部门公开发布的数据，如住房和城乡建设部批准的《建筑碳排放计算标准》GB/T 51366—2019、国家统计局发布的统计年鉴、国家发展和改革委员会公布的数据及指南等。

（2）国内研究机构的专项研究结果，如生态环境部的温室气体控制项目、绿色奥运建筑研究课题组编制的《绿色奥运建筑评估体系》等。

（3）其他国家或国际相关机构发布的数据，如联合国政府间气候变化专门委员会（IPCC）发布的《国家温室气体排放清单指南》、世界资源研究所发布的温室气体核算体系等。

（4）国内外科研单位及相关研究者的研究数据，如清华大学开发的建筑环境负荷评价体系（BELES）和英国巴斯大学开发的 Inventory of Carbon and Energy（ICE）数据库。此外，很多高校都在开放相关碳排放因子数据库，但研究成果尚未公开。

综合来看，目前公布的建筑碳排放因子数据库主要集中在能源碳排放因子方面，而且化石燃料能源的研究较为全面，但清洁能源的碳排放因子仍有待进一步研究。同时，对于建筑材料、建筑原料、机械设备和交通运输碳排放因子的研究尚不充分。值得注意的是，地域能源结构的差异、数据来源的不同、实验条件的区别以及计量方法和统计标准的差别，都会导致不同机构对同一碳排放因子的测算结果有所不同。鉴于国内外生产技术条件、材料性能指标等方面的差异，一般来说，在进行建筑碳排放计算过程中，优先选用《建筑碳排放计算标准》GB/T 51366—2019 中规定的普适性较强的数据以及当地城市机构测度的碳排放因子，其次采用国内官方机构、行业协会资料及研究者的研究数据，在数据不足时借鉴国外数据库及国外研究者的研究成果。

3.3.2　碳排放核算数据库

国内外陆续颁布了建筑碳排放计算的相关标准，目前，国内外都有建筑领域相关的核算数据库，相比于碳排放因子数据库，碳排放核算数据库涉及内容更为丰富，除碳排放因子之外还包括碳核算清单、投入产出表、碳排放过程等，为相关科学研究、政策评估和空气质量管理工作提供基础碳排放数据支持。

国外碳排放核算数据库主要有由世界资源研究所管理的气候观察（Climate Watch）、综合碳观测系统（Integrated Carbon Observation System，ICOS）提供的全球碳预算数据库（Global Carbon Budget，GCB）、全球实时碳数据（Carbon Monitor）提供的碳监测数据、全球合作建立的世界银行（World Bank，WB）数据库等。

其中，气候观察可以获取所有国家温室气体排放的数据、排放情境路径以及模型库；全球碳预算数据库是从全球预算和国家排放两个层面提供碳排放、碳预算的数据集和模型结果，为全球碳循环的特征及之间的相互作用提供快速反馈；全球实时碳数据定期更新不同国家的碳排放数据，涵盖电力、工业、交通运输等部门的活动数据，是目前唯一能够提供日分辨率全球碳排放空间展示的数据平台，同时提供实时全景碳地图，实现了碳排放数据库的可视化呈现；世界银行数据库提供全球不同国家历年的 CO_2 排放量，数据来源于微观数据、金融和能源数据平台的数据以及开放数据的数据集等，包括数据库、报告、各种主题时间序列的数据分析和可视化工具等。

此外，国外不同国家也开发了不同类型的碳核算数据库，例如欧盟委员会联合研究中心（European commission's Joint Research Centre，JRC）的全球大气研究排放数据库（Emissions Database for Global Atmospheric Research，EDGAR）、英国石油公司（British Petroleum，BP）数据库等。

国内碳排放核算数据库主要有中国碳核算数据库（CEADs）、中国多尺度排放清单模型（Multi-resolution Emission Inventory for China，MEIC）、中国生命周期基础数据库（Chinese Life Cycle Database，CLCD）、碳足迹核算：中国中小企业（SME）碳报告工具等。

中国碳核算数据库致力于构建可交叉验证的多尺度碳排放核算方法体系，编制涵盖中国及其他发展中经济体碳核算清单，打造国家、区域、城市、基础设施多尺度统一、全口径、可验证的高空间精度、分社会经济部门、分能源品种品质的精细化碳核算数据平台。由清华大学自2010年起开发并维护的中国多尺度排放清单模型通过在线数据平台提供全球范围多个尺度的人类活动大气排放数据，该数据库具有长时间序列、高时空分辨率、动态更新的全球多尺度等特征；中国生命周期基础数据库是由四川大学建筑与环境学院和成都亿科环境科技有限公司共同开发的中国本地化生命周期基础数据库，数据来自行业统计与文献，代表中国市场平均水平，包含资源消耗以及与节能减排相关的多项指标。中国中小企业碳报告工具可以让公司方便快捷地找到计算碳足迹所需的信息，可支持公司以各种方式对外进行碳足迹信息的交流。

3.4 本章重点与难点

本章介绍了建筑碳排放计算与分析的数据体系，分析了建筑碳排放计算与分析数据体系的构成及其特征，并对建筑碳排放的计算框架和计算边界进行限定；在此基础上，按照建筑全生命周期的四个阶段，即建材生产及运输阶段、建筑建造阶段、建筑运行阶段、建筑拆除阶段，按照能源碳排放、建筑材料碳排放、原料碳排放、交通运输碳排放以及机械设备碳排放的类型，分析了建筑碳排放数据链的类型，对建筑全生命周期的各类碳排放因子和活动数据的种类、要素、功能、数据来源等进行了介绍；总结了目前国内外成熟的建筑碳排放因子数据库和核算数据库的种类和主要特点，为建筑碳排放的计算与分析提供支持。

思考题

1. 请阐述建筑碳排放与分析数据体系的未来发展趋势。
2. 请阐述数据体系对于建筑碳排放计算与分析的重要意义。
3. 请阐述当前我国建筑碳排放数据库存在的问题与困境。
4. 请详细描述建筑全生命周期数据链的种类及其之间的相互关系，以及各阶段碳排放的分级。
5. 是否应统一构建管理建筑碳排放因子数据库，请阐释原因。

第 4 章

建筑碳排放计算与分析的科学方法

降低建筑物引起的能源消耗和温室气体的排放量，对总体节能减排目标的实现具有重要意义。对建筑物及相关活动进行温室气体排放的系统计量，准确评估不同建筑类型和建筑运行模式对排放总量的影响，则是实现降低建筑相关温室气体排放量的基础性步骤。除了建筑材料生产过程中的直接碳排放，还有生产过程中伴随各种中间投入的间接碳排放。由于每项中间投入又是其他相关经济部门的产品，长此以往，则整个经济体系构成一个有机网络。

针对建筑业碳排放，国外较早地意识到建筑活动会产生大量碳排放，会对生态环境造成较大影响。从 20 世纪 80 年代开始，大量有关气候商讨会的召开及相关政策的颁布实施，引起了全世界对建筑能耗与建筑减排的重视 [23]。相比于国外，国内针对建筑业碳排放的研究较晚，多数研究主要从国家、省域或市域层面进行横向比较，或者从时间维度纵向比较建筑业碳排放特征的演变 [24]。但目前来看，无论是国内还是国外，在建筑碳排放研究方面已形成了一定的理论基础。这些研究都从侧面验证了建筑业节能减排的重要性，并提出相应的措施及政策建议。美国、英国、德国、日本、中国等国家是温室气体排放的主要国家，建筑行业在这些国家的温室气体排放总量中占有相当大的比重。图 4-1 是全球建筑行业在 2015 年和 2021 年各项相关数据的对比图示，2021 年与 2015 年相比，建筑面积增幅较大，碳排放强度和能耗强度变化甚微，依然保持较高水平。

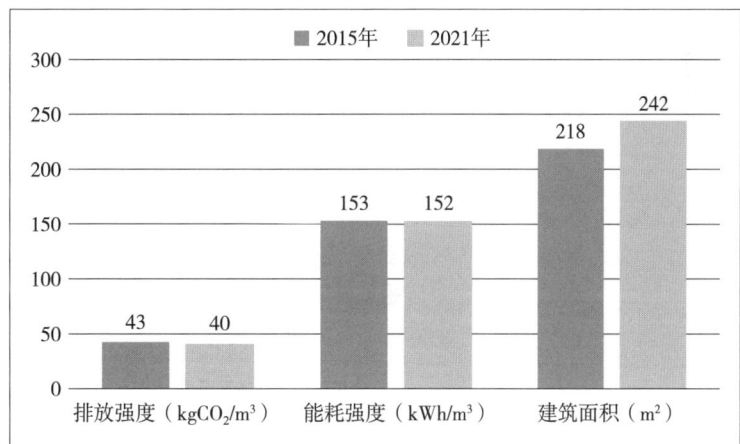

图 4-1　全球建筑行业在 2015 年和 2021 年各项相关数据

针对建筑领域给环境带来的沉重负面影响，各国政府、组织机构及业界学者基于不同的数据源，运用多种计算方法，多方位地度量建筑的碳排放。那么，本章将以国内外两个不同的视角，围绕建筑碳排放计算与分析的科学方法展开详细的介绍。本章主要内容及逻辑关系如图 4-2 所示。

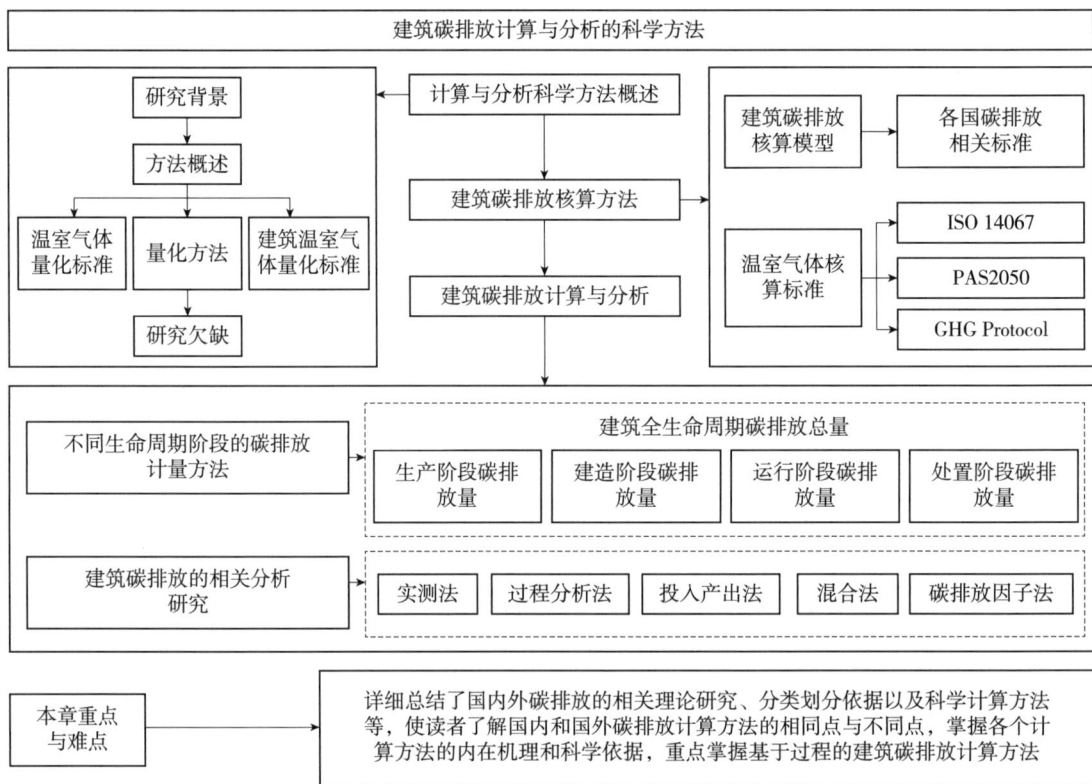

图 4-2 本章主要内容及逻辑关系

4.1 计算与分析科学方法概述

最早的建筑碳计量只考虑建筑本身在建造和运行过程中由于燃料燃烧等因素造成的直接温室气体排放，可以称之为绝对末端碳计量。随后，由于"从摇篮到坟墓"生命周期概念的引入，一些研究者开始考虑部分建材的生产过程以及建筑所用电能的获取过程中的温室气体排放（主要关注水泥制造过程中石灰石煅烧和热电厂发电过程中的燃料燃烧所导致的温室气体排放）。这些研究虽然与绝对末端碳计量相比有了相当的进步，但是仍然局限于部分相关过程的部分排放，可称之为相对末端碳计量[25]。

与末端碳计量不同，系统碳计量旨在对与建筑相关的所有过程的温室气体排放进行核算。参考系统生态学理论，我们把一个特定对象在其生产环节中的直接温室气体排放与由于各种中间投入而在相关经济体系中引发的间接温室气体排放之和称为该对象的温室气体排放[26]。然而，我们知道对建筑相关的所有过程进行分析将引出无穷尽的关联，例如建筑建造过程依赖于多种建材（如水泥、钢筋等）的生产，任何一种建材的生产依赖于多种原料的生产（如水泥的生产依赖于燃料和石灰石的生产），而任何原料的生产都需要其他投入（如燃料的生产需要机械设备、厂房建筑和其他燃料的投入）。使用单纯的过程分析方法无法对这些无穷尽的过程进行完全的追溯，而使用投入产出模拟方法虽然能保证分析的完整性，却由于数据可得性的限制难以对特定的建筑物进行碳计量。

目前温室气体量化标准有国际上使用的 ISO 14064-1 标准，量化方法有 2006 IPCC Guidelines for National Greenhouse Gas Inventories 和 GHG Protocol 两种方法；我国发展和改革委员会组织制定了重点行业的温室气体核算方法与报告指南，包括化工、钢铁、电网、民航等 14 个行业；个别地区如天津市制定了化工行业、钢铁行业、电力热力行业、炼油和乙烯行业以及其他行业的地方标准。

碳排放空间特征方面的研究已经较为丰富和成熟，但是现有大部分研究却忽视了一些问题，主要表现在以下几个方面：现有研究多是在时间序列尺度上对碳排放进行研究，忽视了截面数据空间依赖效应方面的研究；在国家和区域层面碳排放研究上，研究者多将各地区视为空间均质单元，忽略了空间单元之间的联系和差异，缺乏对空间溢出效应和辐射作用的研究；虽然空间计量经济学方法和地理加权回归模型（GWR）在碳排放的研究中已有初步应用，但是在建筑业碳排放尤其是建筑业碳排放强度研究中的应用较少。因此，基于空间计量经济学和 GWR 模型，从时间角度和空间角度分析我国各省份建筑业碳排放特征，进而开展建筑业碳排放强度影响因素空间差异方面的研究，对于清晰认识我国各省建筑业碳排放差异，明确各省建筑业减排潜力，科学制定各省建筑业减排政策，促进我国建筑业可持续发展具有重要意义。

碳排放效率方面，由于碳排放受各种环境因素影响，在区域差异较大的情况下，单一分析某一效率值则会因为区域特征性对效率研究的影响，进而无法深入剖析真实效率所反映的区域发展问题，即无法真正剥离地区经济环境因素的影响，揭示产业由自身内部生产过程作用的真实效率。单一效率值是对某地区产出一定指标所需投入的衡量，并不能直接指导地区采取相应政策应对效率低下问题，因此用生产前沿面的距离与实际产出比值表示地区提高潜力，正向反馈达到最大生产情况，可以减少的投入量水平，有利于直观指导政策制定。以上两方面的研究欠缺使得我国省域范围下建筑业碳排放效率的研究不够深入[27]。

总而言之，国内外对碳排放研究已经形成了一定的理论基础，但具体行业范畴内的碳排放特征、影响因素及政策模拟等相关研究较为有限。本章将全面介绍建筑碳排放计算与分析的科学方法，总结建筑业碳排放核算体系研究；揭示建筑业碳排放演化机理，对建筑业碳排放理论体系进行总结。

4.2.1　建筑碳排放核算模型

自从哥本哈根会议后，建筑界在建立统一的建筑行业碳排放计量方法上做出了不懈努力。目前很多欧美发达国家已制定了本国的建筑碳排放计量方法。但建筑行业作为碳排放的重要来源，其行业内并没有公认的、统一的碳排放计量标准。

2009 年 3 月，知名绿色建筑组织——英国的 BRE Global、绿色建筑协会和美国的 LEED 签署了建立统一的建筑碳排放计量方法备忘录。国内外学者针对建筑运行期间的能耗及碳排放进行大量研究，建筑 CDM 项目中的减排量计算也是针对运行期，然而运行期较低的碳排放可能是建设期采用了本身更高碳的技术或材料而达到的，因此应当对建筑生命周期的碳排放进行研究。许多学者采取了基于生命周期评价理论的建筑碳排放测算方法，但在系统边界的界定，生命周期阶段的划分，清单的详细程度以及是否考虑物料回收、绿地负碳排放等方面存在差异。Zabalza 等将建筑生命周期分为建材生产、建造、使用以及结束四个阶段。Suzuki 利用日本的产业平衡表计算了不同结构住宅建筑的 CO_2 排放和系统能耗。Adalberth 给出了计算建筑生命周期不同阶段能耗的计算公式。Steffen Kallbek ken 等人研究了 CDM 基准线方法学，将三种不同的基准线设置方法对 CDM 项目减排量计算的影响进行了分析，认为不同的基准线设置方法得到的减排量存在较大的差异。T. Sharp 通过建立建筑能耗线性回归方法，建立了"能源之星"的能效评价基准。T. Sharp 利用 1992 年美国商用建筑的能耗调研数据，从 l443 栋办公建筑中选取了 1358 幢，确定了商用建筑的基准能效。Federspiel 以实验室建筑为研究对象，对各种设备、设施的能耗建立了数学方法，得到了实验室建筑的基准能效。Leining 和 Lazarus 以电力部门为研究对象，指出要考虑基准线精度和费用的平衡。

近年来，国外许多政府、组织机构制定了专门度量碳排放的标准或技术体系。英国最早重视碳排放问题，于 1990 年制定了世界上第一个绿色建筑评估体系，该体系包含丰富的碳排放计算模型和数据，并将 CO_2 排放量作为评价绿色建筑节能的一项重要指标。此外，英国内政部还颁布了标准评估程序SAP（Standard Assessment Procedure）来对住宅进行综合评价，提出了估算建筑运行阶段能耗 CO_2 排放量的计算方法，并将 CO_2 排放率和 CO_2 环境影响级作为重要的评价指标。

1999 年日本建筑师学会出版了《建筑物的生命周期评价指针》及相关计算软件。利用该软件，日本学者对大量的建筑进行生命周期的碳排放量模拟计算，积累了丰富的基础数据。同时将全生命周期的碳减排量作为评价建筑环境的一个重要指标。

2008 年德国首次提出了建筑碳排放核算模型，正式推出新一代基于碳排放的建筑评估体系，该体系基于建筑全生命周期评价理论，以建材作为建筑碳排放核算的切入点，按照建筑生命周期的顺序把建筑分成几个阶段，通过累加计算得出建筑全生命周期的碳排放量。

各国的碳排放相关标准如表 4-1 所示。

各国碳排放相关标准 表 4-1

地区 / 组织机构	碳排放计量标准	针对建筑类型
联合国环境规划署	《碳排放通用指标》	单个建筑和建筑群两类
美国暖通空调制冷工程师学会	《专项研究项目——碳排放计算工具》	住宅建筑
德国可持续建筑协会	《德国 DGNB 可持续建筑评估技术体系》	涵盖现有全部类型建筑
日本建筑师学会	《建筑物的生命周期评价指针》	各种用途和规模的建筑
欧盟	《建筑能效指令》	住宅与非住宅建筑

4.2.2 温室气体核算标准

温室气体指自然与人为产生的大气气体成分，可吸收与释放由地球表面、大气及云层所释放的红外线辐射光谱范围内特定波长之辐射。核查排放的温室气体有二氧化碳（CO_2）、甲烷（CH_4）、氧化亚氮（N_2O）、氢氟碳化物（HFC_S）、全氟碳化物（PFC_S）、六氟化硫（SF_6）。

对于一些可能产生温室气体排放的信息，由于其在技术上没有适当的量化方法，或者量化虽然可行但是不符合经济效益，即预计量化导致量化成本增加某一预期上限，再或者排放不具实质性（所占总体排放量的比例小于规定数值），一般会进行免除量化。

当前，国际上较为通用的 3 个温室气体核算标准分别是 ISO 14067、PAS 2050 和 GHG Protocol，使用率接近 70%。这三者在不同维度下的对比如表 4-2 所示。

各标准因素分析对比 表 4-2

	ISO 14067	PAS 2050	GHG Protocol
核算原则	提出了权衡准确性和完整性的问题，说明了全生命周期评价的原则，对避免重复计算、核算方法、计算单位、迭代计算应用、参与方和全面性做了总结	提出了权衡准确性和完整性的问题，说明了全生命周期评价的原则	提出了权衡准确性和完整性的问题

	ISO 14067	PAS 2050	GHG Protocol
计算功能单位	规定了各产品的功能单位。ISO 14067 标准则详细规定了产品的功能单位，在相关附件列表中可查到准确的产品计算过程中所需要的功能单位碳排放因子	以产品系统性分解后的子系统进行功能单位的确定。从产品计算的角度进行计算，PAS 2050 标准更注重系统性计算，其论述了系统与子系统的关系，并进行了计算功能单位的系统性解释	确定产品单位及基准流程。在计算功能单位方面，GHG Protocol 标准是以一个组织在生产过程中的产品单位作为模块化基准流程进行计算，其不针对产品进行计算
计算边界界定	规定了产品的单元过程，同时要求材料的"摇篮到坟墓"。可以排除次要工艺	系统边界规定了功能单位占比的温室气体排放和清除不低于 95%。从原材料使用到废弃，不包括资本产品、人的体能、人员服务往来过程、提供运输服务的牧畜	对碳足迹达到 1% 以上的实质贡献排放须纳入计算，通过上限假设来决定是否有异议并进行报告。从原料获取到废弃，直接过程和间接过程都需要纳入。对间接排放范围可以选取重要的步骤进行核算
温室气体种类	IPCC 的 60 多种温室气体（GWP 值）	IPCC 的 60 多种温室气体（GWP 值）	《京都议定书》中的 6 种温室气体加上三氟化氮（NF_3）
解释说明	说明了对重点阶段需进行解释，同时要确保碳排放整体的完整度	说明了对重点阶段需进行解释，同时要确保碳排放整体的完整度	对组织层面的说明及组织运行流程中的不确定度检查、审定结果及制定减排措施
服务对象	对产品及服务进行了核算的要求和规定。同时对产品的碳源排放和清除的计算进行综合评价	对产品及服务进行了核算的要求和规定	对企业进行碳排放管控，引出了碳资产的概念，还规定了量化和报告温室气体排放的会计问题
数据和数据质量	通过采集相关数据，计算和分析产品的温室气体排放。数据可以包括原材料、废物产生、运输距离、使用阶段等的能耗，也可为经过同行评议的出版物	通过采集相关数据，计算和分析产品的温室气体排放。数据可以包括原材料、废物产生、运输距离、使用阶段等的能耗。数据来源为基于控制的独立过程，兼顾定性与定量	引用 ISO 14044 标准的数据质量要求，并强调组织层面盘查小组措施保障及不确定估算处理方法。使用 EE-IO 模型的数据进行分析
分配原则	ISO 14067 标准要求采用物理分配或经济分配两种主要分配方法。物理分配基于物质平衡原则，将温室气体排放按照物质流量进行分配；经济分配基于经济价值原则，将温室气体排放按照经济价值进行分配。具体分配原则的选择应该根据产品的特点和目标来确定	PAS 2050 标准要求分配原则应包含物质平衡、经济价值和能量平衡 3 个基本原则。具体分配原则的选择应该根据产品的特点和目标来确定	GHG Protocol 标准要求采用过程分配或物理分配两种主要分配方法。过程分配基于生产过程的能耗和排放数据，按照各个环节的能耗和排放比例进行分配；物理分配基于物质平衡原则，将温室气体排放按照物质流量进行分配。具体分配原则的选择应该根据产品的特点和目标来确定
声明	Ⅲ型环境声明	Ⅱ型环境声明	公司及各类组织声明
有效期规定	无相关规定	PAS 2050 标准进行核算的有效期为两年，并且规定如果碳排放总量发生 10% 以上计划内变化或者 5% 以上计划外变化，并且持续超过 3 个月，不适用该标准	无相关规定

在全面性维度适用性分析方面。与 PAS 2050、GHG Protocol 标准相比，ISO 14067 标准在诠释权衡准确性和完整性问题的基础上，更适用于复杂的住房建筑项目。在计算过程中不能仅依托于 ISO 14067 标准中的计算功能单位排放因子清单，同时也需考虑 PAS 2050 标准的系统性功能计算要求，以得到更加准确的量化数值。ISO 14067、PAS 2050、GHG Protocol 这 3 个标准在计算边界界定方面的要求较为全面，均可适用。在温室气体种类核定方面，ISO 14067 标准包含了 IPCC 等 60 多种温室气体，并给出了全球增温潜势（GWP）值，可较为全面地应用在住房建筑项目的碳足迹量化计算中。在解释说明方面，ISO 14067 标准说明了对重点阶段需进行解释，并要求整体的完整度，更适用于住房建筑产品。

在专业性维度适用性分析方面。ISO 14067 标准对产品及服务进行了核算要求和规定，并对产品的碳源排放和清除计算进行了综合评价，能更好地指导结果的验证。ISO 14067 标准规定数据的来源为通过采集相关数据，计算和分析产品的温室气体排放，虽然 GHG Protocol 标准格外补充了可用 EE-IO 模型的数据进行分析，但其作为组织或公司层面评判经济与环境的工具，并不完全适用于项目层级。在分配原则方面，ISO 14067 标准要求采用物理分配或经济分配两种主要分配方法，且住宅建筑项目在温室气体计算的分配原则上需考虑经济分配。例如，生产过程中的共生产物（产生多种产品）或多种原材料共同使用的情况。ISO 14067 标准并没有明确规定具体的分配原则应该如何选择或应用，而是鼓励组织根据实际情况和目标选择合适的分配方法，并在报告中说明，可以保障分配结果的可比性。

在作用效果维度适用性分析方面，ISO 14067 标准的声明为Ⅲ型环境声明，相比 PAS 2050、GHG Protocol 标准的声明类型更有公信度。住房建筑项目生命周期较长，ISO 14067 标准并没有规定有效期，而是通过碳排放因子的 GWP 值更新与替代，并在解释说明部分明确了需重新进行评估计算的前提，适用于实际住房建筑项目的碳足迹量化核算指导。

另外，很多国家与组织都建立了产品全生命周期数据库（表 4-3），支持全范围温室气体排放核算。欧洲在产品全生命周期数据库的研究方面起步最早，且开发技术相对成熟。瑞士 Ecoinvent 数据库建设始于 2003 年，其被认为是国际 LCA 领域最大、使用最广泛、最一致和最透明的数据库之一，也是许多机构指定的基础数据库。该数据库涵盖了欧洲乃至世界多国 7000 多种产品的单元过程和 LCI 清单数据，包括农业、畜牧业、建筑、运输、旅游住宿、废物处理和回收等领域。不同于 Ecoinvent 数据库中的数据主要源于统计资料及技术文献，欧洲生命周期文献数据库（European Reference Life Cycle Database，ELCD）的数据主要来源于欧盟企业的真实数据。ELCD 数据库是由欧盟政府资助，欧盟环境总署和成员国政府机构指定的基础数据库之一，于 2006 年首次发布。ELCD 数据库涵盖了欧盟 400 多种包括大宗能源、原材料、交通运输在内的汇总 LCI 数据集。ELCD 数据集通常由指定的行业协会提供和批准，对 LCA 从业者没有访问或使用限制。而德国 GaBi 扩展数据库主要为商业用户提供 LCI 数据，数据主要来源于国际上各个行业协会和公共部门。GaBi 数据库是市场上使用较多的 LCA 数据库之一，包括世界各国和各行业超过 17000 个过程数据，涵盖 16 个行业，并定期更新。

国际温室气体排放核算主要产品数据库   表 4-3

区域	数据库	特点	数据个数	覆盖范围	应用
瑞士	Ecoinvent	国际 LCA 领域最大、使用最广泛的数据库之一	超过 18000 个数据集	包括农业、畜牧业、建筑、化工、能源、林业、运输、旅游住宿、废物处理和回收等行业	非公开，使用有一定门槛
欧盟	ELCD	来源于欧盟企业真实数据	400 多种数据集	包括电力、大宗能源、采矿、建筑和化工等行业	停止更新
德国	GaBi	数据主要由商业用户提供	超过 17000 个过程数据	涵盖了农业、畜牧业、采矿、建筑和化工等 16 个行业	非公开，使用有一定门槛
美国	USLCI	代表美国本土化水平	950 多个单元过程数据集及 390 个汇总过程数据集	涵盖了材料生产、零部件加工或产品装配等过程	公开
韩国	Korea LCI	韩国本土产品汇总过程数据集	393 个国内汇总过程数据集	物资及配件的制造、加工、运输、废物处置等过程	公开
日本	IDEA	涵盖了日本标准商品分类范围内的所有产品	4700 条数据集	包含了非制造业、制造业以及其他部门的 LCI 数据集	非公开

其他国家和地区也建立了产品全生命周期数据库。美国生命周期清单数据库（USLCI）提供了最新的、经过严格审查的、代表美国本土化水平的生命周期清单数据；该数据库为美国提供材料生产、零部件加工和产品装配的相关能源流以及材料流，包含 950 多个单元过程数据集及 390 个汇总过程数据集，能够满足多方环境影响评价需求。韩国 LCI 数据库对韩国产品功能单位生产所需的原料、生产、运输、流通、使用、废弃等的投入量和产出量进行了全过程评估，包含 393 个韩国国内汇总过程数据集，涵盖物质及配件的制造、加工、运输、废物处置等过程。日本 IDEA 数据库涵盖了日本标准商品分类中的所有商品，数据库发布的最新版本包含 4700 条数据集，具有高度的全面性、完整性、代表性和透明度。然而，国际全生命周期数据库对于

中国城市的计算存在不适用本土情况的问题，需要建立符合我国自身发展水平的数据库。

目前，中国仍处于经济相对快速发展的阶段，能源消费结构不断发生变化，从物质生产领域向建筑和交通领域转移。建筑用能作为类消费领域用能的主要部分，其重要性也将不断增加。同时，国内国际正处于能源供需格局变化的关键节点，在能源供给结构变革的大背景下，建筑领域的能源消费发展也应与之相适应。在上述背景下，对中国建筑用能与排放的现状进行全面认识和分析具有重要意义。

参照最新的国民经济行业划分标准，建筑业主要由土木工程建筑业、房屋建筑业、建筑安装业、建筑装饰和其他建筑业构成，这些组成被定义为"狭义建筑业"。而"广义建筑业"的覆盖内容较为广泛，在此基础上还包括工程咨询、规划管理和勘察设计等与建筑业相关的生产服务活动。虽然"广义建筑业"的定义更符合建筑业的实际发展态势，但是数据获取的难度较大，"狭义建筑业"定义在国民经济统计核算体系中被广泛采纳。

2021 年 9 月 8 日，住房和城乡建设部发布国家标准《建筑节能与可再生能源利用通用规范》GB 55015—2021 的公告，公告明确该国家标准将于 2022 年 4 月 1 日起实施。作为强制性工程建设规范，要求全部条文必须严格执行。其中，建筑碳排放计算，首次明确成为建筑设计文件中的强制性要求。

根据《建筑碳排放计算标准》GB/T 51366—2019，将建筑碳排放解释为建筑物在与其有关的建材生产及运输阶段、建造及拆除阶段、运行阶段产生的温室气体排放的总和，以二氧化碳当量表示。各阶段的碳排放计算范围见表 4-4。

各阶段的碳排放计算范围   表 4-4

建材生产及运输阶段	建造及拆除阶段	运行阶段
建材生产和材料回收、建材运输	建筑建造阶段、建筑拆除阶段	暖通空调、生活热水、照明及电梯、可再生能源、建筑碳汇系统

《中国建筑能耗与碳排放研究报告（2023 年）》于 2024 年初在中国建筑节能协会年会上予以发布。中国建筑节能协会建筑能耗与碳排放数据专委会自 2016 年起每年都会发布《中国建筑能耗研究报告》，为住房和城乡建设部、中国建筑领域碳达峰、碳中和战略提供数据支撑。本次报告针对 2021 年的全国能耗数据进行分析，在建筑全过程碳排放核算边界界定方面，包含三个阶段，即建材生产及运输、建造及拆除、运行阶段[28]。各个阶段的碳排放数据如图 4-3 所示。

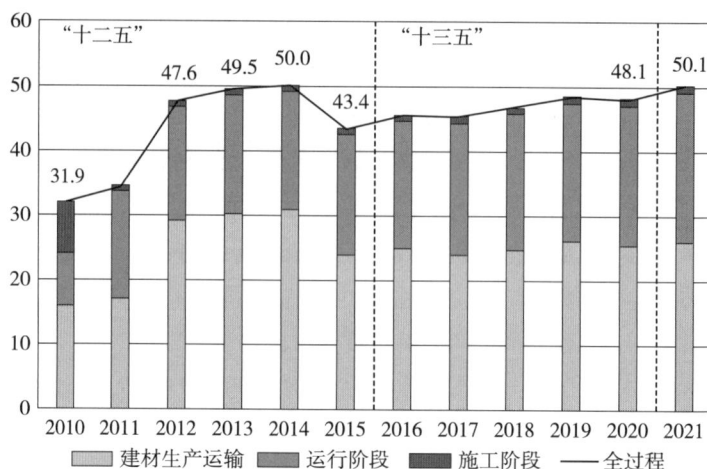

图 4-3 三个阶段的碳排放占比（%）

中国的产品全生命周期数据库发展迅速，目前主要有中国生命周期基础数据库（CLCD）、中国产品全生命周期温室气体排放系数库（CPCD）和生命周期评价数据库（CAS RCEES）等（表 4-5）。CLCD 是中国本土化的生命周期基础数据库，其核心模型包含上千个单元过程和产品，数据覆盖能源、黑色金属、有色金属、无机非金属、无机化学品、有机化学品、运输、污染治理和废水处理九个行业，涵盖大宗能源、原材料和运输等 LCA 数据，代表中国市场平均水平。CLCD 兼容国际主流数据库，支持完整的全生命周期分析，能够避免模型数据前后不一致的问题，保证了计算的质量，为 LCA 研究提供了丰富的数据选择。CPCD 共有 7000 多条数据，包括原材料获取、生产、使用和废弃的整个生命周期。该数据库共分为 712 个小类，涵盖能源、工业、生活、食品、交通、废弃物和碳移除等方面的温室气体排放数据。CPCD 的数据结构较完善、数据维度较丰富、数据质量较可靠，重要的是，CPCD 面向社会公众开放，并不断进行更新迭代，每个产品数据均公开透明。CAS RCEES 涉及能源、基础原材料、运输、废弃物管理和投入产出等方面的超过 1000 条数据集，代表中国区域内主要生产技术平均水平。该数据库还包括可再生资源、化石消耗、水资源消耗等清单的环境影响类数据。

此外，国内也开发了一些针对具体行业的产品全生命周期数据库，例如：北京工业大学清单数据库基于企业调研，建立了建材类生命周期清单数据库，该数据库以典型建材企业，包括水泥、玻璃、陶瓷等行业的材料使用、资源消耗和废弃物回收等为基础数据；中国汽车生命周期数据库（CALCD）是一个基于生产过程的、代表中国汽车行业平均水平的数据库，包括了原材料、能源、运输、生产、回收处理等基础产品和过程数据，CALCD 支持企业开展产品生态设计，也为政府制定相关政策提供支持。

区域	数据库	特点	数据个数	覆盖范围	应用
中国	CLCD	中国本土化的行业全生命周期平均数据库	上千个单元过程和产品	覆盖能源、黑色金属、有色金属等九类	非公开
	CAS RCEES	中国区域主要生产技术平均水平	超过 1000 条数据集	覆盖能源、基础原材料、运输、废弃物管理和投入产出	非公开
	CPCD	中国本土化的产品全生命周期温室气体排放系数库	7000 多条数据	包括原材料获取、生产、使用和废弃的整个生命周期	公开

除了根据建筑的全生命周期划分碳排放以外，我国大部分研究和讨论中涉及的碳排放还被分为了直接碳排放与间接碳排放两大类。不同学者对建筑碳排放的分类和标准推荐的方法有所差异，但是通常都会将建筑业碳排放分为直接碳排放和间接碳排放[29]。张智慧和刘睿劼认为建筑业的直接碳排放是由建设活动产生的，间接碳排放是指建筑活动引起其他行业产生的碳排放。在联合国政府间气候变化专门委员会（IPCC）体系下，建筑材料生产过程中产生的碳排放应该算在工业领域，但排放量的多少和未来房屋建设发展趋势直接相关。此外，建筑运行阶段使用制冷产品，由于可能产生制冷剂泄漏，也会产生非二氧化碳温室气体排放，因此未来非二氧化碳的排放控制也会逐渐成为减排重点。

所以，目前对于建筑能耗与排放的核算边界还缺乏统一的定义。对于建筑领域用能，部分研究仅核算建筑运行阶段的能耗，而一些研究同时考虑了建筑建造与建筑运行两个阶段的能耗，这就导致不同研究最终给出的建筑领域总能耗有较大差异。对于建筑运行用能的分类，在各研究者中仍然存在一定分歧。许多国际能源研究机构在研究全球各国建筑用能时，通常将建筑运行阶段能耗划分为居住建筑用能和非居住建筑用能两大部分，也将这种分类应用到对中国建筑用能的分类中。但是由于中国建筑用能存在非常明显的地域差异和城乡差异，导致这种统计口径下的建筑能耗总量、建筑能耗强度无法反映中国建筑用能的真实特点。

4.3.1 不同生命周期阶段的碳排放计量方法

建筑全生命周期碳排放的计算，应根据系统边界与清单数据合理选择计算方法。《建筑碳排放计算标准》GB/T 51366—2019 采用基于过程的生命周期评价方法建立了碳排放计算的基本框架，可以用于工程项目碳排放的一般性分析。当需要全面了解建筑生命周期碳足迹时，可采用投入产出分析法拓展系统边界，实现补充计算。

根据建筑生命周期的四个基本阶段，采用基于过程的计算方法可得到碳排放总量如式（4-1）：

$$E^{\text{life}}=E^{\text{pro}}+E^{\text{con}}+E^{\text{ope}}+E^{\text{dis}} \tag{4-1}$$

式中　E^{life}——建筑生命周期碳排放总量（tCO_2）；

　　　E^{pro}——生产阶段碳排放量（tCO_2）；

　　　E^{con}——建造阶段碳排放量（tCO_2）；

　　　E^{ope}——运行阶段碳排放量（tCO_2）；

　　　E^{dis}——处置阶段碳排放量（tCO_2）。

一般来说，原材料开采、获取的碳排放在材料生产的碳排放计算中考虑，而不单独列出。因此，采用基于过程的计算方法时，生产阶段的碳排放量应为材料生产过程与运输过程的碳排放量之和，即

$$E^{\text{pro}}=E^{\text{mat}}+E^{\text{tra}} \tag{4-2}$$

式中　E^{mat}——材料生产过程中的碳排放量（tCO_2）；

　　　E^{tra}——材料运输过程中的碳排放量（tCO_2）。

材料生产的碳排放量可根据材料（构件）的碳排放因子与消耗量按式（4-3）计算：

$$E^{\text{mat}}=\sum_i Q_i^{\text{mat}} \times EF_i^{\text{m}} \tag{4-3}$$

式中　Q_i^{mat}——材料 i 的消耗量；

　　　EF_i^{m}——材料 i 的碳排放因子（tCO_2/ 计量单位）。

材料运输过程中的碳排放量可参考《2006 年 IPCC 国家温室气体清单指南》，按运输过程总耗能量计算，则需要统计运输工具的耗油、耗电等能源利用情况，并按式（4-4）计算：

$$E^{\text{tra}}=\sum_j Q_j^{\text{tra, e}} \times EF_j^{\text{e}} \tag{4-4}$$

式中　$Q_j^{\text{tra, e}}$——运输过程中能源 j 的消耗量；

　　　EF_j^{e}——能源 j 的碳排放因子（tCO_2/ 计量单位）。

采用基于过程的计算方法，建造阶段的碳排放量应为现场能源利用与施工废弃物运输的碳排放量之和。其中，现场能源利用又可以进一步划分为施

工机械的运行能耗，以及现场临时照明、办公、生活等的能耗。因此，建造阶段的碳排放量可按式（4-5）计算：

$$E^{con}=E^{mac}+E^{coe}+E^{cwt} \tag{4-5}$$

式中　E^{mac}——施工机械运行耗能的碳排放量（tCO_2）；

　　　E^{coe}——其他临时用能的碳排放量（tCO_2）；

　　　E^{cwt}——施工废弃物运输的碳排放量（tCO_2）。

施工机械运行的碳排放可根据机械耗能量与能源碳排放因子按式（4-6）计算：

$$E^{mac}=\sum_j Q_j^{mac,\,e} \times EF_j^e \tag{4-6}$$

式中　$Q_j^{mac,\,e}$——施工机械运行对能源 j 的消耗总量。

施工现场其他临时用能的碳排放量可按式（4-7）计算：

$$E^{coe}=\sum_j Q_j^{coe,\,e} \times EF_j^e \tag{4-7}$$

式中　$Q_j^{coe,\,e}$——施工现场其他临时活动对能源 j 的消耗总量。

施工废弃物运输的碳排放量可采用材料运输过程的计算方法。在碳排放核算阶段，废弃物运输能耗根据运输工具的燃料或动力购买单据统计；而在碳排放预算阶段，根据单位面积的预估施工废弃物量、施工面积和废弃物运输距离按式（4-8）估计废弃物的运输量。一般来说，施工废弃物仅考虑通过公路运输至废弃物处理厂或填埋场。

$$Q^{cwt}=q^{cwt}+A^{con}D^{cwt} \tag{4-8}$$

式中　Q^{cwt}——施工废弃物的运输量（$t \cdot km$）；

　　　q^{cwt}——单位施工面积的预估废弃物量（t/m^2）；

　　　D^{cwt}——施工废弃物的公路运输距离（km）。

采用基于过程的计算方法，建筑运行阶段碳排放量应为建筑水电系统、业主的其他用能活动，以及维修维护、加固改造的碳排放量之和，并扣除可再生能源系统的能源替代减碳量与建筑碳汇系统的固碳量。其中，水电系统主要包括暖通空调系统（HVAC）、生活热水系统和照明及电梯系统。因此，建筑运行阶段的碳排放量可按式（4-9）计算。

$$E^{ope}=E^{hvac}+E^{hwt}+E^{lae}+E^{act}-E^{ren}-E^{sin\,k} \tag{4-9}$$

式中　E^{hvac}——暖通空调系统的碳排放量（tCO_2）；

　　　E^{hwt}——生活热水系统的碳排放量（tCO_2）；

　　　E^{lae}——照明及电梯系统的碳排放量（tCO_2）；

　　　E^{act}——业主其他用能活动的碳排放量（tCO_2）；

　　　E^{ren}——可再生能源替代的减碳量（tCO_2）；

　　　$E^{sin\,k}$——建筑碳汇系统的固碳量（tCO_2）。

暖通空调系统的碳排放量包括能源利用的碳排放和制冷剂使用的直接温室气体排放两方面，可按式（4-10）计算。

$$E^{\text{hvac}} = \sum_j q_j^{\text{hvac, e}} EF_j^{\text{e}} T^{\text{ope}} + 10^{-3} Q_s^{\text{GHG}} GWP_s \qquad （4-10）$$

式中　$q_j^{\text{hvac, e}}$——以热值计量的暖通空调系统对能源 j 的年均消耗量（TJ/a）；

　　　　EF_j^{e}——单位热值能源 j 的碳排放因子（tCO$_2$/TJ）；

　　　　T^{ope}——建筑使用寿命（a）；

　　　　Q_s^{GHG}——建筑生命周期内设备制冷剂 s 的充注总量（kg）；

　　　　GWP_s——制冷剂 s 的全球变暖潜势值。

需要注意的是，碳排放预算阶段按软件能耗模拟结果计算暖通空调系统的全年能源消耗量时，需考虑系统制冷、供热综合效率的影响。对于空调系统，全年能源消耗量＝供热（制冷）需求量／空调供热（制冷）系统综合性能系数，而对其他供热系统，全年能源消耗量＝供热需求量／供暖系统综合效率，供暖系统综合效率＝热源效率 × 管网效率。供暖、制冷系统的综合效率应根据热源（冷源）类型按《建筑节能与可再生能源利用通用规范》GB 55015—2021 的相关规定取值，或参考设备出厂参数与铭牌。对于空调供热，系统综合性能系数可取 2.6，对于燃煤和燃气锅炉供热，供暖系统综合效率可分别取 0.81 和 0.85；对于空调制冷，系统综合性能系数一般可取 3.5，工业建筑、夏热冬冷与夏热冬暖地区的居住与公共建筑可取 3.6。

生活热水系统的碳排放量可按式（4-11）计算。

$$E^{\text{hwt}} = \sum_j Q_j^{\text{hwt, e}} \times EF_j^{\text{e}} \qquad （4-11）$$

式中　$Q_j^{\text{hwt, e}}$——以热值计量的生活热水系统对能源 j 的消耗量（TJ）。

照明及电梯系统的碳排放量可按式（4-12）计算。

$$E^{\text{lae}} = （Q^{\text{lig, e}} + Q^{\text{evt, e}}） EF^{\text{e}} \qquad （4-12）$$

式中　$Q^{\text{lig, e}}$——照明系统的总用电量（MWh）；

　　　　$Q^{\text{evt, e}}$——电梯系统的总用电量（MWh）；

　　　　EF^{e}——用电碳排放因子 [tCO$_2$/（MWh）]。

业主的其他用能活动碳排放量可按式（4-13）计算。

$$E^{\text{act}} = \sum_j Q_j^{\text{act, e}} \times EF_j^{\text{e}} \qquad （4-13）$$

式中　$Q_j^{\text{act, e}}$——其他用能活动对能源 j 的消耗量。

可再生能源系统包括太阳能生活热水系统、光伏系统、地源热泵系统和风力发电系统等。可再生能源替代的减碳量受资源、能源系统的实际用能量影响。考虑可再生能源供应与相应建筑耗能系统的匹配关系，能源替代的减碳量采用在相应系统的耗能量中扣除可再生能源供能量的方式予以考虑，即采用被替代能源的碳排放因子进行减碳量计算。

太阳能热水系统提供的能量可按式（4-14）计算。

$$Q^{sun}=q^{sun}T^{ope} \quad\quad （4-14）$$

式中　q^{sun}——太阳能热水系统的年供能量（TJ/a）。

同理，光伏发电系统的发电量可按式（4-15）计算。

$$Q^{pv}=q^{pv}T^{ope} \quad\quad （4-15）$$

式中　q^{pv}——光伏系统的年发电量（MWh/a）。

建筑碳汇系统的固碳量可根据绿地、植被情况按式（4-16）、式（4-17）计算。

$$E^{sink}=10^{-3}e^{sink}A^{sink}T^{ope} \quad\quad （4-16）$$

$$e^{sink}=\frac{e^{sink,\ 40}}{40} \quad\quad （4-17）$$

式中　e^{sink}——单位面积绿地、植被的年均固碳量 [$kgCO_2/（m^2·a）$]；

A^{sink}——建筑绿地、植被的总面积（m^2）；

$e^{sink,\ 40}$——单位面积绿地、植被的 40 年固碳量 [$kgCO_2/（m^2·a）$]。

建筑处置阶段碳排放量应为现场拆除活动与废弃物运输的碳排放量之和。其中，现场拆除活动主要包括建筑物整体拆除（爆破）、废弃构件的破碎、建筑场地平整等。

因此，建筑处置阶段的碳排放量可按式（4-18）计算。

$$E^{dis}=E^{dem}+E^{dwt} \quad\quad （4-18）$$

式中　E^{dem}——现场拆除活动的碳排放总量（tCO_2）；

E^{dwt}——拆除废弃物运输的碳排放量（tCO_2）。

国外学者针对建筑使用期间的能耗及碳排放进行大量研究，建筑 CDM 项目中的减排量计算也是针对使用期进行的，然而使用期较低的碳排放可能是建设期采用了本身更高碳的技术或材料而达到的，因此建筑的碳排放研究应当建立在建筑生命周期基础上。许多学者基于生命周期评价理论对建筑碳排放测算方法进行了研究，但在系统边界的界定，生命周期阶段的划分，碳排放清单的详细程度以及是否考虑物料回收、绿地负碳排放等方面存在差异。

由于研究内容、侧重点有所不同，各国学者对建筑生命周期划分也不尽相同。Bribian 按照传统的方式将建筑生命周期分为建筑生产、建设、使用以及结束四个阶段。Cole 把建筑的生命周期分为原材料生产、建筑雏形、建筑装修和维护、废弃及拆除四个阶段；同时将第一阶段分为材料运输、工人运输、大型设备运输、施工设备消耗以及建筑支持措施五个部分，用以研究不同建筑的碳排放。Leift 等人将建筑全生命周期分为四个阶段：原材料生产阶段、定点建设阶段、运行阶段、拆除及材料处理阶段。Trusty 将其分为资源开采、生产制造、施工建设、居住/维护、拆除、循环利用/废物处理六个阶段。Chen 等将建筑的全生命周期分为建设施工、装修、室外设施建设、运输、运行、废物处理、物业管理、拆卸和废弃物的处置 9 个阶段，并对每个阶段碳排放的可能来源进行了详细分析，每个阶段的主要分类方式如表 4-6 所示。

各阶段碳排放可能来源 表 4-6

姓名	阶段数	阶段划分
Cole	4	原材料生产、建筑雏形、建筑装修和维护、废弃及拆除
Leift	4	原材料生产、定点建设、运行、拆除及材料处理
Trusty	6	资源开采、生产制造、施工建设、居住/维护、拆除、循环利用/废物处理
Chen	9	建设施工、装修、室外设施建设、运输、运行、废物处理、物业管理、拆卸、废弃物处置

Michiya Suzuki 提出计算办公楼建筑碳排放量的方法——（I/O）法。通过此方法深入研究了日本某办公楼建筑全生命周期碳排放，得出了办公楼运行阶段碳排放量最大，占据整个建筑生命周期碳排放的 82%，施工阶段时间短，排放量集中，占据整个生命周期的 15%。Cole 研究了不同结构建筑建设阶段能耗与碳排放，得出碳排放量由小到大依次排列的顺序是：木结构、钢结构、现浇混凝土结构、预制混凝土结构。Leif Gustavsson 等人从全生命周期的角度考虑，利用排放系数法对各个阶段的 CO_2 排放量进行计算，并以瑞典一栋木质结构的住宅建筑为例，采用自下而上的方法计算其能源消耗和碳排放量，文中还从木质材料的角度，考虑了木质结构建筑的碳足迹平衡。

建筑所消耗的能源种类根据建筑物内能耗系统的不同而有所差别，一般以电、天然气、煤为主要能耗品。建筑物的基本功能是为人们的生活和工作提供舒适、健康的环境，因此对建筑物内的温度、湿度、空气、光等都有一定的要求。为了满足这些要求，需通过建筑部件和能耗设备来实现，包括建筑的墙体、门窗等部件和建筑物内的空调设备、供暖设备、照明、办公设备、电梯等多个用能系统。

在建筑的全生命周期中，运行阶段是持续时间最久的一个阶段，其碳排放的比例也比较大。运行阶段碳排放来源主要有建筑供暖、建筑制冷、建筑通风、建筑照明、建筑设备使用等。瑞典学者 Leif Gustavsson 等人对瑞典的一座 8 层木框架结构公寓楼进行全生命周期碳排放量研究，发现建筑运行阶段碳排放占建筑全生命周期碳排放的比例最大，且供暖系统对碳排放有着深刻的影响。Inge Blom 等人计算了建筑全生命周期中运行阶段的环境影响评价，得出利用可再生能源的热泵系统带来了很好的环境效益，通过很好地维护供热系统和通风系统的措施，延长其使用寿命是很有效地减轻环境负担的措施，合理减少住宅运行的热负荷时间是降低环境影响的最有效措施。G.

Verbeeck 等人通过研究 5 种不同类型的住宅能耗和碳排放分析计算，得出建筑围护结构的不同造成建筑使用阶段碳排放量不同，同时指出了住宅建筑施工阶段、运行阶段碳排放之间的关系是进一步深化研究的方向。

4.3.2 建筑碳排放的相关分析研究

分析建筑碳排放量的最基本方法主要包括实测法、过程分析法、投入产出法、混合法和碳排放因子法。

1）实测法

实测法是碳排放量化的最基本方法，是指采用标准计量工具和实验手段对碳排放源进行直接监测而获得相应数据的方法。理论上，实测法的计量结果来源于对碳排放源的直接监测，可代表真实的碳排放水平，因而最为可靠；但实际上，受监测条件、计量仪器、成本投入等多方面的限制，实测法难以广泛用于一般性的碳排放分析。在宏观层面上，实测法主要可用于地域性的 CO_2 浓度监测；而在微观层面上，实测法主要可用于特定生产过程的碳排放系数测量，如化石能源燃烧以及含碳化合物的化学反应过程等。采用实测法获得的资源与能源碳排放系数是碳排放量化分析问题的基础性资料，直接影响着其他量化方法的准确性，因而通过技术改善实测法的计量精度具有重要意义。

2）过程分析法

过程分析法是根据碳排放源的活动数据以及相应过程的排放系数进行碳排放量化的方法，其基本概念可表示为式（4-19）。具体而言，过程分析法是将某一生产过程按工序流程拆分，各生产环节的碳排放量以实测碳排放系数与相应活动数据的乘积表示，进而可根据各环节的碳排放之和，推算全过程的碳排放总量 E。

$$E=（\varepsilon \times Q）\tag{4-19}$$

式中 ε、Q 分别代表各生产过程的碳排放系数和活动数据。

需要说明的是，对在工序流程中有交互的材料或能源按上述公式将产生生产循环计算。钢材生产需利用蒸汽作为热源，而蒸汽生产又将消耗钢材，这一循环过程的结果是钢材生产由于利用了蒸汽又间接消耗了钢材。对于此类情况，利用系数矩阵进行计算更为准确和便捷。定义技术矩阵 $A=（a_{ij}）$，其中 a_{ij} 表示过程 j 所消耗或生产的第 i 种产品的量，则各过程的持续时间 X 与净生产量 Y 具有如下关系。

$$A \cdot X=Y\tag{4-20}$$

进一步定义产品的净产出列向量 $\boldsymbol{Q}_{\text{net}}=(\boldsymbol{Q}_{\text{net},\,j})$ 和碳排放系数行向量 $\boldsymbol{\varepsilon}=(\varepsilon_j)$，其中 ε_j 表示单位时间内第 j 过程的碳排放量，并假定技术矩阵 $\boldsymbol{A}$ 为非奇异矩阵，则碳排放总量可表示为：

$$E=\boldsymbol{\varepsilon} \cdot \boldsymbol{A}^{-1} \cdot \boldsymbol{Q}_{\text{net}} \qquad\qquad (4\text{--}21)$$

过程分析法以碳排放系数为计算基础，故通常又称作排放系数法。该方法概念简单，计算方便，并可针对具体过程进行详细的碳排放拆解与分析，因而在碳排放量化中得到广泛应用。需要说明的是，在碳排放过程拆分时，受客观条件和计算成本等方面的限制，不可避免地忽略某些次要环节，从而造成计算系统边界定义不完备，为过程分析法的结果带来截断误差。例如，在水泥的生产碳排放计算中，过程分析法可根据能源使用和石灰石分解的实测排放系数考虑矿石开采，原料煅烧、粉磨等环节，但难以计入生产厂建造与设备损耗等上游环节的碳排放量，造成计算误差。

3）投入产出法

投入产出法由列昂惕夫于 1970 年提出，是以"投入 = 产出"的理想化数量模型为基础，建立相应的经济投入产出表，从而综合研究国民经济各部门与各生产环节数量依存关系的分析方法。投入产出法满足以下基本假定：

（1）"纯部门"假定，每个产业部门只生产一种特定的同质产品，并具有单一的投入结构，只用一种生产技术方式进行生产。

（2）"超稳定"假定，直接消耗系数在制表期内固定不变，忽略生产技术进步和劳动效率提高的影响。

（3）"比例性"假定，部门投入与产出成正比关系，即随着产出的增加，所需的各种消耗（投入）等比例增加。

近年来，通过在投入产出模型引入能源或环境流量，使得该方法可应用于行业层面的能源与环境问题分析。由于投入产出分析法可根据投入产出表考虑各部门之间的生产联系，从而可捕获整个生产链的碳排放流动情况，避免了过程分析法的截断误差。然而，受"纯部门"假定与部门划分数量的限制，该方法仅能以部门平均水平估计特定生产过程的碳排放，故针对微观问题的分析结果通常较为粗糙。例如，我国投入产出表中，将所有塑料制品的生产归结为"塑料制品业"，从而不能对各类塑料产品的碳排放进行单独研究。

4）混合法

过程分析法可针对具体的碳排放过程进行详细评价，获得结果相对更加准确，且便于数据基础的更新，但由于系统边界受限，通常存在截断误差；而投入产出法利用经济价值和投入产出表计算，在宏观层面上系统边界更加完备，但针对具体碳排放过程的准确性不高。综合两种方法的优点，近年来混合法在碳排放量化方面得到了广泛的应用。根据混合法的组成结构不同，可将其划分为分层混合法（TH）、基于投入产出分析的混合法（IOH）和整合的混合法（IH）三类。

分层混合法利用过程分析法对主要的生产或使用过程进行研究，而对于其他的过程采用投入产出数据进行碳排放的估计，最终以二者之和作为总体碳排放量。分层混合法在一定程度上扩展了原有过程并可根据过程分析法与投入产出分析法的线性叠加结果获得，概念清晰且计算量较小，是目前最常用的混合分析方法。需要说明的是，该方法不考虑过程分析系统与投入产出分析系统的内在联系，易产生边界划分不清和重复计算等问题。

基于投入产出分析的混合法通过更为详细的部门生产与消耗数据对投入产出表中的工业部门进行详细拆分，以提高计算结果的准确性。例如，根据计算需要按能源消耗与产出比例将 j 部门拆分为 r 个子部门，则原有 n 阶直接消除系数矩阵 $A_{n \times m}$ 扩展为（$n+r-1$）阶系数矩阵，此时的碳排放计算结果可表示为：

$$E'=\varepsilon' \cdot (I-A')^{-1} \cdot Q'_{IO} \tag{4-22}$$

基于投入产出分析的混合法以详细的产品与环境流量数据为基础，通过部门拆解提高了原有投入产出法的数据详细度，但计算量显著增加，且混合了一部分过程分析结果，分析系统的内在关系与冗余问题难以明确。此外，由于部门分解高度依赖于附加流量数据的详细程度与准确性，在数据不足或精度未知的情况下，该方法计算结果的可靠性难以评估。

整合的混合法利用过程分析法进行总体的碳排放计算，而利用投入产出法进行上下游的附加分析。定义上游截断误差矩阵 $C_u=(C_{u,ij})$ 和下游截断误差矩阵 $C_d=(C_{d,ij})$，其中 $C_{u,ij}$ 代表单位时间内 j 产品过程分析中被忽略的投入产出的价值量，$C_{d,ij}$ 代表单位时间内 j 产品投入产出分析中被忽略的 i 产品的过程分析实物量。

对比三种方法可知，TH 法和 IOH 法通过外部附加 Q_{IO} 和 Q'_{IO} 部分的碳排放以补充系统边界，而 IH 法通过整合过程分析和投入产出分析的系数矩阵，形成了统一的技术矩阵用于碳排放量化，方法的内部结构与系统边界更为完整，但与此同时计算代价更大，附加假设条件多，难以操作。

5）碳排放因子法

碳排放因子法定义来源于排放系数法，排放系数法是目前应用最广泛的碳排放核算方法之一。碳排放因子是运用排放系数法计算碳排放的关键参数，是消耗单位物质伴随的温室气体的生成量。在建筑领域，最常用到的碳排放因子包括三类：化石能源碳排放因子、电力碳排放因子和建筑材料碳排放因子。

碳排放因子法是 IPCC 编写的第一部国家温室气体清单指南，指在正常技术、经济和管理条件下，统计生产单位产品排放的气体数量用平均值计算总排放量的一种方法。它需要明确碳排放的活动数据和碳排放系数，为温室气体排放量的计算提供了详尽的方法，这种方法现在已经是国际公认的、常用的碳排放估算方法。碳排放因子是指每一种能源燃烧或使用过程中单位能源所产生的碳排放质量数，主要由能源部门、工业部门、农林和土地利用变化部门及废弃物部门进行研究。该方法把表示人类活动发生程度的信息称为活动数据（activity date），把用于量化单位人类活动所造成的排放物量或清除量的系数称为排放因子（emission factor），将活动水平数据与排放因子相乘即可得到相关的温室气体排放值。

装配式建筑可以选用实测法和排放系数法，但实测法数据获取困难，对监测设施要求比较高，数据样本的选取易出现偏差。排放系数法相对而言计算思路较为简单清晰且易于理解，目前排放系数法的应用相对其他方法较为广泛，理论基础扎实，对于排放系数的应用情况又分为以下三种方法，见表4-7。

<table>
<tr><td colspan="2" style="text-align:center">排放系数法的计算方法</td><td style="text-align:right">表4-7</td></tr>
<tr><td>计算方法</td><td colspan="2">应用方式</td></tr>
<tr><td>清单法</td><td colspan="2">以清单对应的各种碳排放因子为基础，可估算诸如消耗能源、工业生产过程和产品使用过程中所排放的温室气体，农业、林业及废弃物等部门类别所排放的温室气体</td></tr>
<tr><td>信息模型法</td><td colspan="2">以BIM等计算软件平台为基础，建立建筑全生命周期各阶段能耗和资源消耗的数据信息模型，并对其进行管理和应用，计算建筑的碳排放量</td></tr>
<tr><td>数学模型法</td><td colspan="2">在"碳排放＝活动数据×碳排放因子"的基础上，通过清单或其他途径，获得基于活动的或者能源消耗量的相应排放因子等相关数据后，可求得碳排放量</td></tr>
</table>

此外，基于缺少建筑业碳排放的直接监测数据这一现状，也可以依据《2006年IPCC国家温室气体清单指南》提供的方法进行估算，即基于建筑业主要的能源消耗量，包括煤炭、原油、焦炭、汽油、煤油、柴油、燃料油和天然气等八种化石能源，通过碳排放系数将其折算为直接碳排放，公式如下：

$$CD = E \times \rho \qquad (4-23)$$

式中　CD——建筑业直接碳排放量；

　　　E——以标准煤为标度的建筑业综合能源消耗量，单位为万吨标煤；

　　　ρ——代表综合能源的碳排放因子，即每消耗1 t标准煤所产生的碳排放量，取2.4567。

在数据收集过程中，由于统计口径不一致，许多省份建筑业缺乏对综合能源消耗量的统计，因此要将建筑业消耗的各类能源，通过各自的平均低位发热值和碳排放系数转换，得到建筑业直接碳排放量，公式如下：

$$CD = \sum_{i=1}^{8} Q_i \times NCV_i \times D_i \times O_i \times \frac{44}{12} \qquad (4-24)$$

式中　i——第 i 种能源；

　　　Q_i——建筑业对能源 i 的消耗量；

　　　NCV_i——第 i 种能源的平均低位发热值；

　　　D_i——第 i 种能源每单位热值的碳排放因子；

　　　O_i——燃烧第 i 种能源的氧化率。

公式中的具体系数如表 4-8 所示。

不同燃料的相关参数 表 4-8

变量	煤炭	原油	焦炭	汽油	柴油	煤油	燃料油	天然气
平均低位发热量，$TJ/10^4$	209.08	418.16	284.35	430.70	426.52	430.70	418.16	3893.10
碳排放因子，t/TJ	26.37	20.10	29.50	18.90	20.20	19.50	21.10	15.30
氧化率	0.94	0.98	0.93	0.98	0.98	0.98	0.98	0.99

本节将建筑业间接碳排放分为两个部分。第一部分间接碳排放是对建筑业消耗电力和热力所产生碳排放量的核算，是由于电力和热力作为二次能源在建筑生产活动中被大量消耗，且自身在生产过程中也会排放出大量碳排放，因此将电力和热力单独核算，计算公式如下：

$$CI_1 = E_1 \times \rho_1 + E_2 \times \rho_2 \qquad (4-25)$$

式中　CI_1——第一部分建筑业间接碳排放量；

　　　E_1——建筑业对电力的消耗量；

　　　ρ_1——电力的碳排放因子；

　　　E_2——建筑业对热力的消耗量；

　　　ρ_2——热力的碳排放因子。

第二部分间接碳排放选取与建筑业生产活动关联度较大的九个行业，分别为石油和天然气开采业、石油加工、炼焦和核燃料加工业、煤炭开采和洗选业、金属矿选业、金属冶炼及压延加工业、金属制品业、化石燃料及化学制品制造业、非金属矿物制品业、运输邮电业等。计算这些行业的直接碳排放量，通过投入产出法，结合建筑业对九大关联行业的完全消耗系数，计算得到第二部分建筑业间接碳排放量，计算公式如下：

$$CI_2 = \sum_{j=1}^{9} (CD_j/P_j) \times (P \times y_j) \qquad (4-26)$$

式中　CI_2——第二部分建筑业间接碳排放量；

　　　CD_j——关联 j 行业的直接碳排放量；

　　　P_j——关联 j 行业的总产值；

　　　P——建筑业总产值；

y_j——建筑业对关联行业 j 的完全消耗系数，数据来源于国家统计局发布的投入产出表。

综上所述，建筑业总碳排放量 C 为直接碳排放与间接碳排放的数量之和，计算公式如下：

$$C=CD+CI=CD+CI_1+CI_2 \tag{4-27}$$

4.4 本章重点与难点

当前，全球面临环境治理与气候变化的严峻形势，加强技术创新和产业升级，更严格控制人类生产与活动带来的温室气体排放量，降低或减缓温室效应，已成为 21 世纪全人类共同面对的最为重要的生态环境与科学技术问题。为此，追求绿色、低碳和可持续成为新时代的发展主题，各国也在付诸实践。

作为实现建筑领域碳达峰碳中和的基础性工作，近年来国内外相关行业部门、研究机构及科研单位，针对建筑工程碳排放的计量方法开展了大量的研究，为工程碳排放计量工作的开展与推广奠定了坚实的理论基础。在这一背景下，我国于 2019 年颁布实施了《建筑碳排放计算标准》GB/T 51366—2019，迈出了建筑工程碳排放计量标准化工作的第一步。此后，全国各地也相继出台了地方标准、计算导则或管理办法。2022 年正式实施的强制性工程建设规范《建筑节能与可再生能源利用通用规范》GB 55015—2021，进一步明确将建筑碳排放分析报告作为建设项目可行性研究报告、建设方案和初步设计文件中的重要内容，并提出新建居住建筑和公共建筑碳排放强度应分别在 2016 年执行节能设计标准基础上平均降低 40%，碳排放强度平均降低 7 $kgCO_2/(m^2 \cdot a)$ 以上的定量要求。

本章正是基于全球节能减碳的大背景下，详细总结了国内外碳排放的相关理论研究、分类划分依据以及科学计算方法等，使读者了解国内和国外碳排放计算方法的相同点与不同点，掌握各个计算方法的内在机理和科学依据，重点掌握基于过程的建筑碳排放计算方法。

思考题

1. 当用电单位通过绿电交易获得电力供应时，其用电碳排放应如何核算？

2. 结合我国碳排放权交易等节能减排机制，谈一谈碳排放因子核算对开展碳排放权分配与交易工作有何意义？

3. 查阅资料了解我国在绿色、低碳建材发展方面的政策要求，谈一谈相关的规范标准有哪些？

4. 通过数据调研，某种能源的综合碳含量为 67%，平均低位发热值为 7000 kcal/kg，假定碳氧化率为 100%，计算以标准煤作为计量单位的碳排放因子。

第 5 章 建筑碳排放计算与分析的工具平台

建筑业是各国的支柱产业,在国民经济发展和社会民生保障等方面发挥着重要作用。作为碳排放的大户,建筑领域已成为实现"双碳"目标的关键一环。准确和方便地计算和分析建筑碳排放是建筑业实现低碳发展的迫切需求和必要手段。

在确定建筑全生命周期各阶段碳排放来源、碳排放计算方法及对应碳排放因子数据库的基础上,世界各国及建筑行业亟需操作便捷、功能全面且精度较高的信息化工具平台来对建筑活动产生的碳排放量进行快速、直接的计算。其中,碳排放计算分析工具是用于估算和分析特定活动、产品、服务或系统在其生命周期中产生或影响的温室气体(GHG)排放量,尤其是二氧化碳(CO_2)排放的工具,通常包括模型和部分软件插件。相较于建筑碳排放计算工具,平台系统的功能更加强大,除了碳排放计算功能外,可根据使用需求集成碳排放管理功能,用于预测、监测、评价、方案选择、协同管理等,能够实现模型的轻量化,但其在设计和开发上会具备更大的难度。

现阶段,建筑全生命周期涉及活动种类繁多、计算过程复杂的问题。为应对碳排放核算需求,国内外已开发相关计算工具平台,包括相关方法、模型、软件插件及平台系统等。现有主流的建筑碳排放计算分析工具平台包含:

(1)美国:BEES(Building for Environmental and Economic Sustainability)软件、Scout 模型、RE-BUILDS 模型。

(2)英国:SAP 模型(The Governments Standard Assessment Procedure for Energy Rating of Dwellings)、SBEM 模型(A Technical Manual for Simplified Building Energy Model)、ECCABS。

(3)德国:GaBi Software、DGNB 德国可持续建筑评估技术体系、CoreBee 模型、Invert/EE-Lab 模型。

(4)荷兰:SimaPro 工具。

(5)日本:LCCM(Life Cycle Carbon Minus)。

(6)中国:东禾建筑碳排放计算分析软件、PKPM-CES 建筑碳排放计算分析软件、绿建斯维尔建筑碳排放计算软件(CEEB)、成都亿科环境科技有限公司 eFootprint(eBalance)、基于 BIM 的碳排放计算与管理平台、万向区块链智能楼宇碳足迹监管系统、基于区块链的产业园碳监管平台和建筑隐含碳估计器等。

以上工具平台利用建筑数据和模型,能够提供科学有效的建筑碳排放计算方法,为建筑业主、设计师、能源管理人员和政策制定者提供有关建筑碳排放的重要见解,为促进低碳建筑设计和管理,建筑行业的可持续发展奠定基础。

在本章中,首先对国内外建筑碳排放计算与分析的工具平台进行简单梳理，随后分别基于白箱和黑箱理论，从研发背景、软件介绍、软件功能、平台设计原则、框架设计、功能设置及包含的数据库等方面详细介绍了建筑碳排放的工具和平台，最后，阐明了本章涉及的重点与难点。本章主要内容及逻辑关系如图 5-1 所示。

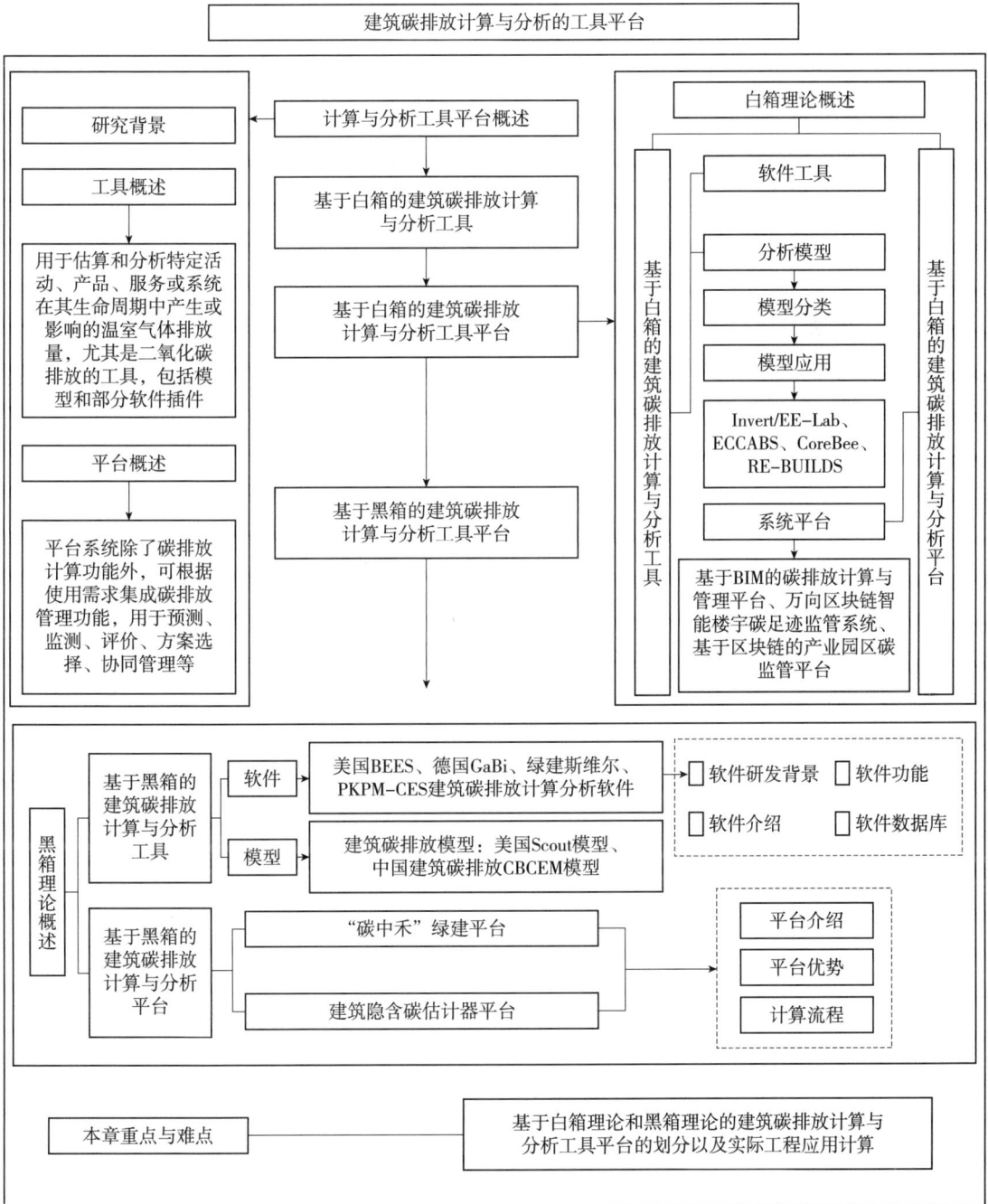

图 5-1 本章主要内容及逻辑关系

白箱理论是一种基于透明性和内部结构的理论。在白箱理论中，系统或程序的内部结构、功能和运作方式是完全可见和可访问的，人们可以通过深入研究系统的组成部分、算法和逻辑流程，了解系统的运行原理和机制。白箱理论强调对系统的细节和内部工作过程的理解，以便进行系统优化、调试和改进。

建筑碳排放计算与分析工具平台通常基于白箱理论，因为它们需要深入了解建筑系统的内部结构、组成部分和能源流动，以准确计算建筑的碳排放量。针对前文所述的国内外主流建筑碳排放计算与分析工具平台，本节选取具有代表性的基于白箱理论的建筑碳排放计算分析工具平台进行了详细描述与对比分析，工具包括荷兰的 SimaPro、德国的 Invert/EE-Lab 模型和 CoreBee 模型、英国的 ECCABS 以及美国的 RE-BUILDS 模型。平台包括基于 BIM 的碳排放计算与管理平台、万向区块链智能楼宇碳足迹监管系统和基于区块链的产业园区碳监管平台。

5.2.1 基于白箱的建筑碳排放计算与分析工具

1）荷兰 SimaPro 工具

1990 年为有效解决"衡量评估生态绩效"这一问题，Pré Sustainability 团队开发了第一版 SimaPro。在当今世界范围内，诸多大型的企业、研究人员和咨询顾问通过 Pré 研发的方法和工具实现了更合理有效的决策。Pré 通过基于事实的咨询服务、培训和基于全生命周期思维的软件解决方案，帮助企业将可持续发展转化为行动。Pré 参与了世界各地的许多可持续发展倡议并采取行动，其中包括启动了行业主导的产品社会指标圆桌会议（Industry-Led Roundtable for Product Social Metrics），并开发了获得广泛认可和应用的环境影响评估方法 ReCiPe & Eco-Indicator 99。SimaPro 能够衡量、改善和沟通组织的可持续发展绩效，还可帮助企业制定有效的战略，并在供应链管理、产品开发或组织中协调整合了可持续性。SimaPro 作为 Pré 的旗舰产品，旨在创建一个充满活力的生态系统，连接不同的世界、系统、人和公司，以支持更可持续的未来发展战略。

（1）软件介绍

SimaPro 由荷兰莱顿大学环境科学中心开发，可用于执行生命周期评估（Life Cycle Assessment，LCA）和环保产品认证（Environmental Product Declaration，EPD），全部符合 ISO 标准。30 多年来，SimaPro 一直是领先的 LCA 软件解决方案之一，被 80 多个国家的工业部门、研究机构、咨询公司和大学使用。SimaPro 软件基于 LCA，以系统和透明的方式建模、分析，是一个让用户完全透明和完全可控 LCA 研究的 LCA 软件，用户可查看数据库、单元流程、供应网络、结果和每个影响源的所有详细信息[30]，避免暗箱操作，在性能和环境效益方面收集、分析和监控产品和服务，评价产品和服务对环境的影响，提供可持续发展绩效数据和解决方案。该软件可用于多方面的应用场景，如可持续性报告、碳足迹和水足迹、产品设计，从原材料提取到制造、分销、使用和处置等环节，生成环保产品证明和确定关键绩效指标等。

此工具面向专业的生命周期评估人员，为降低操作难度、拓展适用范围，提供了评估流程图作为使用指南，并按照工具的复杂性和全面性，研发了简易型、分析型和开发型 3 个版本（图 5-2）。各版本可共享数据资源，自动划分评估边界，多样化呈现评估结果，使其在评估精度、效率及操作性等方面各具优势，提高了 SimaPro 在建筑碳排放计算综合评估、分项评估、设计指导及环境产品声明中的应用价值。

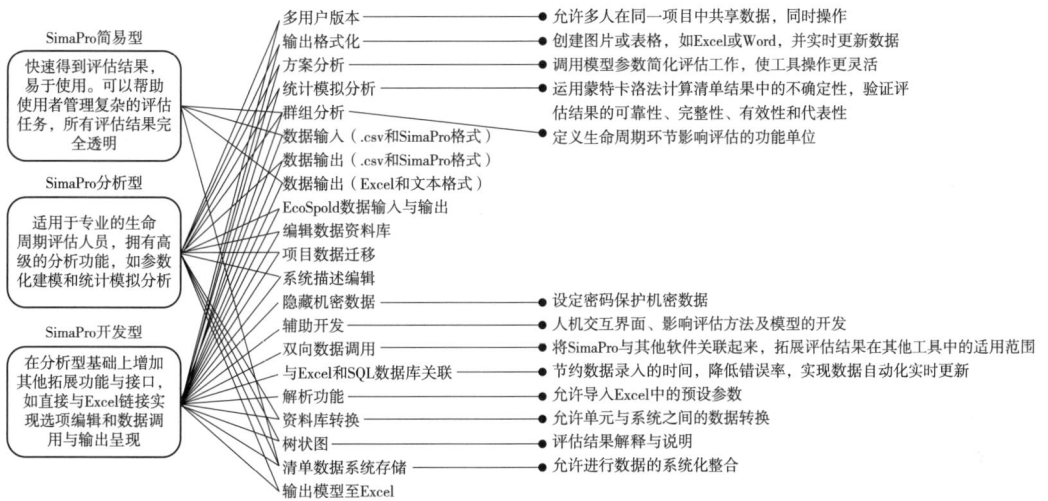

SimaPro简易型
快速得到评估结果，易于使用。可以帮助使用者管理复杂的评估任务，所有评估结果完全透明

SimaPro分析型
适用于专业的生命周期评估人员，拥有高级的分析功能，如参数化建模和统计模拟分析

SimaPro开发型
在分析型基础上增加其他拓展功能与接口，如直接与Excel链接实现选项编辑和数据调用与输出呈现

- 多用户版本 —— 允许多人在同一项目中共享数据，同时操作
- 输出格式化 —— 创建图片或表格，如Excel或Word，并实时更新数据
- 方案分析 —— 调用模型参数简化评估工作，使工具操作更灵活
- 统计模拟分析 —— 运用蒙特卡洛法计算清单结果中的不确定性，验证评估结果的可靠性、完整性、有效性和代表性
- 群组分析
- 数据输入（.csv和SimaPro格式）—— 定义生命周期环节影响评估的功能单位
- 数据输出（.csv和SimaPro格式）
- 数据输出（Excel和文本格式）
- EcoSpold数据输入与输出
- 编辑数据资料库
- 项目数据迁移
- 系统描述编辑
- 隐藏机密数据 —— 设定密码保护机密数据
- 辅助开发 —— 人机交互界面、影响评估方法及模型的开发
- 双向数据调用 —— 将SimaPro与其他软件关联起来，拓展评估结果在其他工具中的适用范围
- 与Excel和SQL数据库关联 —— 节约数据录入的时间，降低错误率，实现数据自动化实时更新
- 解析功能 —— 允许导入Excel中的预设参数
- 资料库转换 —— 允许单元与系统之间的数据转换
- 树状图 —— 评估结果解释与说明
- 清单数据系统存储 —— 允许进行数据的系统化整合
- 输出模型至Excel

图 5-2 SimaPro 工具分类与特点

（2）软件特点与功能

SimaPro 是一款优秀的产品生命周期评估报告软件，该软件界面美观，为用户提供了各种分析产品和服务环境方面一些因素问题的解决方案，让用户可以更清楚地进行产品的各项信息查看和软件功能使用，具体使用特点和功能如下：

①信息来源科学，提供完全透明度并避免黑盒过程；

②完全控制产品生命周期评估研究；

③精密计算，以做出关键决策；

④使用大型数据库和单机处理；

⑤仔细审查结果并跟进最详细的提示；

⑥支持 LCA 和 EPD；

⑦使用准确的科学方法来衡量产品稳定性。

该软件集成了多个数据库和影响评价方法，广泛应用于碳足迹、水足迹、产品设计和生态设计（DFE）、环境产品声明（EPD）和确定关键绩效指标（KPIs）。

（3）软件数据库

在对数据清单进行计算分析或对环境影响进行评估时，SimaPro 支持调用多种数据库，包括 IDEA 日本库存数据库、ESU 世界粮食 LCA 数据库、DATAMART LCI 包、社交热点数据库、AGRIBALYSE、行业数据库（PlasticsEurope，ERASM，World Steel）、农业足迹、ELCD、美国生命周期清单数据库、瑞士的输入/输出数据库、欧洲和丹麦的输入/输出数据库等。用户可通过支付一定费用来获取完整数据库。

2）建筑碳排放计算模型介绍
（1）建筑碳排放计算模型的基本方法

建筑碳排放计算模型是常见的建筑碳排放计算工具[31]。根据计算思路，可将建筑能耗和碳排放计算模型的基本方法分为自上而下（top-down）方法和自下而上（bottom-up）方法[32]。自上而下方法是先估算总体建筑能耗与碳排放，再进行时间和空间的降尺度分析；而自下而上方法是先计算单个建筑的逐时能耗，再放大到区域尺度进行碳排放计算（图 5-3）。

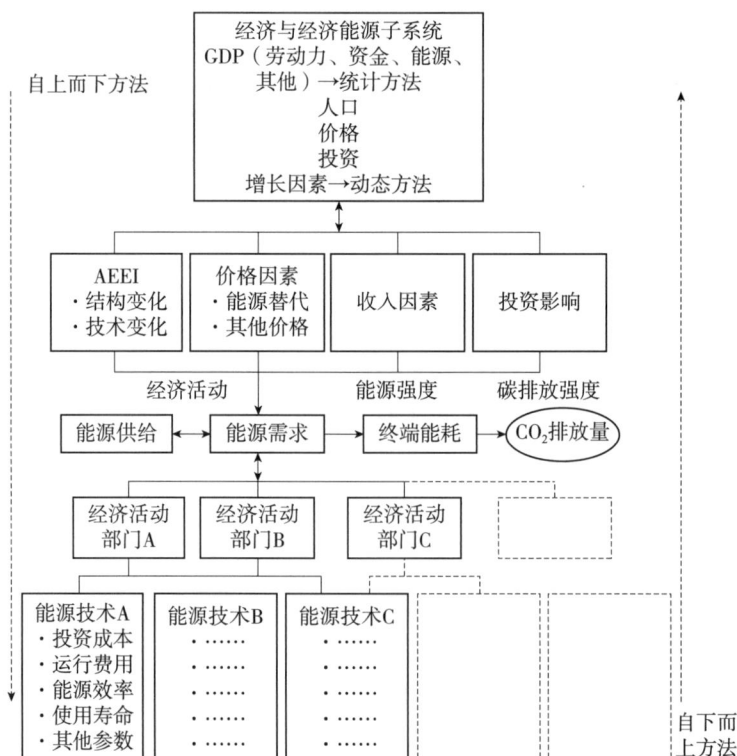

图 5-3 自上而下和自下而上方法计算思路对比

70

自上而下方法通常是从宏观层面进行分析，旨在拟合国家能源消耗和碳排放数据的历史时间序列，其模型可以分为经济自上而下模型和技术自上而下模型。

经济自上而下模型主要基于经济收入、能源价格和 GDP 等变量，表征能耗或碳排放与经济之间的关系。因此，经济自上而下模型更强调宏观经济因素的影响，而非物理因素对建筑能耗的影响，往往缺乏技术细节。此外，在面对环境、社会和经济窗口与历史可能完全不同的气候变化问题时，历史数据趋势也许并不适用。由于经济模型的计算过程和内部逻辑对用户来说通常是不透明的，用户只需提供必要的经济参数并观察模型的输出结果。因此，经济模型通常被视为黑箱模型，用户无需了解模型的具体细节，只需关注模型的输入和输出。

技术自上而下模型还包括一系列影响能耗和碳排放的其他因素，如饱和效应、技术进步和能源结构变化，但并未在模型中明确表示 [33]。技术自上而下模型通常涉及不同的技术选项和配置，例如能源系统、建筑材料、设备选择等。用户可以通过提供特定的技术参数和要求，以及系统的运行条件，来定义模型的输入。模型会根据这些输入进行计算和分析，并给出符合要求的技术方案或性能评估结果。由于技术自上而下模型的计算过程和内部逻辑是透明的，用户可以了解模型的具体运作方式和计算原理，通过调整输入参数、比较不同技术选项的结果等来优化建筑系统的性能和碳排放，技术自上而下模型通常被视为白箱模型，用户可以理解和控制模型的内部细节，从而进行有效的技术选择和优化决策。

而自下而上方法考虑了温湿度、建筑性能、末端设备和运行特点等细节，以具有代表性的典型建筑的能耗为基础，预测和模拟区域、地区乃至国家尺度的建筑能源需求，进而推算碳排放量。自下而上方法模型可分为三种：物理模型、统计模型和混合模型 [31]。物理模型是指搭建各类建筑（办公楼、商场、宾馆、住宅等）的典型建筑模型，模拟得到各类建筑的能耗强度，再根据每类建筑的面积估算得到区域建筑的总能耗。采用自下而上方法的物理模型可模拟各种节能减排技术的效果，为决策者制定能源政策和确定技术措施提供支持。统计模型是基于回归分析方法的模型，由单体建筑能耗推算区域建筑能耗和碳排放量。统计模型的技术细节和灵活性较差，对节能措施效果的评价能力有限。混合模型则结合了物理模型与统计模型的特点，能更精确地预测建筑能耗和碳排放。

自下而上方法的物理模型具有透明度和可见性，用户可以了解模型的内部结构、参数和算法，直接观察模型的输入和输出，并对模型进行调整和验证，以符合建筑系统的实际情况。而在统计模型中，建筑系统的性能和特性是通过统计分析和数据建模来描述和预测的。这些模型基于历史数据、概率分布和统计算法进行构建，以了解建筑系统的行为和趋势。因此，自下而上方法中的物理模型被视为白箱模型，用户可以进行深入的分析、优化和决策；自下而上方法中的统计模型通常被视为黑箱模型。由于自下而上混合模型既包含白箱模型的透明度和可见性，也包含黑箱模型的不透明度和无需了解内部细节的特点，用户需根据模型的具体组成和特点来确定它是更倾向于黑箱模型还是白箱模型。

（2）碳排放计算模型及应用

Invert/EE-Lab 是动态自下而上模型，用于模拟整个地区或国家的建筑供热、供冷和热水需求，并评价不同的激励制度和能源价格情景对未来能源结构、碳排放量及可再生能源使用占比的影响[34]。Invert/EE-Lab 模型的逻辑框架如图 5-4 所示，其算法核心是短期成本导向的 Logit 方法，可在信息不完全条件下进行目标寻优，从而代表决策者做出与建筑相关的决策[35]。通过自下而上方法，Invert/EE-Lab 模型可在高度细化的水平上模拟建筑的供热、供冷和热水系统，计算出相应的负荷与能耗；模型基于威布尔分布确定建筑翻新周期，从而预测建筑存量的变化；此外，Invert/EE-Lab 模型也考虑了一定的自上而下因素，例如能源价格、用户偏好及政策制度的影响。Invert/EE-Lab 模型在欧洲各国应用较为广泛。

ECCABS 是自下而上模型，该模型可用于评价建筑节能减排措施的效

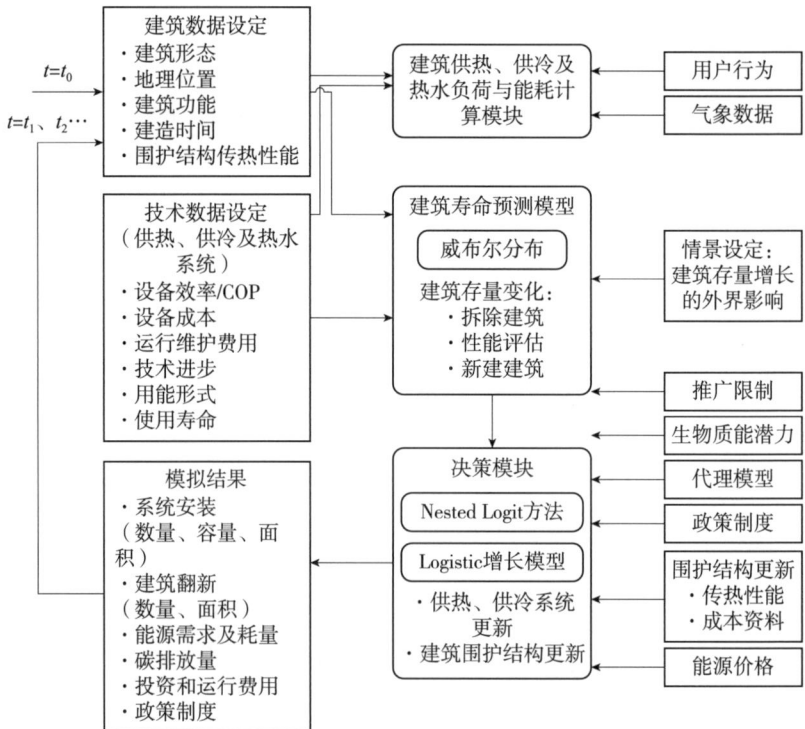

图 5-4　Invert/EE-Lab 模型逻辑框架

果。ECCABS 模型基于逐时热平衡方法计算典型建筑的净能耗，通过权重系数叠加得到区域尺度上的建筑能耗。在计算区域建筑能耗的基础上，该模型可分析不同节能措施下不同的改造成本和能源价格情景对应的碳排放量。ECCABS 模型已经在欧洲国家广泛应用。

CoreBee 是自下而上模型，基于准稳态假设计算参考建筑的供暖和制冷能耗，目前主要适用于欧盟建筑。该模型根据建筑类型、建造时间、围护结构热工性能及空调系统划分典型建筑，并为每个典型建筑确定成本最优的节能减排方案，包括围护结构改造、建筑节能技术应用和可再生能源利用等。由于使用自下而上的物理方法，CoreBee 模型可应用于单体建筑、社区和国家不同尺度建筑的一次能源消耗和碳排放量分析。

RE-BUILDS 是基于动态物质流分析法的混合模型。该模型主要的驱动是人口变化对居住建筑和商业建筑面积需求的影响。RE-BUILDS 模型通过概率函数对既有建筑的拆除时间和翻新周期进行预测，并按建筑类型、建造时间和改造情况划分为不同的典型建筑。根据典型建筑的能耗强度、能源结构和所在地的可再生能源使用情况，模型计算城区建筑的总能耗及各能源的使用占比。在此基础上，模型引入各能源形式的碳排放因子以计算总碳排放量。

5.2.2　基于白箱的建筑碳排放计算与分析平台

1）基于 BIM 的碳排放计算与管理平台

构建第三方 BIM 平台或系统，是 BIM 技术在建筑碳排放计算领域的另一种应用。从平台开发角度，确定基于 BIM 技术的碳排放计算与管理平台的整体结构体系，遵从平台设计原则，设计平台的总体框架、平台的功能模块以及平台的 BIM 接口，并进行对应的平台开发，将平台的应用功能落地，实现标准化、数字化、可视化的建筑碳排放计算及管理。

（1）平台设计原则

①安全可靠性原则

基于 BIM 的碳排放计算与管理平台是建筑碳排放进行计算与分析的一个操作平台，可应用于建筑的各个阶段，由于每个阶段均存在招标、投标、设计、采购、施工等相关的数据，这些数据在工程建设之前具有高度的保密性，尤其是在招标、投标和设计阶段，这些数据不能随便泄露，因此要求本平台设计具有高度的安全可靠性。

②实用性原则

平台开发是为了更好地服务于项目，并非提高项目的成本，因此，在平台开发阶段，应充分考虑平台应用的成本，在满足应用需求的前提下，尽量降低开发成本，保证应用平台能够提高建设效率。此外，在应用过程中，应提供较为友好的应用界面，建立平台和用户交互的友好环境，平台应满足可定制、易上手操作、易调整的原则。

③健壮性原则

平台能够有效提高建筑物化阶段碳足迹计算效率，且具有一定的鲁棒性，在导入模型参数时能够保证数据导入的准确性，若导入有误，平台可以识别出并采用合理的处理方式，保证平台不出现崩溃、死机的情况，提高平台的稳定性。

④易维护原则

平台在运行过程中，难免由于需求分析不完善，导致用户使用出现问题，此时，要求平台在开发阶段考虑易维护原则。在不当操作或平台出现错误等情况下，开发人员能够快速地进行系统维护，保证用户的使用。

⑤可参与性原则

大多数操作软件或应用平台以能够满足用户基本操作需求为基础进行开发，用户只需点击相应的按钮即可完成操作，无法调动用户的积极参与性。本平台在开发前，应充分考虑用户的参与感，在保证用户的正常使用情况下，使用户能更多地参与到所做的工作中，提高用户的积极性。

（2）框架设计

根据平台的需求分析和设计原则，对平台的框架进行设计，平台总体框架分为4层，从下往上分别是技术层、处理层、应用层以及用户层，如图5-5所示。用户层表示本平台可以在手机、平板电脑、台式电脑等可视化终端设备上进行操作；应用层表示本平台中包含的功能模块；处理层是平台

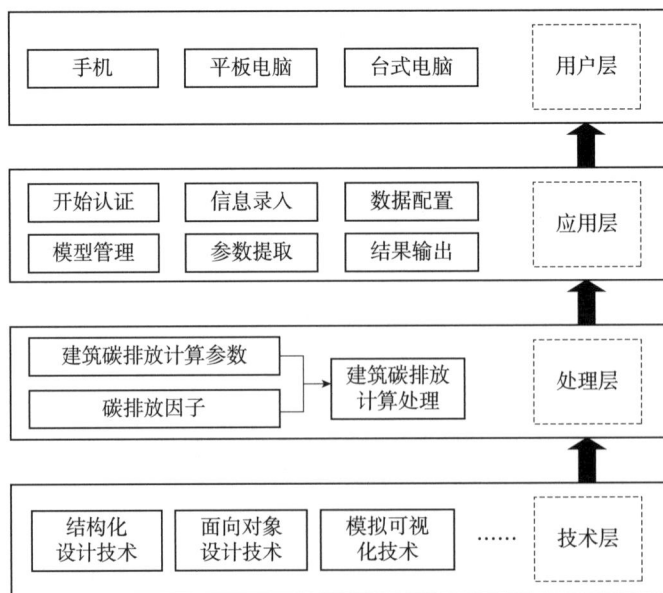

图 5-5 平台总体设计框架

内置的计算系统，能够按照需求进行计算；技术层表示平台开发过程中所用到的相关计算机技术。4 个层面综合完成平台的开发到应用。

（3）功能设置

平台的功能模块包含开始认证模块、信息录入模块、数据配置模块、模型管理模块、参数显示模块和结果输出模块。

①开始认证模块

该模块中不涉及具体计算，比较简单，系统用户进行身份认证，需要输入用户名和密码完成登录，只有完成登录才可以对其他模块进行操作。

②信息录入模块

该模块主要完成建筑信息的录入，包括项目名称、建筑位置、建筑类型、结构类型、设计使用年限、建设时间、建设单位、设计单位等。

③数据配置模块

该模块主要通过表格导入方式将所需的材料碳排放因子和能源碳排放因子等数据存入平台，供后续碳排放因子计算调用。

④模型管理模块

该模块主要完成已集成碳排放计算参数的建筑 BIM 模型的导入和可视化操作，包含模型导入和模型查看。模型导入指对新建的项目进行对应 BIM 模型文件的上传或更新。模型查看指用户可以根据自身需求在三维视图模式下对建筑模型进行可视化操作和信息查看。

⑤参数显示模块

该模块主要从 BIM 模型中提取得到建筑碳排放计算参数，能够在建筑的建材生产、建材运输、建造、运行、拆除阶段分别显示相对应的参数。

⑥结果输出模块

该模块是将计算得到的碳排放结果进行输出，并借助报表形式分类别进行可视化展示。计算结果包括建筑各阶段的总碳排放量、单位面积碳排放强度、平均每年碳排放强度等，报表分析可以实现各阶段的碳浓度比较，也可以就材料碳排放、施工机械碳排放、施工管理碳排放、运行设备碳排放等进行独立展示。

（4）平台接口设计

接口是连接 BIM 模型与平台的桥梁，平台的接口设计在完整地导入 BIM 模型方面能够实现模型的可视化查看与操作，另一方面能够识别 BIM 模型导出的建筑。计算排放参数，并与平台相结合，完成后续的消耗量统计和碳排放量计算。由于模型的建立主要在 Revit 软件中完成，因此可以通过 Revit 的 API 开发实现模型在平台的导入与参数提取。

Revit 免费提供了开放的应用程序编程接口（Application Programming Interface，API），外部程序可通过 API 操纵访问 Revit，此外 Revit 还提供了

Add-in Manager 二次开发工具、Revit Lookup 程序调试工具，便于二次开发程序员对 Revit 进行开发。Revit 是基于 .NET 平台开发的 BIM 软件，理论上任何基于 .NET 平台的语言例如 C、C++、VB 都可以编程实现 Revit 的二次开发。

2）万向区块链智能楼宇碳足迹监管系统

针对国内"双碳"目标与 ESG [Environmental（环境）、Social（社会）、Governance（公司治理）] 企业评价体系，"万碳居"以企业、商业地产、产业园区、住宅物业等碳排放集中性场所为应用场景，实现了数字化、可视化、智能化的企业碳中和数据统一平台管理以及数据可视化。

通过"万碳居"，企业碳排放数据全程可追溯，并可多维度验证碳排放数据准确性管理以及数据可视化。"万碳居"可提前编写智能合约、设置基础值，并基于实时数据，不断检查偏差值指标。如发现偏差值过大的情况，即可通知相关负责人排查原因、记录问题原因，并进一步调整碳足迹监管模型和企业双碳路径，从而实现碳足迹捕捉、反馈、调整的闭环。

通过区块链、物联网、隐私计算、知识图谱等技术的融合，"万碳居"能够可视化实时监管楼宇碳排放数据，一目了然，并通过物联网区块链技术打造的可信数据底座实现数据闭环。

"万碳居"是集物联网、隐私计算等多种数字化技术的大成者，通过隐私计算帮助企业在确保数据安全的前提下披露环境相关数据；通过物联网模组，实时采集碳排放数据并上链，从而令数据原生在区块链上，完全免去了人工环节，实现数据闭环，真正形成可信数字底座，从而进一步帮助企业立足精准可信数据，根据总碳排量，购买减碳量，高效达成"零碳楼宇""零碳园区"的目标，履行社会责任。

3）基于区块链的产业园区碳监管平台

现存碳交易市场存在碳排放监管计量数据不准确、信息不透明、政府监督管理力度不足、碳排放源难于监管和控制、运行成本高、管理效率低、商业信息机密与环境信息公开的矛盾，造成国家碳交易市场不活跃，以及区域、国家、国际碳交易平台对接不顺畅的问题。本质原因是碳监管过程中碳排放数据"难采集、难追溯、难核算"，更深层次是碳监管的整体聚合能力还需进一步提升，区块链的透明连接、价值可信、不可篡改及信息可追溯等特性可完美解决碳排放计量数据不准确、碳排放核算体系不完善、信息不对称及数据不可追溯的难题。

针对上述问题，打造连接"政府、企业、核查机构、咨询机构、监管机构"的碳数据监管分析平台，通过碳排放数据的监管、汇总、分析和报告，帮助政府掌握园区碳排放数据和碳排放结构，为区域实现低碳发展战略提供量化决策依据及管理措施；通过碳资产交易服务，盘活园区碳资产，助力实现园区碳中和。

碳监管系统碳排放数据采集方法同时包括核算法和在线监管法，根据行业的不同和核算数据的不同选择相应的核算方法进行数据采集核算，自动生成相应的碳排放报告。企业进行申报，提交碳排放数据及证据数据（证据包括但不限于采购发票、贸易合同等），根据企业申报数据，通过与政府相关数据进行交叉验证以核验企业报送数据的真实性，然后根据碳排放核算模型进行碳排放核算，生成企业碳排放报告，第三方核查机构对企业碳排放报告进行核查，生成三方权威核查报告。考虑数据安全、数据隐私、数据获取复杂等因素，数据获取方式设计以企业申报为主，申报数据链上需加密存储，确保数据真实性以核验企业证据数据，通过数据加密推送给政府相关部门进行数据交叉验证为辅（数据核验与否不影响核心业务流程），最后三方核查机构进行核验，企业进行确权。

信息数据申报遵循"企业一套表"制度，实现"原始记录、统计台账、统计报表"的数据收集流程，将报送单位的数据自下而上地提供给监管平台，避免企业重复收集和填报统计资料，便于对数据进行统一管理。目前的实际应用成果主要有正泰物联网园区碳监管平台。

5.3 基于黑箱的建筑碳排放计算与分析工具平台

黑箱理论是一种基于功能和输入输出关系的理论，该理论把研究对象作为黑箱，通过考查对象的输入、输出及其动态过程，而不是考查其内部结构，来认识研究对象的功能特性、行为方式，以及探索其内部结构和机理。黑箱理论注重系统的功能和表现，而不考虑其内部细节。

基于黑箱理论的建筑碳排放工具平台主要关注建筑系统的功能和输入输出关系，而不涉及其内部结构和详细工作原理。这些工具平台通常基于建筑的输入数据（如能源使用、材料选择、设备效率等），通过模型和算法计算建筑的碳排放量。

常用的基于黑箱的建筑碳排放计算与分析工具包括美国 BEES、德国 GaBi Software、绿建斯维尔碳排放计算软件 CEEB、PKPM-CES 建筑碳排放计算分析软件、美国 Scout 模型和中国的建筑碳排放模型（China Building Carbon Emission Model，CBCEM）。平台包括"碳中和"建筑全生命周期碳排放智能计算平台和建筑隐含碳估计器。本节从研发背景、软件介绍、软件功能及包含的数据库等方面对上述工具平台进行详细描述。

5.3.1 基于黑箱的建筑碳排放计算与分析工具

1）美国 BEES

美国建筑技术研究领先，很早就开始关注建筑领域的环境和经济的有效平衡，注重节能、绿色、环保、减少有害物生产及排放等。然而，设计和建造环境与经济平衡的建筑产品并非易事，亟需开发和实施一套系统的方法，根据决策者的价值观，选择在环境和经济表现之间达到最为平衡的建筑产品。因此，美国国家标准与技术研究院（National Institute of Standards and Technology，NIST）于 1994 年启动了 BEES（Building for Environmental and Economic Sustainability）项目。软件操作界面如图 5-6 所示[36]。

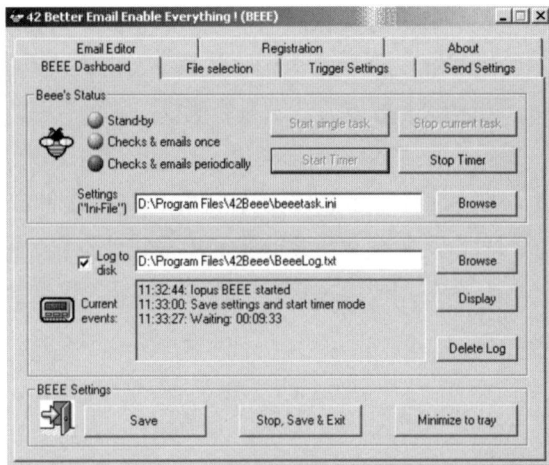

图 5-6　美国 BEES 软件操作界面

（1）软件介绍

BEES 是专门针对建筑领域，用于评价建筑环境性能的软件。该软件通过采用 ISO 14040 系列标准中规定的生命周期评估方法来衡量建筑产品的环境性能，使用美国材料与试验协会（American Society for Testing and Material，ASTM）的标准生命周期成本方法进行经济性能分析，包括初始投资、更换、运行、维护和维修以及处置的成本。软件分析了产品使用周期中的所有阶段：原材料的获取、制造、运输、安装、使用、回收和废物管理。根据建筑地板、墙壁等构成计算 CO_2、CH_4 和 N_2O 三种温室气体的排放量，将其排放量数值与美国每人每年释放的温室气体总量进行比较，作为建筑性能评价的指标之一。

BEES 软件 4.0 版本采用合理、系统的技术来选择环保、具有成本效益的建筑产品。该技术基于共识标准，具有实用、灵活和透明的特点。在 Windows 的操作系统支持下，面向设计师、建筑商及产品制造商，包括了 230 种建筑产品的性能数据。BEES 以 ISO 14040 标准为基础，实现指定环全生命周期的评估分析以及衡量建筑产品的环境绩效，包括：原材料获取、制造、运输、安装、使用和废物管理等。具体的经济绩效是按照美国材料与试验协会（ASTM）标准进行测量，该方法涵盖初投资、更换、操作、维护和修理以及处置的成本，包括全生命周期成本法（E917）、多属性决策分析标准（E1765）、建筑标准分类（E1557）。BEES 软件界面简洁，操作简单，无需用户创建产品的 LCA 过程，适用于对 LCA 理论没有太多了解的人群。BEES Online 可免费使用，其数据库也完全公开，需要用户使用火狐或 IE7.0 以上版本的浏览器。BEES 软件整体表现评分体系如图 5-7 所示 [37]。

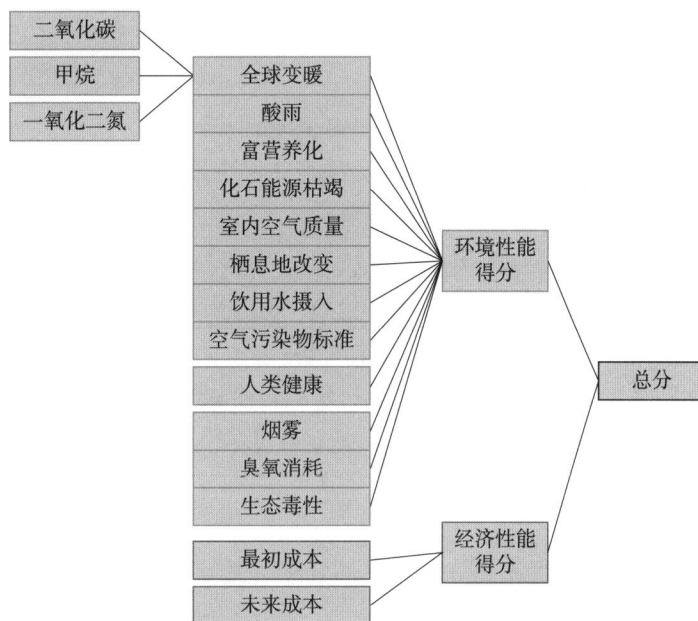

图 5-7　BEES 软件整体评分体系主要构成

（2）软件功能

用户通过使用 BEES 软件，遵循设置研究分析参数、定义备选的建筑产品及查阅 BEES 结果的主要操作步骤，可实现平衡建筑产品的环保和经济效益的目标，具体可实现以下功能：

①碳排放评估

BEES 软件可以计算建筑的碳排放量，包括建筑的全生命周期碳排放以及各个特定阶段（如建造、使用、拆除等）的碳排放。它考虑了建筑材料、能源消耗、供暖、制冷、照明等方面的碳排放，并提供详细的分析结果。

②能源模拟

BEES 软件具有建筑能耗模拟功能，可以模拟建筑的能源使用情况。它考虑建筑的物理特性、设备参数、操作策略等因素，并提供对能源消耗的估计。

③环境影响评估

除了碳排放计算，BEES 软件还可以评估建筑的其他环境影响，如能源资源利用、水资源消耗、废物产生等。它提供了多个环境指标和评估方法，帮助用户全面了解建筑的环境性能。

④经济分析

BEES 软件可以进行经济分析，考虑建筑投资、运营成本和回报等因素。它可以帮助用户评估建筑的经济可行性，并进行成本效益分析。

⑤可持续设计支持

BEES 软件提供了建筑设计和优化的支持，帮助用户制定可持续设计策略和碳减排措施。它可以比较不同设计方案的性能，帮助用户做出明智的决策。

2）德国 GaBi Software

GaBi 软件是由德国环保咨询公司 PE International 和斯图加特大学聚合体实验与科学研究所开发的针对产品可持续发展的软件，可以从生命周期角度建立详细的产品模型，同时可支持用户自定义环境影响评价方法。使用者可以建立产品生产模型、进行输入输出流平衡、计算评价结果以及生成相关图形等。GaBi 软件作为一套生命周期评价软件和物质流分析（MFA）软件，可提供制程关联的可视化操作环境、各国基础数据库（Life Cycle Inventory-LCI Datasets）及操作咨询服务，是协助碳足迹计算，EPD 报告、ErP 符合性评估的工具之一 [38]。

（1）软件介绍

1990 年，GaBi 1.0 作为首个版本被研制出来，其中包含针对建筑行业 LCA 的 GaBi Build-it。该软件不仅聚焦于建筑产业的可持续发展，还聚焦于各产业及其供应链的可持续发展。其产品开发和设计核心在于推出一系列可持续发展产品，以建立竞争优势并提高用户的收益，帮助实现各产业产品的可持续发展战略目标，同时确定供应链管理热点，通过优化材料使用并改进工艺来降低企业风险。

（2）软件功能与应用

GaBi 作为世界领先的生命周期评价计算软件，其设计满足了较广领域的需求，广泛应用于 LCA 研究和工业决策支持，为很多 LCA 研究机构所采用。GaBi 软件主要支持生命周期评价项目、碳足迹计算、生命周期工程项目（技术、经济和生态分析）、生命周期成本研究、原始材料和能量流分析、环境应用功能设计、二氧化碳计算、基准研究、环境管理系统支持（EMAS Ⅱ）等项目。

GaBi 软件可自上而下分层建模，能够完成复杂流程链的建模：计划—子计划—工艺流程—物质流（Plan—Sub plan—Process—Flow），并构成流程链。通过建立模型反映现实情况，帮助企业通过建立流程图了解生态系统、工艺流程和物质流程。GaBi 数据主要来源于 PE20 多年的全球工业 LCA 项目合作以及 ELCD、BUWAL 和 Plastics Europe 等数据库。

（3）软件数据库

GaBi 软件具有涉及领域广泛的最新综合数据库，尤其是率先在世界上发布了电子类产品的环境负荷数据集。它集成了自身开发的数据库系统 GaBi Data-Bases，同时可兼容企业数据库，并作为生命周期评估方案供应商，为用户提供独特的高质量数据库以满足其需求。GaBi 中主要包含 GaBi Databases、Ecoinvent、US LCI、Environmental Footprint Database V2.0 这四类数据库。其中，GaBi 数据库是目前全球最大的 LCI 行业数据库。此外，区域化的水和土地使用数据包含在整个 GaBi 数据库中，可以与用户自己的区域化数据同时使用。该数据库中包含超过 15000 个流程和规划模型，通过庞大的数据库可以获得原材料或制造件具体的能源和环境资源信息，在产品制造、流通、分销、回收再生等方面，为建筑物全生命周期碳排放计算分析提供更多的基础数据，为快速变化的商业环境下的战略决策提供可靠的依据，可用 GaBi 数据集搜索界面如图 5-8 所示。

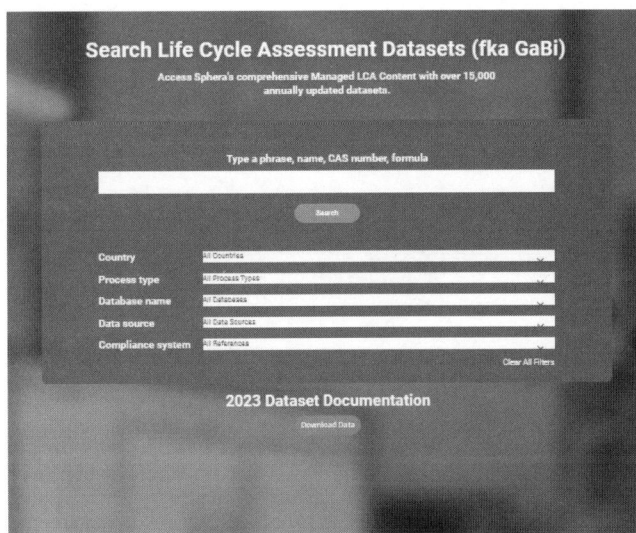

图 5-8　可用 GaBi 数据集搜索界面

3）绿建斯维尔碳排放计算软件 CEEB

（1）软件介绍

北京绿建软件股份有限公司以《建筑碳排放计算标准》GB/T 51366—2019 和《建筑节能与可再生能源利用通用规范》GB 55015—2021 为主要依据，深耕于加强绿色建筑碳排放软件的研发，开发斯维尔 CEEB 2023 版软件适用于建筑全生命周期的碳排放计算分析，涵盖建材生产、建材运输、建造、运行、拆除等不同阶段。计算模型可承接绿建斯维尔能耗、光伏发电等模拟成果，用于建筑节能、绿色建筑评价的碳排放计算，并作为建筑碳排放相关标准实施的配套工具[39]。

（2）软件功能及计算方法

斯维尔 CEEB 软件使用平台为绿建斯维尔自带 CAD 平台，可实现计算建筑全生命周期的碳排放计算。斯维尔 CEEB 软件针对建筑相关建材在生产、运输及建筑建造、运行及拆除阶段产生的温室气体排放总和进行计算分析，同时可对建筑运行阶段的碳排放量进行量化对比，并出具分析报告，软件适用于新建、改建、扩建建筑全生命周期碳排放计算。各阶段计算方法如下所示，软件操作流程如图 5-9 所示[40]。

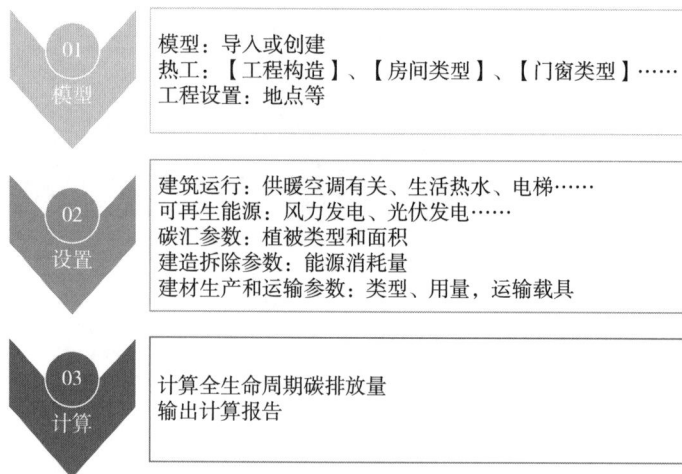

图 5-9　软件操作流程

①建材生产及运输阶段

斯维尔 CEEB 软件提供了居住建筑、办公建筑、商业建筑、酒店建筑等建筑的多种建材单位面积用量指标参考，便于在缺少详细建筑信息时估算。建材运输距离一般根据实际建材采购信息确定，或者按照《建筑碳排放计算标准》GB/T 51366—2019 建议的默认运输距离（混凝土为 40 km，其他建材为 500 km）选取。

②建筑运行阶段

斯维尔 CEEB 软件可根据已有的建筑模型，再调用 DOE-2 内核进行逐时动态模拟，计算供暖空调运行能耗时，只需设定相关的设备能效参数即可。软件的动力系统和生活热水系统的能耗计算及可再生能源的减碳量的计算方法采用经验公式方法，需要用户确定公式内涉及的基本参数值。

③建造及拆除阶段

建筑建造及拆除阶段的计算一般根据现场施工或拆除的能源用量计算，缺少数据时按照比例法估算。斯维尔 CEEB 软件将比例法定义为该阶段占建筑物化阶段碳排放的比例，建筑物化阶段是指将规划设计的图纸实现为实体的过程，具体包括建材生产、建材运输和建造阶段。

斯维尔 CEEB 软件根据建材生产、建材运输、建造、运行、拆除阶段文件资料和计算精度需求，提供了快速估算和专业计算两种计算方式，同时满足计算便捷性和准确性要求。软件内置多种建材碳排放因子库、典型建筑主材指标、常见施工机械等数据，提高了建筑碳排放计算的工作效率。软件提供冷热源系统运行策略，可进行多种系统能耗计算；支持太阳能热水、光伏风力发电、绿植碳汇等计算固碳量。软件功能完整，可与节能设计软件（BECS）、能耗计算软件（BESI）等配套使用，计算数据相互兼容。生成的报告书内容详细，并有图表辅助统计，使用方便 [41]。

4）PKPM-CES 建筑碳排放计算分析软件

（1）软件介绍

中国建筑科学研究院有限公司北京构力科技有限公司与《建筑碳排放计算标准》GB/T 51366—2019 主编单位中国建筑科学研究院有限公司建筑环境与能源研究院合作研发了 PKPM-CES 建筑碳排放计算分析软件。该软件基于国家标准《建筑碳排放计算标准》GB/T 51366—2019、《建筑节能与可再生能源利用通用规范》GB 55015—2021 以及各地方标准要求研发而成，是我国第一款商业化推广的碳排放计算分析软件，适用于建筑全生命周期碳排放计算与分析。

（2）软件功能

①基于碳排放计算标准研发

PKPM-CES 建筑碳排放计算分析软件基于国家标准《建筑碳排放计算标准》GB/T 51366—2019、《建筑节能与可再生能源利用通用规范》GB 55015—2021 及广东省《建筑碳排放计算导则（试行）》等国家或省市地方标准研发而成，采用标准配套测算工具爱必宜（IBE）作为碳排放计算内核，设计参数全面、计算结果准确。

②案例库加载参考方案

软件根据项目的建筑类型、结构类型等建筑基本情况，智能匹配参考方案。建材用量可参考既有案例库中的相似案例，修正项目整体材料用量，操作便捷、计算结果合理。

③支持建筑全生命周期碳排放分析

软件支持全生命周期碳排放计算，涵盖建材生产运输、建造、运行、拆除全过程。支持建筑设计阶段的碳排放预评估，也支持建筑物施工结束后对碳排放量的计算核算，运行阶段支持多种冷源机组、多种空调系统设置分析。率先支持民用和工业建筑碳排放预估与精确核算，支持 BIM 和 CAD 等多平台，支持结构、装配式等专业软件数据，打造碳排放整体解决方案。

④支持建筑减碳计算分析

软件支持可再生能源减碳措施计算，绿色植被（碳汇）等节碳、减碳、碳中和等控制措施的优化计算，种类涵盖光热、光伏、风力。可以单独设置光热、光伏、风力的具体参数。

⑤自动生成报告书

计算完毕后，可自动生成符合标准要求、审查要求的、可溯源的《建筑全生命周期碳排放计算分析报告书》。报告书内容全面、精准、专业，提供详细的计算原理和计算过程，结果分析界面中展示详细图表，包括各阶段总碳排放量、单位面积碳排放量、碳排放占比等结果。

5）建筑碳排放计算模型介绍

前节已对碳排放计算模型的基本方法进行了介绍，由前节可知，自上而下模型、自下而上统计模型和部分自下而上混合模型的建筑碳排放模型基于黑箱理论展开，本节主要对美国 Scout 模型和中国建筑碳排放模型（China Building Carbon Emission Model，CBCEM）展开介绍。

（1）美国 Scout 模型

Scout 模型是自下而上模型，用于评估美国住宅和商业建筑中各类节能措施对建筑能耗和碳排放的影响。美国劳伦斯伯克利国家实验室和美国能源部国家可再生能源实验室最早开发了 Scout 模型，模型框架如图 5-10 所示[42]。对于节能措施，Scout 模型考虑其相对或绝对能效、投资成本、服务寿命和市场化程度的概率分布。对于建筑模型，Scout 采用美国能源信息管理署（Energy Information Administrator，EIA）在年度能源展望中的定义，根据建造年份、气象参数、建筑类型、建筑用途及用能类型划分典型建筑，并通过 EnergyPlus 进行典型建筑的能耗模拟，实现计算节能措施的效果。

（2）中国建筑碳排放模型（CBCEM）

CBCEM 模型采用自下而上的方法，结合情景分析对中国建筑行业未来的碳排放趋势进行预测。CBCEM 模型以联合国政府间气候变化专门委员会（IPCC）提出的碳排放计算公式（排放量 = 活动水平 × 活动因子）为基础，

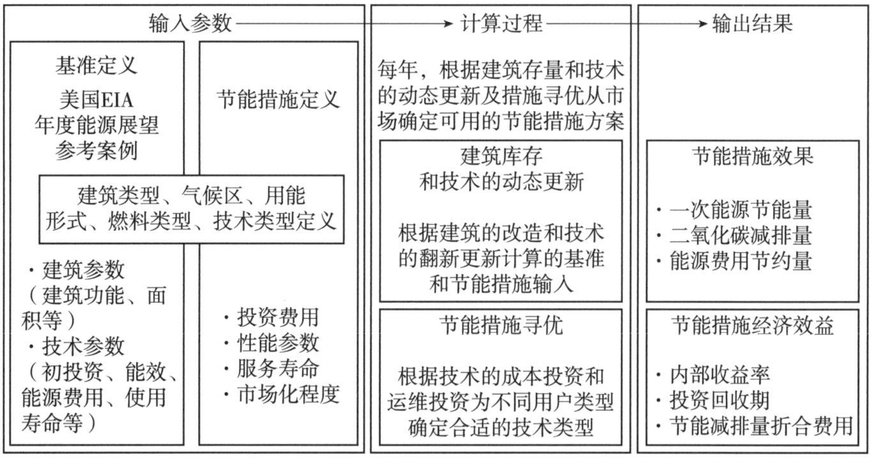

图 5-10 美国 Scout 模型框架

构建了如图 5-11 所示的计算方法。其中，建筑面积的计算分为 3 个层面：按建筑寿命周期分为新建、保有和拆除建筑；按建筑类型分为公共建筑、城镇住宅及农村住宅；按所在地区分为北方、夏热冬冷及南方地区。建筑碳排放强度的计算分为 3 个方面：保有建筑运行碳排放、新建建筑碳排放、建筑拆除及回收碳排放。

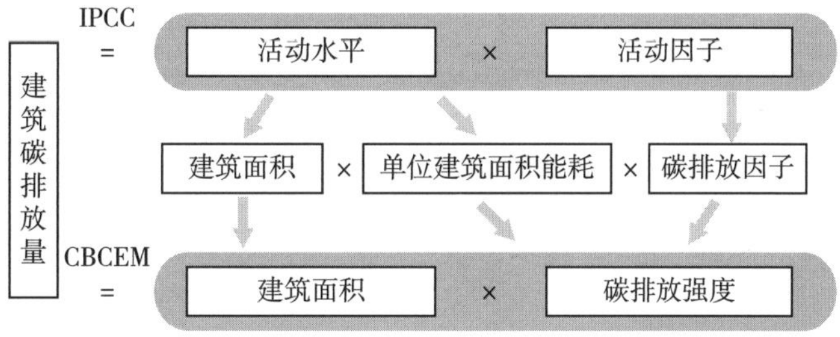

图 5-11 CBCEM 碳排放量计算方法

5.3.2 基于黑箱的建筑碳排放计算与分析平台

1）"碳中禾"建筑全生命周期碳排放智能计算平台（以下简称"碳中禾"绿建平台）[43]

（1）平台介绍

"碳中禾"绿建平台是业内第一个全面支持《建筑碳排放计算标准》GB/T 51366—2019 国家标准的开源共享平台，全面对接《IPCC 评估报告》等主流国际标准，深度集成众多行业专家的研究成果和实践示范案例，完整覆盖建筑全生命周期（建材生产阶段、建材运输阶段、建筑建造阶段、建筑运行阶段、建筑拆除阶段）的一站式、智能化的碳排放计算与分析平台。尽管该平台开源共享，但因其使用机器学习算法自动调用计算模型，自主优化模型参数，并根据用户输入参数自动计算建筑碳排放，且输出报告并未对碳排放计算过程、逻辑和参数调整方式进行阐释，内部工作机制不易被理解。因此，该平台通常被认为是基于黑箱理论的建筑碳排放计算与分析平台。该平台操作界面如图5-12所示。

图5-12 "碳中禾"绿建平台操作界面

（2）平台优势

"碳中禾"绿建平台具有以下优点：

①智能填报

支持跨行业、跨专业多人同时在线填报项目数据，大大节省项目资料的录入时间，同时提供行业常规默认数值，极大提高了碳排放计算效率。另外，案例中心提供多个项目模板案例数据，使用者可依据项目所在地区、项目类型等特点选择参照，并可一键导入计算数据，降低建筑碳排放计算的技术门槛。

②高效整合

提供权威的建筑碳排放行业数据库，包括多种碳排放因子数据、各类施工机械参数以及各种台班能源消耗数据。整合碳排放权威计算方法和研究学术成果，快速计算碳排放各阶段关键性指标。根据计算结果自动生成碳排放分析报告，一键导出报告。

③数据安全

所有项目数据及成果报告一经录入，即可在线长期储存，随时随地灵活调取，不必担心项目数据遗失。项目信息安全有保障，自主设置项目可查看、可编辑的范围，同时可添加共享链接的有效期、报告水印等措施，禁止他人复制/导出/生成副本。具有前沿IT安全技术加持，所有项目数据安全加密。

④专家支撑

针对建筑碳排放计算报告，可由"碳中禾"绿建平台碳排放专家、国内碳排放领域资深专家或资深绿色建筑工程师进行专项在线审核、批阅，并提供后续的优化建议报告。

⑤机器学习

随着碳排放项目数据库的快速累积，持续完善优化功能，使用机器学习算法自动调用计算模型，自主优化模型参数，平台工具得以持续优化、扩展，为绿建项目提供更精准切实的技术解决方案。

⑥专业贯通

碳排放计算功能为"碳中禾"绿建平台上的重要组成一环，可以链接绿建、低碳、低能耗等相关领域的资深专家及供应链，为绿建咨询师、设计院专业人员、地产管理者以及任何初步接触绿建的人士提供准确高效的专业建议。

（3）碳排放计算功能

建筑碳排放计算主要由三大部分组成，包括：项目创建部分、碳排放计算部分和生成报告部分。首先，通过"新建项目"或者"案例创建"两种方式创建新项目，录入或通过平台案例导入经济技术指标等基础数据，该数据可同步应用于"碳中禾"绿建平台的其他评价工具，进行跨标准、多维度综合分析；其次，完成建筑概况的填写，并依次录入项目数据，平台将自动计算得出建材生产阶段、建材运输阶段、建筑建造阶段、建筑运行阶段以及建筑拆除阶段等建筑全生命周期各个阶段的碳排放计算结果。如部分数据无法进行计算，平台支持部分碳排放估算录入的方式；最后，依据计算结果，进行结果分析。结果分析页面将多角度展示建筑全生命周期的碳排放计算的分析结果，并可导出建筑碳排放计算正式报告。此报告可直接转发给"碳中禾"绿建平台的相关专家，进行综合评判，提出建筑全生命周期各阶段的减碳优化建议。

2）建筑隐含碳估计器（BEC Estimator）

建筑隐含碳估计器是捕获建筑过程中隐含碳排放的系统平台。该系统考虑了与排水管安装有关的项目，为系统边界开发了建筑隐含碳估计器的数据流程，有助于捕获使用建筑隐含碳估计器估算隐含碳排放所需的所有细节。

承包商和建筑客户是与排水管安装相关项目中涉及的两个主要实体。承包商将用于安装排水管的设备的详细信息输入 BEC Estimator，BEC Estimator 使用输入的数据估算与排水管道安装相关的隐含碳，并向建筑客户发布隐含碳估算排放量。

排水管安装包括从施工现场到施工结束的过程。关于排水管安装，可按照以下步骤，进行隐含碳的计算：

两个过程：①安装排水管道；②估计隐含碳排放量。

三个数据存储，分别为 D1——燃料燃烧率（FBRS），D2——隐含碳排放因子，D3——隐含碳数据存储。这些数据存储是在分布式分类账中存储数据的区块链数据库。两个基本功能：①输入相关数据以估算隐含碳排放数据；②查看隐含碳排放数据。

建筑行业的主要利益相关者包括投资者、建筑客户、土地开发商、承包商、分包商、供应商、运输/物流供应商、制造商和原材料开采商。每个实体都包含几个属性，例如实体投资者，由投资者 ID、姓名、地址、电话号码、传真号码和电子邮件等属性组成。在区块链计算系统中，每个与住房发展项目有关的建造过程中造成隐含碳排放的利益相关方之间都有关系。

5.4

本章重点与难点

建筑碳排放计算与分析工作在全世界范围内一直广受关注，本章分别从白箱理论和黑箱理论出发，梳理了常见的建筑碳排放计算分析工具及平台。

建筑碳排放计算分析工具通常包括相关软件插件及模型，首先基于白箱理论，本节以荷兰 SimaPro 软件为例，介绍其软件功能、数据库、模型等方面的内容，并从建筑碳排放计算模型的基本方法出发，对德国 Invert/EE-Lab 模型和 CoreBee 模型、英国 ECCABS 以及美国 RE-BUILDS 模型这类常见的基于白箱的建筑碳排放计算分析模型展开介绍。其次，基于黑箱理论，以美国 BEES、德国 GaBi Software、绿建斯维尔碳排放计算软件 CEEB、PKPM-CES 建筑碳排放计算分析软件、美国 Scout 模型和中国的建筑碳排放模型 CBCEM 这类常见的建筑碳排放计算分析工具为例，本节对其应用场景、主要功能模块等方面展开详细阐述。

相较于建筑碳排放计算工具，平台系统的功能更加强大，除了碳排放计算功能外，可根据使用需求集成碳排放管理功能，用于预测、监测、评价、方案选择、协同管理等，能够实现模型的轻量化，但其在设计和开发上会具备更大的难度。本节介绍了基于白箱和黑箱的建筑碳排放计算分析平台，包括基于 BIM 的碳排放计算与管理平台、万向区块链智能楼宇碳足迹监管系统、基于区块链的产业园区碳监管平台、"碳中禾"建筑全生命周期碳排放智能计算平台和建筑隐含碳估计器，并从平台设计、平台实现等角度对其进行展示，助力建设项目方案与碳减排工作的稳步推进。

结合本节所述内容，现有建筑碳排放计算与分析工具平台的重点和难点可以归纳如下：

（1）**工具与平台的区分**：在建筑碳排放计算与分析领域，工具与平台的区分可以从其功能性、用户界面、集成度和应用范围等方面进行概括。工具通常指的是专注于特定功能或任务的应用程序，它们提供直接的解决方案，易于使用，但可能在数据处理和集成方面相对独立。而平台则具有更广泛的功能集，支持多工具的整合使用，提供更加复杂的数据管理和协作环境，允许用户在一个统一的框架内完成从数据收集到分析、决策和报告的全过程。然而，平台可能在操作上更为复杂，对用户的专业知识有更高的要求。

（2）**工具或平台的选择和适用性**：选择合适的工具或平台进行建筑碳排放计算是本节的重点和难点。不同的建筑类型和项目需求可能需要不同的工具或平台（模型、软件插件、系统平台等），应针对不同情况，从适用性、准确性、效率等方面出发，对基于白箱和黑箱理论的建筑碳排放计算与分析工具平台进行选择。

（3）**数据收集和准确性**：建筑碳排放计算依赖于大量的数据，包括建筑特性、能源使用数据、材料信息等。收集和准确获取这些数据，需要建立有效的数据管理和获取机制，并确保数据的准确性和完整性。

（4）**精细化建模**：建筑碳排放计算需要对建筑系统的各个组成部分进行精细化建模，包括能源系统、建筑结构、设备等。将这些组成部分准确地建模并考虑其相互作用，需要深入理解建筑系统的物理特性和行为。

（5）**碳排放因素和标准**：建筑碳排放计算需要考虑多个碳排放因素，包括能源消耗、材料制造和运输、废弃物管理等。确定合适的碳排放因素和参考标准，需要考虑地域差异、行业标准和国家政策。

（6）**数据可视化和结果解释**：建筑碳排放计算工具平台需要提供直观和可视化的数据展示方式，并能够解释计算结果。用户需要能够理解和解释模型输出的含义，以支持决策和行动。

（7）**更新和维护**：建筑碳排放计算工具平台需要持续更新和维护，以跟踪最新的数据、模型和标准。同时，工具平台操作人员需要得到技术支持和培训，以确保正确使用和解读结果。

总体而言，本节的重点和难点是如何区分基于白箱和黑箱理论的建筑碳排放计算与分析工具平台，熟悉不同建筑碳排放计算与分析工具平台的技术特性、使用条件和适用场景等，并应用相关工具平台对建筑全生命周期的碳排放进行计算和分析。

思考题

1. 现有主流的建筑碳排放计算分析工具平台包括什么？

2. 基于黑箱或白箱的建筑碳排放计算分析工具平台分别具有什么特点？

3. 在实际工程中，应该选择哪种类型的工具或平台？为什么？

4. 我国的建筑碳排放计算与分析工具平台有哪些？

5. 碳排放计算的自上而下模型和自下而上模型有什么异同？

6. 试述一种建筑碳排放计算与分析软件的工作流程。

第 6 章

建筑设计阶段的碳排放计算与分析

本章主要内容及逻辑关系如图 6-1 所示。本章节内容包括设计阶段的碳排放计算与分析的应用概述、流程策略及实践案例。重点阐述碳排放估算模型计算流程与碳排放计算方法使用。

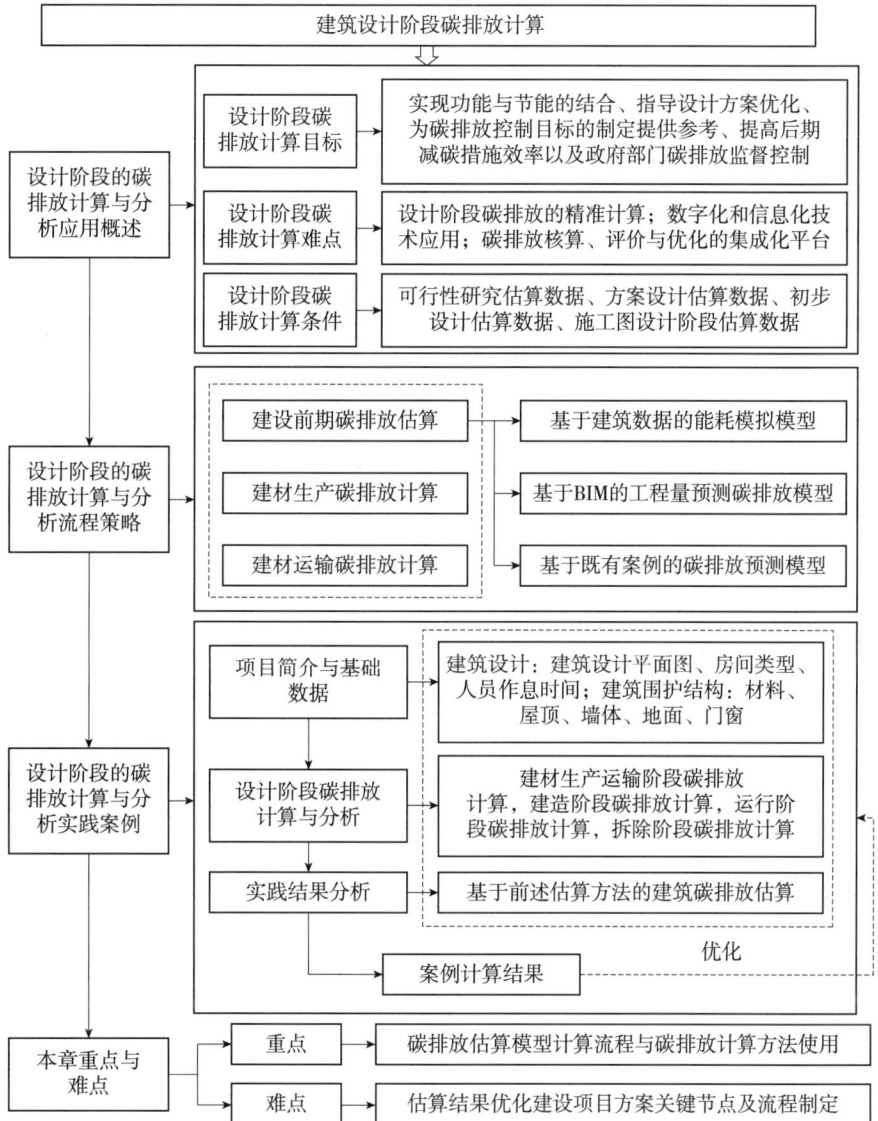

图 6-1　本章主要内容及逻辑关系

建筑设计阶段包括可行性研究、方案设计、初步设计和施工图设计四个阶段。设计成果为总平面设计图、建筑平面图、剖面图、立面图。设计阶段的碳排放计算应考虑建筑全生命周期中的建材生产与运输、建筑运营、建筑建造与拆除。

本章建筑碳排放计算方法采用碳排放因子法。将建筑物全生命周期中各阶段的建材用量、设备运行能耗等乘以相应的碳排放系数，再对乘积进行累加得到总的 CO_2 排放量的估算值。

6.1.1　设计阶段碳排放计算目标

建筑碳排放 80% 在设计阶段进行决策，绿色低碳设计以及节能方案的设定对于建筑全生命周期碳排放量的控制具有重要意义。设计阶段的碳排放计算目标是促使设计阶段实现功能与节能的结合、指导设计方案优化、为碳排放控制目标的制定提供参考、提高后期减碳措施效率以及加强政府部门碳排放监督控制。

6.1.2　设计阶段碳排放计算难点

1）设计阶段碳排放的精准计算

建筑设计阶段基本确定了建筑全生命周期的碳排放，但尚未进入实体构件的组合或使用过程。实际产生过程与材料生产、建造施工及运行阶段的部门直接相关，建筑材料生产关联众多制造业，建造过程减碳直接影响建筑业的低碳转型，建筑运行阶段基本与所有行业相关，未来建筑碳排放的计算不再局限于设计阶段的全生命周期计算，综合考虑各方利益，精准计算分析成为难点。

2）数字化和信息化技术应用

建筑设计图纸由二维图形信息向多维及数字化方向发展，数字化设计参数大幅度提高计算分析的效率和精确度，将数字化设计与建筑碳排放计算分析相结合，开发高效的计算工具成为难点。例如建筑行业碳排放数据的真实性和可靠性一直被公众所质疑，不透明的碳数据管理阻碍了碳交易市场的健康发展，随着信息化技术例如区块链的介入，注册和结算平台、构建监测与核定研究机构，可保证数据源头的可信和有效，实现建筑碳交易的良性和有序发展。

3）碳排放核算、评价与优化的集成化平台

建筑碳排放核算是实现"双碳"目标的必要条件，建筑碳排放计算将

会研发"设计—建造—运行—拆除"全流程的碳监测系统与碳追踪技术，研发针对城乡、社区和建筑等不同层级的碳排放测算分析工具。针对低碳建设评价指标体系，构建碳排放评估分析综合模型、支持动态评估与管控等成为难点。

6.1.3 设计阶段碳排放计算条件

设计阶段碳排放计算条件主要包括可行性研究、方案设计、初步设计、施工图设计四个阶段的已知数据。

（1）可行性研究阶段碳排放估算数据来自建设方案以及资源利用与分析。与碳排放估算相关的建设方案包括节能分析报告、主要经济指标以及土建工程投资。节能分析报告中预估年用电量、年用水量、综合能耗可作为建筑运行阶段碳排放估算依据。主要经济指标包含占地面积、基地面积、建筑面积以及绿化面积，可作为建材生产与运输以及施工阶段碳排放估算依据。土建工程投资中各类功能建筑面积信息及投资额，可作为建材生产及建造阶段碳排放估算依据，提高可行性研究阶段估算精度。

（2）方案设计阶段碳排放估算数据来自设计说明书、设计图纸。设计说明书包括设计依据、设计要求、主要经济指标、建筑设计说明、结构设计说明、建筑电气设计说明、给水排水设计说明、供暖通风与空气调节设计说明、热能动力设计说明。主要经济指标明确了总占地面积、总建筑面积、建筑基底总面积、绿地总面积、容积率、建筑密度、绿地率、停车泊位数、建筑层数、建筑层高和总高度等指标，可采用回归方程形式进行碳排放估算。建筑设计说明中包含的环境分析、立面材料、节能设计说明、绿色建筑设计说明，可作为运行阶段能耗模拟的依据。结构设计说明中基于BIM的工程量预测思路，通过建筑信息模型导出的初步工程量清单，可作为碳排放估算的依据。建筑电气说明中负荷级别、总负荷容量、电气系统总功率、照明标准以及照明功率密度，可作为照明系统碳排放量估算依据。给水排水设计说明中的用水量、集中热水供应耗热量，可作为生活热水系统碳排放估算的依据。供暖通风与空气调节设计说明中根据室内外设计参数、围护结构热工参数、人员活动数据，模拟运行阶段冷热负荷，可作为暖通空调系统碳排放估算的依据。热能动力说明中供热方式和供热参数、供热负荷、燃料来源、燃料性能和消耗量，可作为建筑运行阶段碳排放估算的依据。

设计图纸包含总平面设计图纸、建筑设计图纸。总平面设计图纸中绿地布置、日照分析，可作为运行阶段绿地碳汇和光伏系统减碳量估算的依据。建筑设计图纸中来自于平面图、立面图与剖面图中的平面面积、尺寸、层数、层高及标高，可作为碳排放估算的依据。

（3）初步设计阶段碳排放估算是方案设计阶段碳排放估算的深化，主要是对结构、设备等方面进行细化，并编制工程预算书对工程量以及人、材、机使用量进行概算。结构设计文件中材料、计算书及构件截面尺寸，可作为建材碳排放估算依据。工程概算中包括的概算金额、主要材料消耗指标、单位工程概算书、扩大分项工程量、人工及机械台班等使用量，可作为建材生产以及制造阶段碳排放估算依据。

（4）施工图设计阶段的已知数据可作为建筑物化阶段碳排放估算所需数据来源。来自建筑、结构、水电、采暖通风等工种的设计图纸、工程说明书、结构及设备计算书和预算书，可作为建材生产及运输阶段以及施工阶段碳排放估算的依据。

设计阶段的碳排放计算流程包括建设前期碳排放估算、建材生产碳排放计算和建材运输排放计算。

6.2.1　建设前期碳排放估算

建设前期碳排放估算方法分为：基于建筑数据的能耗模拟模型、基于BIM 的工程量预测碳排放模型、基于既有案例的碳排放预测模型。

1）基于建筑数据的能耗模拟模型

基于设计阶段的建筑数据对建筑能耗进行有效模拟，达到建设前期对碳排放进行估算的目标。

（1）Invert/Lab 模型 Invert/Lab 模型为动态自下而上模型，用于评估不同的激励制度和能源价格情况对未来能源结构、碳排放量的影响，应用于规模较大建筑群的碳排放预测。

如第 5 章中 5.2.1 基于白箱的建筑碳排放计算与分析工具中碳排放计算模型及应用模型中介绍的一样，Invert/Lab 模型基于典型建筑能耗，考虑地区气候条件、建筑性能、末端用能设备以及用户行为等，模拟预测新建及扩建建筑能源需求推测碳排放量。核心算法采用短期成本为导向的 Logit 方法，能在信息不完全条件下进行目标寻优，模拟未来激励制度和能源价格情境下的用户与建筑、用能系统相关的决策。逻辑框架如图 6-2 所示。

模型首先根据建筑的基本信息、设备和气象数据模拟能耗，预测暖通空调系统的能耗。然后估算照明、设备等的耗电量，并将结果扩展至区域存量。在此基础上，模拟节能措施的效果，考虑经济参数，计算节能成本和

建筑形态　　建筑功能　　用能形式　　使用寿命

地理位置　　建造时间　　设备效率　　设备维修

技术数据设定　　气象数据　　建筑数据设定

基础数据设定

典型建筑的碳排放数据　　用户行为数据

建筑寿命预测模块
威布尔分布

决策模块

Nested Logit 方法　　Logistic 增长模型

模拟结果

碳排放量法　　能源需求及消耗量　　投资和运行费用

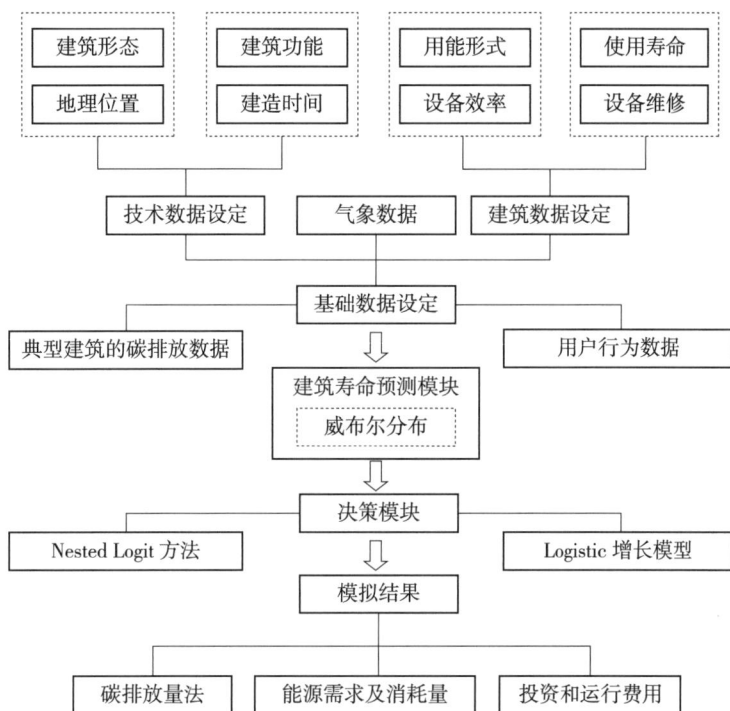

图 6-2　Invert/Lab 模型逻辑框架

量。最后，根据选用的措施和能源利用效率，估算终端能耗和总碳排放。

（2）ECCABS 模型 ECCABS 模型旨在评估不同节能措施对区域建筑能耗和碳排放的影响，以指导节能设计。如第 5 章中 5.2.1 基于白箱的建筑碳排放计算与分析工具中碳排放计算模型及应用模型中介绍的一样，ECCABS 模型可对全球建筑进行能耗模拟，支持简单快捷的数据和假设更改，具有数据详细、透明的优势。采用逐时模拟，模型精度高，能全面考虑房间占用时间和设备使用情况等因素。

模型利用 Simulink 模拟软件和 Matlab 数据处理软件。Simulink 模拟建筑能耗平衡以预测能耗需求；Matlab 处理 Simulink 数据，扩展至区域建筑存量，并计算实际输送能量、二氧化碳排放和特定节能措施的成本。ECCABS 基于建筑活动数据，设定建筑参数并利用热平衡软件模拟暖通空调系统能耗，根据建筑照明、设备等的平均恒定热增量估算耗电量，获得整体能耗数据。最后，Matlab 结合未来可能的节能措施对碳排放量进行估算。逻辑框架如图 6-3 所示。

模型估算碳排放的过程与 Invert/Lab 一样。

（3）Scout 模型 Scout 模型是针对住宅和商业建筑的自下而上模型，用于评估节能措施对建筑能耗和碳排放的影响，并为节能设计提供指导。Scout 拥有详尽的节能措施数据库，方便用户选择并预测未来的碳排放趋势。

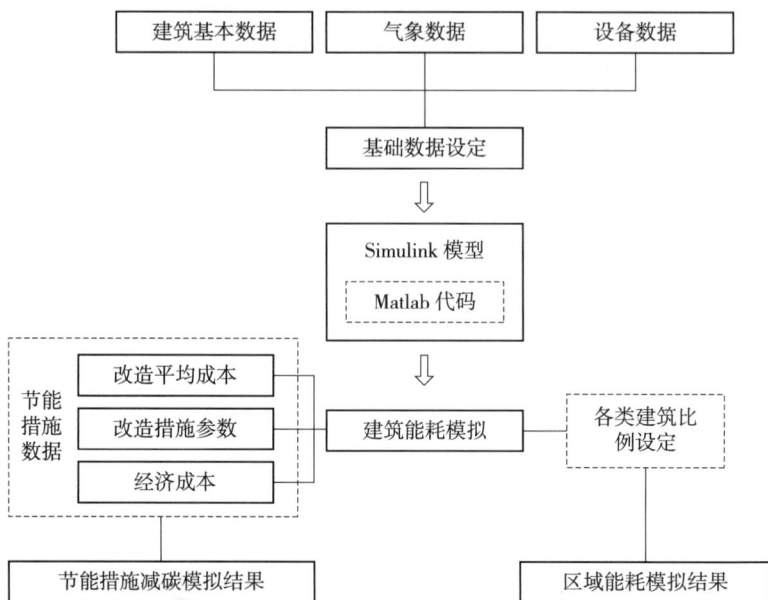

图 6-3 ECCABS 模型逻辑框架

如第 5 章 5.3.1 基于黑箱的建筑碳排放计算与分析工具中建筑碳排放计算模型介绍的一样，Scout 模型根据建造年份、气候区、建筑类型、用途和能源类型划分典型建筑，并通过 EnergyPlus 进行能耗模拟。在考虑节能措施时，考虑了相对或绝对能效、投资成本、服务寿命和市场化程度的概率分布。模型内置算法根据节能技术的投资和运维成本以及建筑存量的更新，在节能市场上进行动态寻优，选择适宜的技术类型，并模拟其效益，从而得出碳排放模拟量和减排效果。

首先，需要设定基础的建筑参数，包括建筑类型、气候区、主要用能系统和燃料种类，并对设备技术进行设定，例如通风设备的频率或照明系统的类型。基于已有典型案例，估算建筑能耗基准线。然后，选择节能措施，可从现有库中选择或自定义，包括成本、寿命、市场进入时间和能效。最后，模型根据算法动态更新节能措施，并根据建筑存量进行寻优，模拟节能措施效益和碳排放。逻辑框架如图 6-4 所示。

2）基于 BIM 的工程量预测碳排放模型

（1）利用 Revit 软件对二维建筑设计图进行建模，根据三维模型中构件的设定，自动计算工程量，并预测了四种主要材料的使用量，包括水泥、混凝土砌块、烧结黏土砖和瓷砖，作为碳排放估算的依据。采用碳排放因子法对施工阶段的碳排放进行预估，其中建材的碳排放因子来自 ICE、GaBi 和 Ecoinvent 等三大数据库。

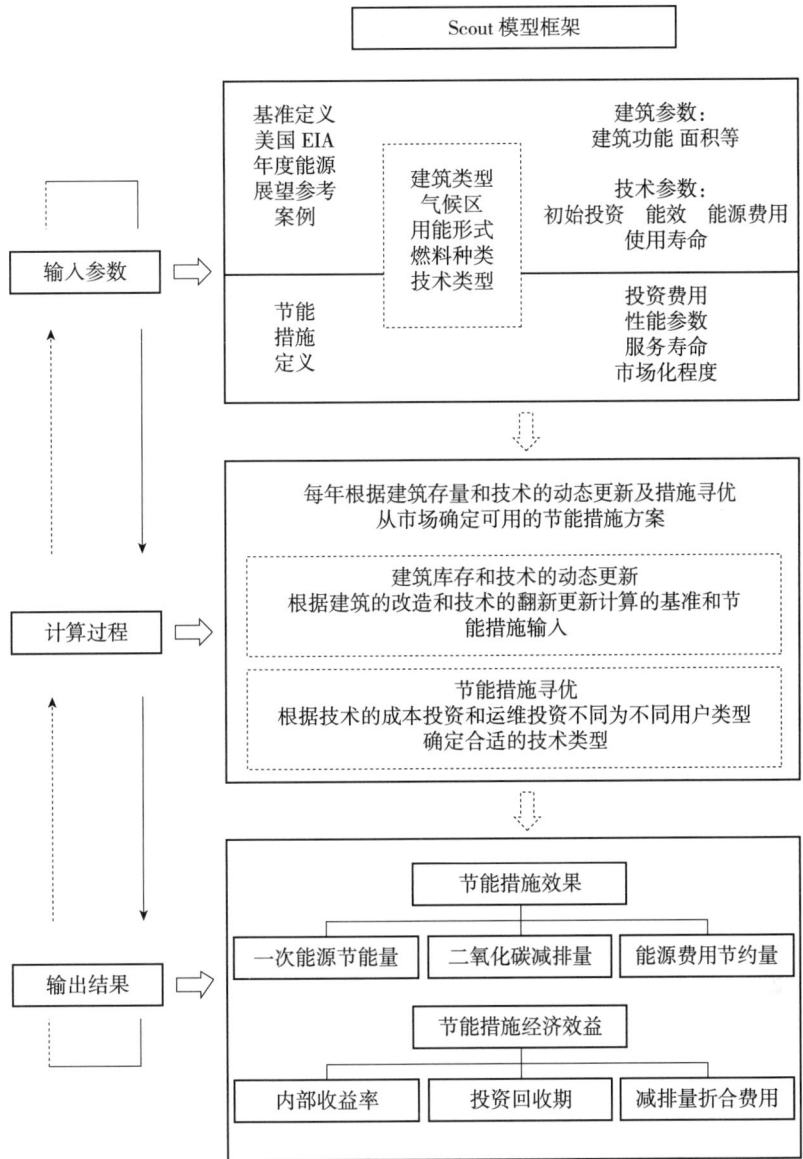

图 6-4　Scout 模型逻辑框架

使用二维设计图纸构建 Revit 模型，并结合插件 One Click LCA 和 LCA 数据库。One Click LCA 自动提取 Revit 模型中的族和构件数据，并映射到具体材料。根据构件尺寸，自动计算各类构件工程量，得出砖混结构建筑中水泥、混凝土砌块、烧结黏土砖和瓷砖等四种主要建材的用量。利用 ICE、GaBi 和 Ecoinvent 等数据库提供的建材碳排放因子，估算建材生产阶段的碳排放。对于运输阶段的碳排放，设置轻型车辆和中型车辆两种运输方式，并根据实际车辆信息设置单车运输重量和燃油效率，计算总运输距离后结合燃油效率得到燃料用量，乘以燃料的碳排放因子即可得到运输阶段的碳排放量。运行阶段的碳排放通过历史用电数据估算，而拆除阶段的碳排放则按物化阶段的 10% 进行估算。逻辑框架如图 6-5 所示。

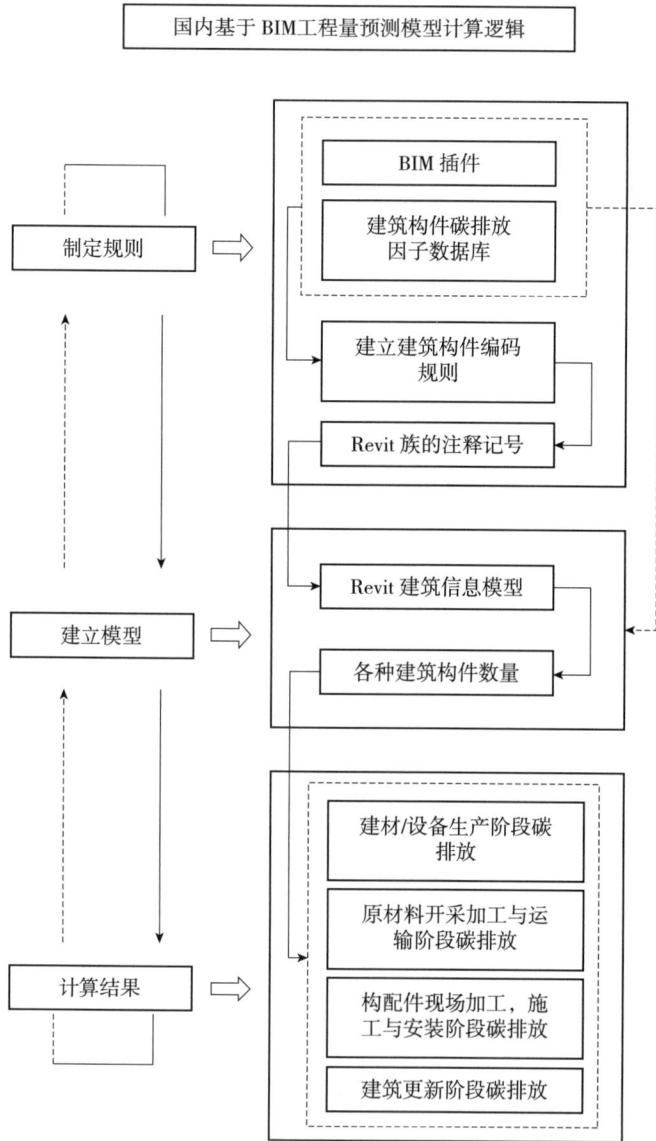

图 6-5　基于 BIM 的工程量预测计算逻辑框架

（2）基于 BIM 的工程量预测模型在设计阶段对碳排放进行估算至关重要。使用 Revit 等软件构建建筑信息模型，获取初步的建筑材料相关信息，从而进行碳排放估算。

在设计初期，通过 BIM 对工程量进行预测，利用预测的工程量进行碳排放的估算。Revit 软件通过系统族进行建模，系统族对应建筑部件，建筑部件则由多种材料组成。虽然各种材料的用量无法直接从软件的明细表中获取，但可以提供有关部件尺寸、体积、数量的信息。对于常用构件，可以通过标准设计图册确定建筑构造方式，然后在定额中找到对应的消耗量，计算各种建材和施工机械的使用量。利用现有的建材和施工机械的碳排放因子，计算构件的碳排放量，并得出基于构件的碳足迹因子。具体公式计算参考《建筑碳排放计算标准》GB/T 51366—2019，是否满足要求参考《建筑节能与可再生能源利用通用规范》GB 55015—2021。

3）基于既有案例的碳排放预测模型

（1）可行性研究阶段建筑碳排放划分为建造阶段碳排放、运行阶段碳排放和拆除阶段碳排放三部分，并以已有案例的碳排放计算数据作为估算的依据，总结经验系数，简化了建筑全生命周期碳排放估算方法。

建造阶段采用传统的碳排放因子法，运行阶段采用同类建筑类比法进行估算，拆除阶段则采用比例系数法。建造阶段碳排放，首先需要根据已有工程资料预测材料和机械台班的消耗量，但未能给出估算方法。然后参照同类型项目，预测工期时间以及人工台班消耗量，从而确定分部分项工程和措施项目工程的碳排放系数，最后根据计算得到的分部分项工程量和措施项目工程量计算建造阶段碳排放量；而运行阶段碳排放则依据同类型建筑进行计算，拆除阶段碳排放则依据建造阶段碳排放进行折减。

（2）采用回归分析方法，基于大量案例，探索影响建筑碳排放的主要因素如层数、面积、主要建材用量等，构建回归方程，根据有限数据对碳排放进行估算。具体公式计算参考《建筑碳排放计算标准》GB/T 51366—2019，是否满足要求参考《建筑节能与可再生能源利用通用规范》GB 55015—2021。

6.2.2 建材生产碳排放计算

建材生产碳排放应考虑原材料、加工能耗、材料化学反应等过程产生的碳排放，通常采用碳排放因子进行计算。

建筑生产碳排放计算包括基于造价咨询的建材生产阶段碳排放计算、建造过程建材生产阶段碳排放核算以及建筑运行过程中维修更新材料碳排放计算。基于造价咨询的建材生产阶段碳排放计算包括基于单项工程材料汇总数量进行计算、基于分部工程材料汇总数量进行计算和基于工程量清单计算建材碳排放三部分。

建材生产阶段碳排放量根据建筑物每种主要建材的消耗量与该建材碳排放因子的乘积和得到。建材的主要消耗量通过设计图纸及采购清单等技术资料确定。生产阶段建材碳排放因子涉及原材料、能源的开采、生产与运输及直接碳排放的综合平均值之和。具体公式计算参考《建筑碳排放计算标准》GB/T 51366—2019，是否满足要求参考《建筑节能与可再生能源利用通用规范》GB 55015—2021。

6.2.3 建材运输碳排放计算

建材运输碳排放应考虑能源消耗和使用运输工具等设施产生的碳排放，通常采用碳排放因子进行计算。

运输阶段碳排放量根据建筑物主要建材的消耗量与运输距离及运输距离的碳排放因子乘积和得到。运输距离碳排放因子包含建材从生产地到施工现场运输过程的直接碳排放和运输过程所消耗能源生产过程的碳排放。具体公式计算参考《建筑碳排放计算标准》GB/T 51366—2019，是否满足要求参考《建筑节能与可再生能源利用通用规范》GB 55015—2021。

6.3 设计阶段的碳排放计算与分析实践案例

6.3.1 项目简介与基础数据

项目建设地点位于严寒地区，总建筑面积地上 9653.1 m^2，建筑高度 20.78 m，建筑体积 40118.28 m^3，建筑外表面积 7664.44 m^2，采用钢筋混凝土框架结构，设计使用年限 70 年。

设计阶段的碳排放计算采用碳排放因子法，建筑全生命周期碳排放计算数据，包括生产及运输、建造、拆除阶段的占比系数，运行阶段的能量与材料消耗乘以对应的二氧化碳排放因子，计算出建筑物各阶段的碳排放量。

基础数据包含工程概算文件，建筑围护结构信息，气象数据，热水用户数量、设备信息，使用空间功能及面积统计数据，室内人员密度及在室时间信息及可再生能源利用信息。这些数据见表 6-1~ 表 6-11。

1）建筑设计
（1）建筑设计平面图
首层平面图如图 6-6 所示、标准层平面图如图 6-7 所示、顶层平面图如图 6-8 所示。

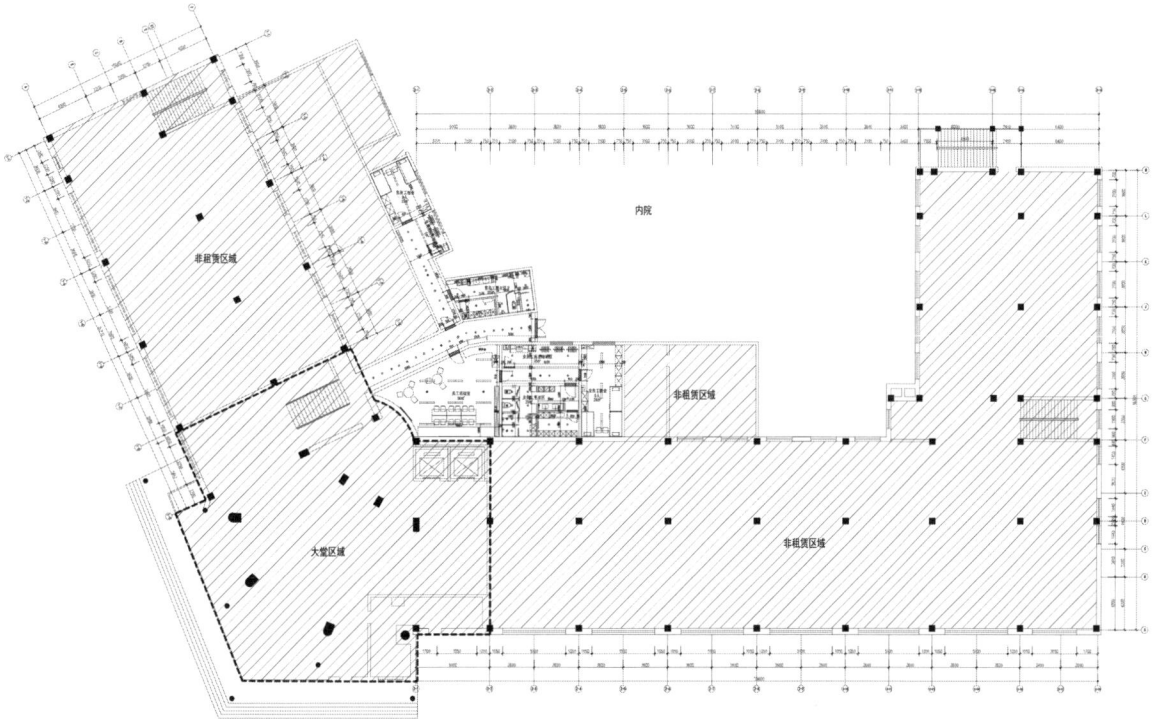

图 6-6　首层平面图

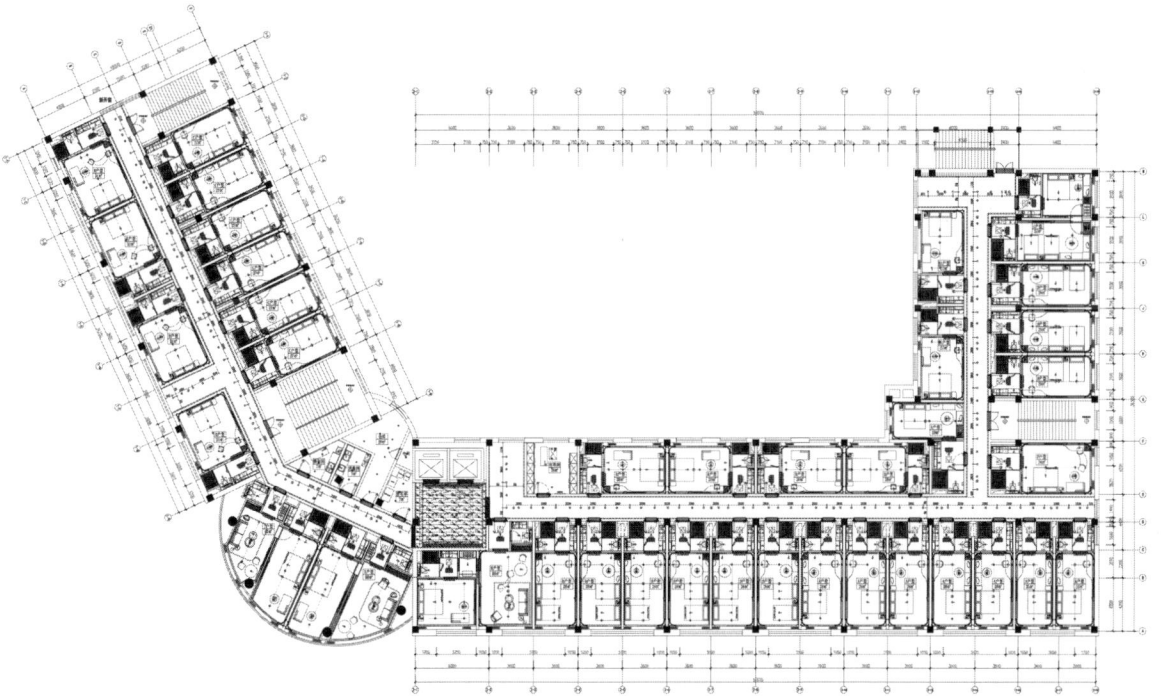

图 6-7　标准层平面图

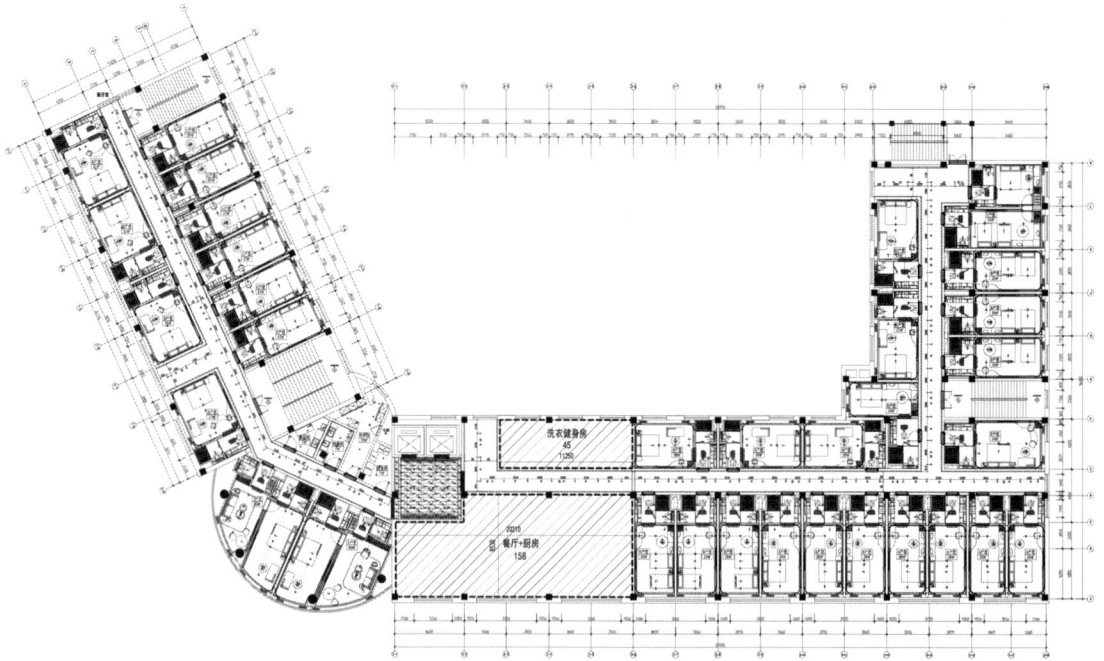

图 6-8 顶层平面图

（2）房间类型

房间表   表 6-1

房间类型	空调温度，℃	供暖温度，℃	新风量，$m^3/h \cdot$人	渗透风换气次数，次/h	人员密度，$m^2/$人	照明功率密度，W/m^2	电器设备功率，W/m^2
大厅	28	20	30	0	20	9	0
客房	26	20	30	0	14.29	7	13
厨房	26	20	30	0	10	6	0
餐厅	28	20	30	0	4	9	0
会议室	28	20	30	0	3.33	9	5
健身房	28	20	30	0	8	11	0

（3）人员作息时间

工作日/节假日人员逐时在室率（%）   表 6-2

房间类型	1	2	3	4	5	6	7	8	9	10	11	12	13	14	15	16	17	18	19	20	21	22	23	24
卫生间	0	0	0	0	0	0	0	20	50	80	80	80	80	80	80	80	80	80	80	70	50	0	0	0
	0	0	0	0	0	0	0	20	50	80	80	80	80	80	80	80	80	80	80	70	50	0	0	0
商场—一般商店	0	0	0	0	0	0	0	0	33	33	33	33	33	33	33	33	33	33	33	33	0	0	0	0
	0	0	0	0	0	0	0	0	33	33	33	33	33	33	33	33	33	33	33	33	0	0	0	0

房间类型	1	2	3	4	5	6	7	8	9	10	11	12	13	14	15	16	17	18	19	20	21	22	23	24
楼梯间	0	0	0	0	0	0	0	20	50	80	80	80	80	80	80	80	80	80	80	70	50	0	0	0
	0	0	0	0	0	0	0	20	50	80	80	80	80	80	80	80	80	80	80	70	50	0	0	0
空房间	0	0	0	0	0	0	0	20	50	80	80	80	80	80	80	80	80	80	80	70	50	0	0	0
	0	0	0	0	0	0	0	20	50	80	80	80	80	80	80	80	80	80	80	70	50	0	0	0
通用—库房管道井	0	0	0	0	0	0	0	0	0	0	0	0	0	0	0	0	0	0	0	0	0	0	0	0
	0	0	0	0	0	0	0	0	0	0	0	0	0	0	0	0	0	0	0	0	0	0	0	0
造型空间	0	0	0	0	0	0	0	0	0	0	0	0	0	0	0	0	0	0	0	0	0	0	0	0
	0	0	0	0	0	0	0	0	0	0	0	0	0	0	0	0	0	0	0	0	0	0	0	0

注：上行：工作日；下行：节假日。

工作日/节假日照明开关时间表（%） 表 6-3

房间类型	1	2	3	4	5	6	7	8	9	10	11	12	13	14	15	16	17	18	19	20	21	22	23	24
卫生间	10	10	10	10	10	10	10	50	60	60	60	60	60	60	60	60	60	80	90	100	100	100	10	10	10
	10	10	10	10	10	10	10	50	60	60	60	60	60	60	60	60	60	80	90	100	100	100	10	10	10
商场—一般商店	0	0	0	0	0	0	0	0	85	85	85	85	85	85	85	85	85	85	85	85	85	0	0	0
	0	0	0	0	0	0	0	0	85	85	85	85	85	85	85	85	85	85	85	85	85	0	0	0
楼梯间	10	10	10	10	10	10	10	50	60	60	60	60	60	60	60	60	60	80	90	100	100	100	10	10	10
	10	10	10	10	10	10	10	50	60	60	60	60	60	60	60	60	60	80	90	100	100	100	10	10	10
空房间	10	10	10	10	10	10	10	50	60	60	60	60	60	60	60	60	60	80	90	100	100	100	10	10	10
	10	10	10	10	10	10	10	50	60	60	60	60	60	60	60	60	60	80	90	100	100	100	10	10	10
通用—库房管道井	0	0	0	0	0	0	0	0	0	0	0	0	0	0	0	0	0	0	0	0	0	0	0	0
	0	0	0	0	0	0	0	0	0	0	0	0	0	0	0	0	0	0	0	0	0	0	0	0
造型空间	0	0	0	0	0	0	0	0	0	0	0	0	0	0	0	0	0	0	0	0	0	0	0	0
	0	0	0	0	0	0	0	0	0	0	0	0	0	0	0	0	0	0	0	0	0	0	0	0

注：上行：工作日；下行：节假日。

工作日/节假日设备逐时使用率（%） 表 6-4

房间类型	1	2	3	4	5	6	7	8	9	10	11	12	13	14	15	16	17	18	19	20	21	22	23	24
卫生间	0	0	0	0	0	0	0	30	50	80	80	80	80	80	80	80	80	80	80	70	50	0	0	0
	0	0	0	0	0	0	0	30	50	80	80	80	80	80	80	80	80	80	80	70	50	0	0	0
商场—一般商店	0	0	0	0	0	0	0	0	54	54	54	54	54	54	54	54	54	54	54	54	54	0	0	0
	0	0	0	0	0	0	0	0	54	54	54	54	54	54	54	54	54	54	54	54	54	0	0	0
楼梯间	0	0	0	0	0	0	0	30	50	80	80	80	80	80	80	80	80	80	80	70	50	0	0	0
	0	0	0	0	0	0	0	30	50	80	80	80	80	80	80	80	80	80	80	70	50	0	0	0

房间类型	1	2	3	4	5	6	7	8	9	10	11	12	13	14	15	16	17	18	19	20	21	22	23	24
空房间	0	0	0	0	0	0	0	30	50	80	80	80	80	80	80	80	80	80	80	70	50	0	0	0
	0	0	0	0	0	0	0	30	50	80	80	80	80	80	80	80	80	80	80	70	50	0	0	0
通用—库房管道井	0	0	0	0	0	0	0	0	0	0	0	0	0	0	0	0	0	0	0	0	0	0	0	0
	0	0	0	0	0	0	0	0	0	0	0	0	0	0	0	0	0	0	0	0	0	0	0	0
造型空间	0	0	0	0	0	0	0	0	0	0	0	0	0	0	0	0	0	0	0	0	0	0	0	0
	0	0	0	0	0	0	0	0	0	0	0	0	0	0	0	0	0	0	0	0	0	0	0	0

注：上行：工作日；下行：节假日。

工作日/节假日空调系统运行时间　　　　　　　　　　　　　　表 6-5

系统编号	1	2	3	4	5	6	7	8	9	10	11	12	13	14	15	16	17	18	19	20	21	22	23	24
默认	0	0	0	0	0	0	0	1	1	1	1	1	1	1	1	1	1	1	0	0	0	0	0	0
	0	0	0	0	0	0	0	1	1	1	1	1	1	1	1	1	1	1	0	0	0	0	0	0

注：上行：工作日；下行：节假日。1 表示开，0 表示关。

2）建筑围护结构
（1）工程材料

工程材料热物性参数　　　　　　　　　　　　　　表 6-6

材料名称	导热系数 λ, W/（m·K）	蓄热系数 S, W/（m²·K）	密度 ρ, kg/m³	比热容 C_p, J/（kg·K）	蒸汽渗透系数 u, g/（m·h·kPa）	备注
水泥砂浆	0.930	11.370	1800.0	1050.0	0.0210	来源：《民用建筑热工设计规范》GB 50176—2016
聚合物抗裂砂浆（网格布）	0.930	11.306	1800.0	1050.0	0.0210	
胶粉聚苯颗粒保温砂浆（$\rho \leqslant 400$）	0.090	0.950	400.0	344.7	0.0210	
喷涂硬质聚氨酯	0.022	0.340	35.0	1380.0	0.0234	注：密度：≥ 35 kg/m³
轻骨料混凝土（找坡层）	0.300	5.000	1050.0	1091.3	0.0140	来源：《国家建筑标准设计图集》23J909：工程做法
石灰砂浆	0.810	10.070	1600.0	1050.0	0.0443	来源：《民用建筑热工设计规范》GB 50176—2016
钢筋混凝土	1.740	17.200	2500.0	920.0	0.0158	来源：《民用建筑热工设计规范》GB 50176—2016
C20 细石混凝土	1.510	15.243	2300.0	920.0	0.0158	
挤塑聚苯板	0.030	0.365	30.0	2032.0	0.0140	
混凝土实心砖墙	1.210	13.040	2040.0	950.0	0.0000	修正系数 α=1.0
陶粒混凝土砌体	0.530	7.178	1200.0	1114.0	0.0000	蒸汽渗透系数没有给出

（2）屋顶构造设计

屋顶材料热物性参数 表6-7

材料名称 （由上到下）	厚度 δ, mm	导热系数 λ, W/（m·K）	蓄热系数 S, W/（m²·K）	修正系数 α	热阻 R, （m²·K）/W	热惰性指标, $D=R \times S$
聚苯颗粒保温砂浆	20	0.06	0.95	1.1	0.333	0.316
聚苯板	200	0.039	0.34	1.05	5.128	1.744
水泥砂浆	20	0.93	11.37	1	0.022	0.250
钢筋混凝土	300	1.74	17.2	1	0.172	2.958
石灰砂浆	20	0.81	10.07	1	0.025	0.252
各层之和 $\sum$	560	—	—	—	5.680	5.520
传热系数 $K=1/$（0.15+$\sum R$）	0.17					

（3）墙体构造设计

墙体材料热物性参数 表6-8

材料名称 （由外到内）	厚度 δ, mm	导热系数 λ, W/（m·K）	蓄热系数 S, W/（m²·K）	修正系数 α	热阻 R, （m²·K）/W	热惰性指标, $D=R \times S$
聚合物抗裂砂浆（网格布）	15	0.930	11.306	1.00	0.016	0.181
聚苯颗粒保温砂浆	20	0.060	0.950	1.10	0.333	0.316
聚苯板	150	0.039	0.340	1.05	3.846	1.308
水泥砂浆	20	0.930	11.370	1.00	0.022	0.250
陶粒混凝土砌体	200	0.530	7.178	1.15	0.377	2.706
石灰砂浆	20	0.810	10.070	1.00	0.025	0.252
各层之和 $\sum$	425	—	—	—	4.619	5.013
传热系数 $K=1/$（0.15+$\sum R$）	0.21					

（4）地面构造设计

地面材料热物性参数 表6-9

材料名称	厚度 δ, mm	导热系数 λ, W/（m·K）	蓄热系数 S, W/（m²·K）	修正系数 α	热阻 R, （m²·K）/W	热惰性指标, $D=R \times S$
混凝土实心砖墙	120	1.21	13.04	1	0.099	1.291
水泥砂浆	20	0.93	11.37	1	0.022	0.250
挤塑聚苯板	150	0.03	0.365	1.1	5.000	1.825
钢筋混凝土	100	1.74	17.2	1	0.057	0.980
各层之和 $\sum$	390	—	—	—	5.178	4.346
传热系数 $K=1/$（1/0.30+$\sum R$）	0.12					

（5）外窗构造设计

外窗热物性参数 表 6-10

序号	构造名称	构造编号	传热系数	自遮阳系数	可见光透射比	备注
1	外窗	18	1.1	0.23	0.800	《黑龙江省居住建筑节能设计标准》DB 23/1270—2019 附录 F 常用外窗热工性能

（6）外门构造设计

外门热物性参数 表 6-11

构造名称	面积，m^2	面积所占比例	传热系数 K，W/（m^2·K）
保温门（多功能门）	44.74	1.000	1.10
综合平均	44.74	1.000	1.10
标准依据	《近零能耗建筑技术标准》GB/T 51350—2019 第 6.1.6 条		
标准要求	K 值宜符合第 6.1.6 条的要求（K ≤ 1.20）		

6.3.2　设计阶段碳排放计算与分析

1）建材生产运输阶段碳排放计算

建材生产运输阶段碳排放计算依据设计概算文件中已计算出的建材类型及用量，将建材用量分别乘以对应的碳排放因子，即可得到建材生产阶段碳排放量。计算结果见表 6-12。碳排放因子根据《建筑碳排放计算标准》GB/T 51366—2019 附录 D 选取。初步设计阶段无运输资料，按比例系数法进行估算，一般按照建材生产阶段的 2%~5% 计入。本案例按照建材生产阶段碳排放 3% 进行估算，数值为 327.83 tCO$_2$e。

建材生产阶段碳排放计算 表 6-12

材料名称	规格型号	单位	数量	碳排放因子，kgCO$_2$e/ 单位数量	碳排放量，kgCO$_2$e
矩形梁	C30 混凝土	m^3	4327.82	295	1276706.90
现浇构件钢筋	HRB400 级钢筋，直径 8 mm	t	537.403	2340	1257523.02
现浇构件钢筋	HRB400 级钢筋，直径 25 mm	t	484.901	2340	1134668.34
有梁板	C30 混凝土	m^3	3448.72	295	1017372.40
玻璃幕墙	铝合金 玻璃	m^2	4593.3	194.0	891100.20
现浇构件钢筋	HRB400 级钢筋，直径 22 mm	t	366.091	2340	856652.94
钢梁	材质 Q355B	t	307.47	2340	719479.80
现浇构件钢筋	HRB400 级钢筋，直径 10 mm	t	305.765	2340	715490.10

材料名称	规格型号	单位	数量	碳排放因子， kgCO$_2$e/单位数量	碳排放量， kgCO$_2$e
直形墙	C45 混凝土	m^3	1665.51	363	604580.13
矩形柱	C45 混凝土	m^3	1393.64	363	505891.32
玻璃隔断	铝合金 玻璃	m^2	3687.00	121	446127.00
现浇构件钢筋	HRB400 级钢筋，直径 12 mm	t	168.566	2340	394444.44
现浇构件钢筋	HRB400 级钢筋，直径 14 mm	t	159.746	2340	373805.64
直形墙	C50 混凝土	m^3	960.27	385	369703.95
现浇构件钢筋	HRB400 级钢筋，直径 20 mm	t	155.627	2340	364167.18
合计					10927713.36

2）建造阶段碳排放计算

项目设计概算中尚未包含施工机械台班使用量，因此按比例系数进行估算，一般按照建材生产阶段的 2%~6% 计入。本案例按照建材生产阶段碳排放 6% 进行估算，数值为 655.66 tCO$_2$e。

3）运行阶段碳排放计算

建筑设计运行阶段碳排放计算包含暖通空调、生活热水、照明及电梯、可再生能源、碳汇系统在建筑运行期间的碳排放量。按照能耗折算为电力消耗计算主要用能系统碳排放。各系统碳排放均根据设计文件的电气、给水排水、暖通空调等各专业设计文件得出，建筑运行阶段碳排放计算结果如表 6-13~ 表 6-16 所示。

暖通空调系统碳排放构成　　　　　　　　　　　　　　　表 6-13

类别	能源资源消耗及排放特征				碳排放强度， kgCO$_2$e/（m^2·a）	年均碳排放量， tCO$_2$e/a
	类别	单位	数值	电力碳排放因子 （全球变暖潜能值）		
建筑供暖	电力	kW·h/ （m^2·a）	19.76	0.581 kgCO$_2$e/（m^2·a）	11.48	110.82
建筑制冷	电力	kW·h/ （m^2·a）	3.11	0.581 kgCO$_2$e/（m^2·a）	1.81	17.47
供暖水泵 电耗	电力	kW·h/ （m^2·a）	6.72	0.581 kgCO$_2$e/（m^2·a）	3.90	37.65
合计					17.19	165.94

按设计使用 50 年限计算，暖通空调系统碳排放总量为 8297 tCO$_2$e

生活热水系统碳排放构成 表 6-14

| 类别 | 用户信息 | | | | 热水热备 | | | 碳排放强度，kgCO₂e/（m²·a） | 年均碳排放量，tCO₂e/a |
	用水定额，L/（人·天）	热水温差，℃	供热人数	使用天数	效率	燃料消耗量，m³	kW·h/（m²·a）		
酒店	150	30	204	365	2.4	0	16.94	9.84	94.99
合计								9.84	94.99

按设计使用 50 年限计算，生活热水系统碳排放总量为 4749.5 tCO₂e

照明系统碳排放构成 表 6-15

| 室内空间信息 | | | | 碳排放强度，kgCO₂e/（m²·a） | 年均碳排放量，tCO₂e/a |
房间类别	面积，m²	月照明时数，h	功率密度值，W/m²		
大堂	300	300	9	0.59	5.70
会议室	678	270	6	0.79	7.63
餐厅	226	300	9	0.44	4.25
非租赁 1 区	663	330	8	1.26	12.16
非租赁 2 区	2042	330	8	3.89	37.55
客房	2496	180	7	2.27	21.91
健身房	45	210	11	0.08	0.77
餐厅厨房	158	300	9	0.31	2.99
合计				9.63	92.96

按设计使用 50 年限计算，照明系统碳排放总量为 4648 tCO₂e

电梯系统碳排放构成 表 6-16

名称	特定能量消耗，MW·h/（kg·m）	额定载重量，kg	速度，m/s	待机功率，W	运行时长，h/d	年运行天数，h	数量	碳排放强度，kgCO₂e/（m²·a）	年均碳排放量，tCO₂e/a
直梯	1.26	1350	1.75	200	1.5	365	2	0.62	5.98
合计								0.62	5.98

按设计使用 50 年限计算，照明系统碳排放总量为 299 tCO₂e

　　暖通空调系统碳排放计算以初步设计文件中计算的冷热负荷为依据，除以综合性能系数和建筑面积，即可得到耗电量。项目处于严寒地区，按《建筑节能与可再生能源利用通用规范》GB 55015—2021 附录 C 中规定，供冷系统综合性能系数为 3.6，供热系统综合性能系数为 2.6。将耗电量乘以电力碳排放因子（全球变暖潜能值）得到暖通空调系统碳排放量。

　　生活热水系统碳排放估算以初步设计文件中给水排水设备为依据，其中明确了用水定额、人员数量、冷热水温差，使用天数，以及热水设备功率及耗电量。根据《建筑碳排放计算标准》GB/T 51366—2019 的"4.3 生活热水系统"给出的公式确定碳排放量。

照明系统能耗按照电气系统文件中给出的数据依据《建筑碳排放计算标准》GB/T 51366—2019 的"4.4 照明及电梯系统"要求进行计算。将各个功能房间面积分别乘以对应的时数及功率密度值，求和得到耗电量，再乘以电力碳排放因子得到照明系统碳排放量。

4）拆除阶段碳排放计算

本项目未进行拆除工程设计，拆除阶段碳排放量按照建造阶段以及建材生产及运输阶段碳排放总和的 10% 计入。建材运输阶段的碳排放为 327.83 tCO_2e，建造阶段为 655.66 tCO_2e，建材生产阶段为 10927.71 tCO_2e，因此，拆除阶段碳排放为（327.83+655.66+10927.71）×10%=1191.12 tCO_2e。

6.3.3 实践结果分析

按照前述估算方法，对建筑碳排放进行估算，按设计使用年限 50 年计算，碳排放总量为 31095.82 tCO_2e。其中运行阶段碳排放总量为 17993.5 tCO_2e，占比 57.87%，其中照明系统、制冷、采暖是运行阶段的最主要碳排放源；建材生产阶段碳排放 10927.71 tCO_2e，占比 35.14%；建材运输、建造、拆除阶段占比分别为 1.05%、2.11%、3.83%。总体来看，建筑运行以及建材生产是影响建筑全生命周期碳排放的关键因素。

6.4 本章重点与难点

本章的研究内容主要是建筑设计阶段的碳排放计算应用，针对实际案例对碳排放计算基础数据汇总、碳排放计算过程分析、碳排放计算结果优化设计方案进行展开。通过现有实践案例进行碳排放估算，给出建筑设计阶段碳排放估算的范围界定，明确设计阶段碳排放计算方法，计算建筑物全生命周期碳排放计算量，为设计方案提供减碳方向的参考，助力建设项目方案优化，实现功能与节能的有效结合。总结重点和难点如下：

重点：建设前期碳排放估算模型计算流程；建材生产阶段碳排放计算方法使用；建材运输阶段碳排放计算方法使用。

难点：设计阶段碳排放估算结果优化，建设项目方案关键节点及流程制定。

思考题

1. 什么是建筑设计阶段的碳排放计算?

2. 简要概述建筑设计阶段的碳排放预测方法。

3. 建筑材料碳排放因子如何确定?

4. 写出建筑全生命周期碳排放评价指标。

5. 简述建筑物化阶段的碳足迹核算模型。

6. 建筑物化阶段的碳足迹因子如何确定?

7. 简写运营维护阶段的建筑碳排放量如何计算?

8. 简述基于 BIM 和工程量清单的建筑物建造过程碳排放量计算方法与流程。

第 7 章

建筑建造阶段的碳排放计算与分析

基于第 2、3、4 章所述建筑生命周期评价的基本理论及各类碳排放因子的核算方法，本章结合建筑全生命周期的特点，分析建筑建造阶段碳排放计算的功能单位与系统边界；进而，结合生命周期评价理论与现行国家标准，介绍建筑建造阶段碳排放计算的基本理论与实用方法，并通过建造阶段碳排放计算与分析的实践案例，帮助理解掌握碳排放计算与分析流程策略。本章主要内容及逻辑关系如图 7-1 所示。

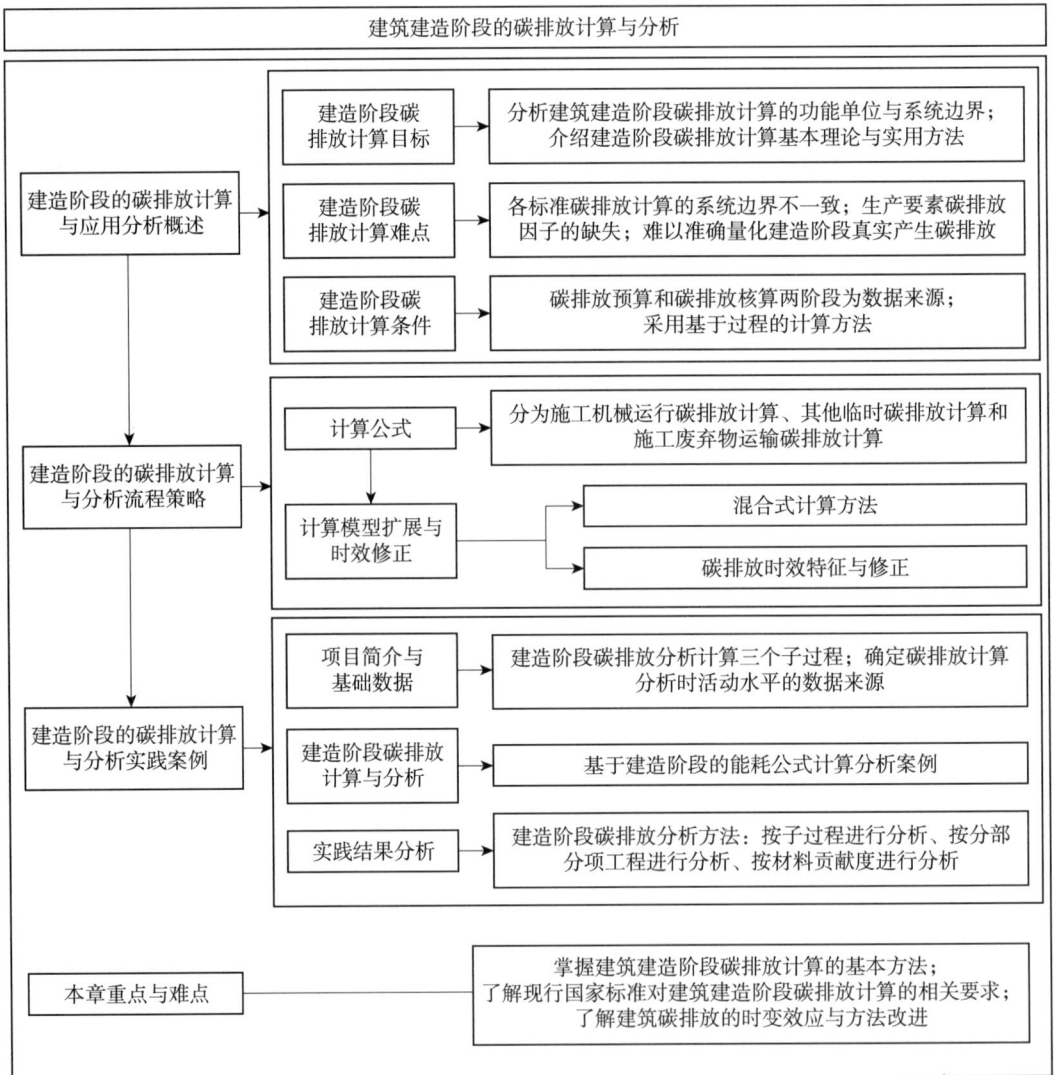

图 7-1　本章主要内容及逻辑关系

7.1

建造阶段的碳排放计算与应用分析概述

7.1.1 建造阶段碳排放计算目标

建筑建造阶段碳排放的量化计算分析对实现建筑业绿色、低碳、可持续发展具有重要意义。我国于 2019 年已颁布实施了《建筑碳排放计算标准》GB/T 51366—2019[16]，对碳排放计算的基本方法做了规定。在落实碳达峰、碳中和决策部署，提高能源资源利用效率，推动可再生能源利用，降低建筑碳排放，满足经济社会高质量发展需要的背景下，住房和城乡建设部组织编制了《建筑节能与可再生能源利用通用规范》GB 55015—2021，并于 2022年 4 月起实施。该规范为强制性工程建设规范，具有强制性约束力，全部条文必须严格执行，并广泛适用于新建、扩建和改建建筑，以及既有建筑节能改造工程的建筑节能与可再生能源建筑应用系统的设计、施工、验收及运行管理。在该规范中，已明确将建筑碳排放计算作为强制要求，并规定新建的居住和公共建筑碳排放强度应分别在 2016 年执行的节能设计标准的基础上平均降低 40%，碳排放强度平均降低 7 $kgCO_2/$（$m^2 \cdot a$）以上 [44]。

基于第 2、3、4 章所述建筑生命周期评价的基本理论及各类碳排放因子的核算方法，本节结合建筑生命周期的特点，分析建筑建造阶段碳排放计算的功能单位与系统边界；结合生命周期评价理论与现行国家标准，介绍建筑建造碳排放计算的基本理论与适用方法。

7.1.2 建造阶段碳排放计算难点

建造阶段主要包括材料生产、材料场外运输和现场施工三个子过程。从理论方法的角度来说，在计算过程中，首先要明确碳排放计算的系统边界，在以往的国内外标准中，系统边界的界定并不一致，各阶段涵盖的范围也不尽相同。因此，计算边界的差异性会影响计算结果的可比性。同时，在计算过程中，生产要素碳排放因子的缺失是理论计算的另一难点，碳排放因子是理论计算的基础数据，而国内尚未建立一套权威且相对完整的数据库，对建立的系统边界以及计算结果的准确性均会产生较大影响。

从实际应用的角度来说，在量化产生的碳排放时，活动数据的可获得性、真实性和准确性是实际应用过程中的一大难点，例如建造过程中每种材料的实际消耗量、每种机械消耗的台班数量等相关活动数据是否可获得并且可靠，然而在实际施工中，对此类数据往往缺乏记录和统计，仅通过一些工程量清单等相关文件来获取相关数据，无法对建造阶段真实产生的碳排放进行准确量化，会对最终计算结果的可靠性和真实性产生极大的影响。

7.1.3 建造阶段碳排放计算条件

建造阶段碳排放计算根据所用数据来源的不同可分为碳排放预算和碳排放核算。碳排放预算通常依据项目设计文件对建造过程碳排放量进行预测；碳排放核算主要依据采集、处理、统计得到的碳排放源活动水平，对建造过程碳排放量进行计算。具体来说，在预算过程中，主要结合工程量清单中的数据，对主体结构分部分项工程的碳排放进行计算；在核算过程中，应根据材料、外购电力的采购清单和能源消耗的现场记录、统计的数据，对建造阶段的碳排放进行核算。

采用基于过程的计算方法，建造阶段的碳排放量应为现场能源利用与施工废弃物运输的碳排放量之和。其中，现场能源利用又可进一步划分为施工机械的运行能耗，以及现场临时照明、办公、生活等的能耗。建造阶段的碳排放量可按式（7-1）计算

$$E^{\mathrm{con}}=E^{\mathrm{mac}}+E^{\mathrm{coe}}+E^{\mathrm{cwt}} \qquad (7\text{-}1)$$

式中 E^{mac}——机械运行耗能的碳排放量（tCO_2e）；

E^{coe}——其他临时用能的碳排放量（tCO_2e）；

E^{cwt}——施工废弃物运输的碳排放量（tCO_2e）。

需要注意的是，《建筑碳排放计算标准》GB/T 51366—2019 仅规定考虑机械设备、小型机具、临时设施等的碳排放，未指定包含废弃物运输、临时生活与办公的碳排放。

7.2.1 施工机械运行碳排放计算

施工机械运行的碳排放可根据机械耗能量与能源碳排放因子按式（7-2）计算[3]

$$E^{\mathrm{mac}}=\sum_{j} Q_{j}^{\mathrm{mac,\,e}} EF_{j}^{\mathrm{e}} \qquad (7\text{-}2)$$

式中 $Q_{j}^{\mathrm{mac,\,e}}$——施工机械运行对能源 j 的消耗总量。

1）需要注意的是，在碳排放核算阶段，应根据施工现场单据、仪表示数等完成机械耗油量、耗电量的统计；而碳排放预算阶段，施工机械运行的能源消耗总量宜根据施工机械台班定额与工程消耗量定额等，采用施工工序能耗估算法统计计算，即按式（7-3）估算

$$Q_{j}^{\mathrm{mac,\,e}}=Q_{j}^{\mathrm{sub,\,e}}+Q_{j}^{\mathrm{mea,\,e}} \qquad (7\text{-}3)$$

式中 $Q_{j}^{\mathrm{sub,\,e}}$——分部分项工程对能源 j 的消耗总量；

$Q_j^{\mathrm{mea},\ \mathrm{e}}$——措施项目对能源 j 的消耗总量。

分部分项工程的能源消耗总量应按下列公式计算[19]

$$Q_j^{\mathrm{sub},\ \mathrm{e}}=\sum_m Q_m^{\mathrm{sub}} f_{jm}^{\mathrm{sub}} \qquad (7-4)$$

$$f_{jm}^{\mathrm{sub}}=\sum_n q_{nm}^{\mathrm{mac}} q_{jn}^{\mathrm{mac},\ \mathrm{e}}+q_{jm}^{\mathrm{oth},\ \mathrm{e}} \qquad (7-5)$$

式中　Q_m^{sub}——分部分项工程中项目 m 的工程量；

f_{jm}^{sub}——项目 m 单位工程量对能源 j 的消耗量；

q_{nm}^{mac}——项目 m 单位工程量对施工机械 n 的消耗量（台班）；

$q_{jn}^{\mathrm{mac},\ \mathrm{e}}$——施工机械 n 单位台班对能源 j 的消耗量；

$q_{jm}^{\mathrm{oth},\ \mathrm{e}}$——项目 m 单位工程量中，小型施工机具不列入机械台班消耗量，但其消耗的能源列入材料部分的能源 j 的消耗量。

措施项目的能耗计算应符合以下规定。

脚手架、模板及支架、垂直运输、建筑物超高等可计算工程量的措施项目，其能耗应按式（7-6）、式（7-7）计算

$$Q_j^{\mathrm{mea},\ \mathrm{e}}=\sum_m Q_m^{\mathrm{mea}} f_{jm}^{\mathrm{mea}} \qquad (7-6)$$

$$f_{jm}^{\mathrm{mea}}=\sum_n q_{nm}^{\mathrm{mea}} q_{jn}^{\mathrm{mac},\ \mathrm{e}} \qquad (7-7)$$

式中　Q_m^{mea}——措施项目 m 的工程量；

f_{jm}^{mea}——措施项目 m 单位工程量对能源 j 的消耗量；

q_{nm}^{mea}——措施项目 m 单位工程量对施工机械 n 的消耗量（台班）。

2）施工降排水应包括成井和降排过程两个阶段，其能源消耗应根据项目降排水专项方案计算。

3）其他施工临时设施（如垂直运输）消耗的能源应根据施工企业编制的临时设施布置方案和工期计算确定。

7.2.2　其他临时碳排放计算

施工现场其他临时用能的碳排放量可按式（7-8）计算[19]

$$E^{\mathrm{coe}}=\sum_j Q_j^{\mathrm{coe},\ \mathrm{e}} EF_j^{\mathrm{e}} \qquad (7-8)$$

式中　$Q_j^{\mathrm{coe},\ \mathrm{e}}$——施工现场其他临时活动对能源 j 的消耗总量。

在碳排放核算阶段，临时用能量（主要是用电）应以电表示数、燃料采购单据等为依据，并可与机械运行用能合并统计。

在碳排放预算阶段，临时用能量可根据用能指标估计值、施工面积和工期按式（7-9）估算

$$Q_j^{\mathrm{coe,~e}}=f_j^{\mathrm{coe,~e}}\times A^{\mathrm{con}}T^{\mathrm{con}} \qquad (7-9)$$

式中　$f_j^{\mathrm{coe,~e}}$——单位时间单位施工面积的用能指标估计值；

　　　A^{con}——施工面积（m²）；

　　　T^{con}——预计工期（d）。

7.2.3　施工废弃物运输碳排放计算

施工废弃物运输的碳排放量可采用基于材料运输过程的计算方法。在碳排放核算阶段，废弃物运输能耗根据运输载具的燃料或动力购买单据统计；而在碳排放预算阶段，根据单位面积的预估施工废弃物量、施工面积和废弃物运输距离按式（7-10）估计废弃物的运输量[19]。一般来说，施工废弃物运输仅考虑通过公路运输至废弃物处理厂或填埋场的过程。

$$Q^{\mathrm{cwt}}=q^{\mathrm{cwt}}A^{\mathrm{con}}D^{\mathrm{cwt}} \qquad (7-10)$$

式中　Q^{cwt}——施工废弃物的运输量（t·km）；

　　　q^{cwt}——单位施工面积的预估废弃物量（t/m²）；

　　　D^{cwt}——施工废弃物的公路运输距离（km）。

7.2.4　计算模型扩展与时效修正

1）混合式计算方法

采用上述方法可实现建筑建造阶段的碳排放计算，但是在实际操作过程中，受限于建筑生命周期理论的特点，此类研究评价方法用于建筑碳排放计算时仍有一定不足：其中影响较大的一点是，至成书时，国内尚未全面开展各类工业产品的碳排放因子核算工作，部分常用材料（如有机溶剂、胶粘剂等）、大多数建筑设备，以及相关产业服务（如机械维修）的碳排放因子均难以获得。若在建筑碳排放核算中忽略这些内容，将影响系统边界的完备性，引起较大的计算误差。为此，需要在基于过程的计算方法基础上，利用投入产出法，根据产品（服务）的货币价值与隐含碳排放量之间的关系完成估算[45, 46]。

可利用投入产出法进行补充分析的主要内容如下[47]：

（1）目前尚缺少碳排放因子的材料、设备等，可根据出厂价格与相应生产部门的隐含碳排放强度按式（7-11）估算。碳排放预算阶段，材料、设备出厂价格可参考工程概预算文件或问询生产厂家；碳排放核算阶段，应采用材料、设备实际价格。

$$E_i^{\mathrm{mat,~s}}=10^{-3}Q_i^{\mathrm{mat}}p_i^{\mathrm{mat}}EF_l^{\mathrm{mat}} \qquad (7-11)$$

式中　$E_i^{\mathrm{mat,~s}}$——采用投入产出法估计的材料 i 的生产碳排放量（tCO₂e）；

　　　Q_i^{mat}——材料 i 的消耗量；

p_i^{mat}——材料 i 的出厂价格（元 / 计量单位）；

EF_l^{mat}——材料 i 所属生产部门 l 的隐含碳排放强度（kgCO$_2$e/ 元）。

（2）货运量不便估计的材料运输过程等，可根据运费与运输部门的隐含碳排放强度按式（7-12）估算。碳排放预算阶段，运费可考虑材料属性、运输距离等按材料费的一定比例估算或咨询物流配送单位；碳排放核算阶段，应采用实际发生的运费。

$$E_i^{\mathrm{tm,\ s}}=10^{-3}p_i^{\mathrm{tra}}EF_l^{\mathrm{tra}} \quad\quad (7-12)$$

式中 $E_i^{\mathrm{tm,\ s}}$——采用投入产出法估计的材料 i 的运输碳排放量（tCO$_2$e）；

p_i^{tra}——材料 i 的运费（元）；

EF_l^{tra}——运输部门 l 的隐含碳排放强度（kgCO$_2$e/ 元）。

（3）机械维修服务与折旧等，可根据机械折旧费与维修费与相应机械生产、修理部门的隐含碳排放强度，按式（7-13）计算[47]。碳排放预算阶段，折旧费与维修费可根据施工机械台班定额与台班消耗量估算；碳排放核算阶段，折旧费采用财务记账金额，维修费采用实际维修支出。

$$E_n^{\mathrm{mac,\ s}}=10^{-3}Q_n^{\mathrm{mac}}\left(p_n^{\mathrm{mac}}EF_l^{\mathrm{mac}}+p_n^{\mathrm{rep}}EF_l^{\mathrm{rep}}\right) \quad\quad (7-13)$$

式中 $E_n^{\mathrm{mac,\ s}}$——采用投入产出法估计的机械 n 维修与折旧的碳排放量（tCO$_2$e）；

Q_n^{mac}——机械 n 的台班消耗量（台班）；

p_n^{mac}——机械 n 的台班折旧费（元 / 台班）；

p_n^{rep}——机械 n 的台班维修、修理费（元 / 台班）；

EF_l^{mac}——机械 n 所属生产部门 l 的隐含碳排放强度（kgCO$_2$e/ 元）；

EF_l^{rep}——机械 n 维修所属服务部门 l 的隐含碳排放强度（kgCO$_2$e/ 元）。

（4）能源上游、人员投入、废弃物处置等上下游产业环节，可根据经济投入和相应部门隐含碳排放强度相乘计算。

【例 7-1】该分项工程的工程量为 24.5 t，各施工机械的台班折旧费与维修、修理费见表 7-1，机械生产及维修部门的隐含碳排放强度分别取 0.226 kgCO$_2$e/ 元和 0.264 kgCO$_2$e/ 元。计算钢筋加工分项工程中，机械维修与折旧的碳排放量估计值。

解：根据式（7-13），计算机械维修与折旧的碳排放量见表 7-2。

施工机械台班折旧费与维修、修理费，单位：元 / 台班　　　　表 7-1

机械名称	钢筋调直机	钢筋切断机	钢筋弯曲机	直流弧焊机	对焊机	电焊条烘干箱
机械型号	14 mm	40 mm	40 mm	32 kV·A	75 kV·A	45 cm×35 cm×45 cm
折旧费	21.56	10.71	7.41	10.41	10.18	8.19
大修理费	2.11	1.47	1.06	1.97	2.16	1.87
经常修理费	5.62	6.53	5.43	7.30	6.76	3.24

机械名称	钢筋调直机	钢筋切断机	钢筋弯曲机	直流弧焊机	对焊机	电焊条烘干箱
台班消耗量，台班	0.095×24.5 ≈ 2.328	0.105×24.5 ≈ 2.573	0.242×24.5 $= 5.929$	0.473×24.5 ≈ 11.589	0.095×24.5 ≈ 2.328	0.047×24.5 ≈ 1.152
台班折旧费，元	23.67	12.18	8.47	12.38	12.34	10.06
台班修理费，元	7.73	8.00	6.49	9.27	8.92	5.11
机械折旧的碳排放量，$kgCO_2e$	$2.328 \times 23.67 \times$ $0.226 \approx 12.5$	$2.573 \times 12.18 \times$ $0.226 \approx 7.1$	$5.929 \times 8.47 \times$ $0.226 \approx 11.3$	$11.589 \times 12.38 \times$ $0.226 \approx 32.4$	$2.328 \times 12.34 \times$ $0.226 \approx 6.5$	$1.152 \times 10.06 \times$ $0.226 \approx 2.6$
机械维修的碳排放量，$kgCO_2e$	$2.328 \times 7.73 \times$ $0.264 \approx 4.8$	$2.573 \times 8.00 \times$ $0.264 \approx 5.4$	$5.929 \times 6.49 \times$ $0.264 \approx 10.2$	$11.589 \times 9.27 \times$ $0.264 \approx 28.4$	$2.328 \times 8.92 \times$ $0.264 \approx 5.5$	$1.152 \times 5.11 \times$ $0.264 \approx 1.6$
碳排放总量，$kgCO_2e$	12.5+4.8=17.3	7.1+5.4=12.5	11.3+10.2=21.5	32.4+28.4=60.8	6.5+5.5=12.0	2.6+1.6=4.2

注：单位分项工程的施工机械台班消耗量见表 7-3。

故机械折旧和维修的碳排放总量为

$$E^{mac, s} = (17.3+12.5+21.5+60.8+12.0+4.2) \, kgCO_2e = 128.3 \, kgCO_2e$$

2）碳排放时效特征与修正

时效特征对建筑生命周期碳排放的计算与减排策略分析具有重要影响。碳排放的时效特征可以从以下三个方面理解[48]：

（1）短期作用。生产与建造阶段的碳排放存在短期集中释放效应，需避免大气中的温室气体含量突破一定阈值，造成不可逆的气候变化，使得后续减排措施、技术的应用无效化。

（2）长期作用。碳排放产生的温室效应存在时间上的累计作用效果，建筑生命周期前期产生的碳排放，其累计温室效应更为显著。

（3）能效作用。建筑运行阶段碳排放受未来能源生产、使用效率提升的影响显著，随着清洁能源（如绿色电力）的推广应用，按当前生产技术条件下的碳排放因子估算的运行阶段碳排放，可能高于未来的实际碳排放水平。

对于短期作用，需结合全社会及建筑行业发展现状、趋势，合理确定建筑业碳排放峰值及达峰时间。

对于长期作用，目前国内外学者正在研究并采用动态生命周期评价（Dynamic Life Cycle Assessment，DLCA）理论。英国标准协会发布的《商品和服务在生命周期内的温室气体排放评价规范》PAS 2050：2008，提供了按作用时间加权平均对碳排放进行折减的方法，相应的权重因子可按式（7-14）、式（7-15）计算[19]。

$$FW = \sum_{y=1}^{100} \rho_y \frac{100 - t_y}{100} \tag{7-14}$$

$$FW^* = \frac{100 - 0.76 t_y}{100} \tag{7-15}$$

式中 FW、FW^*——权重因子，一次性延迟排放的 $\rho_y \leq 25$ 年时，按 FW^* 计算；

ρ_y——第 y 年碳排放量在延迟碳排放总量中所占的比例；

t_y——碳排放量发生年份与建筑建成年份的时间间隔（年）。

需要说明的是，PAS 2050 提供的方法是对 IPCC 相关方法的简化，适合于所有种类的温室气体，但非 CO_2 温室气体比例较高时，近似计算结果的精度较差。当考虑上述加权平均计算方法时，日常使用过程应按延迟的多次碳排放考虑，而维修、维护过程与处置阶段应按延迟的一次性碳排放考虑，相应的碳排放量化结果应按下式折减

$$\widetilde{E} = E_0 FW \text{（或 } \widetilde{E} = E_0 FW^* \text{）} \tag{7-16}$$

式中 E_0——未考虑累计作用效应影响的碳排放量（tCO_2e）；

$\widetilde{E}$——考虑累计作用效应影响的碳排放量修正值（tCO_2e）。

对于能效作用，应结合我国碳达峰、碳中和的技术路径，可再生能源的发展与利用现状等，考虑对未来能源（特别是电力）碳排放因子的合理取值或折减。

7.3 建造阶段的碳排放计算与分析实践案例

7.3.1 项目简介与基础数据

建造阶段的碳排放分析计算，需要考虑材料生产、材料场外运输和现场施工三个子过程。具体来讲，材料生产碳排放通常需要考虑施工现场直接使用或经加工使用的各类建筑材料、部件、构件和施工辅材。材料场外运输碳排放通常需要考虑材料由生产工厂至施工现场的运输；对于可周转使用的材料，应包含材料存放点至施工现场的双向运输。现场施工碳排放通常需要考虑施工机械设备、小型机具与临时设施使用，以及建造人员生活与办公设施等因素。

对于活动水平的数据来源，在碳排放预算过程中，单位工程量的材料、机械和其他能耗，应根据设计图纸、建筑信息模型、工程量清单等资料确定，并应考虑材料运输和施工过程的损耗；材料运输的相关数据应采用生产工厂至施工现场的单向运输实际距离。在碳排放核算过程中，材料消耗量应根据材料采购清单记录、材料进场称重记录、工程内业资料等相关技术文件

确定；材料运输能耗应根据运输载具的仪表示数、能源采购单据等确定；建造过程的燃料消耗应根据燃料采购单据确定；外购电力消耗应采用电能表计量。

7.3.2 建造阶段碳排放计算与分析

为说明建造阶段碳排放的计算与分析方法，下面以某钢筋加工分项工程和现场临时用能为例，分别计算分析建造阶段两个分项内容的碳排放。

【例 7-2】该分项工程的工程量为 24.5 t，单位分项工程的施工机械台班消耗量及台班耗电量见表 7-3，计算该分部分项工程的施工机械运行碳排放量 [提示：用电碳排放因子取 0.68 $kgCO_2e/(kWh)$]。

单位分项工程的施工机械台班消耗量及台班耗电量 表 7-3

机械	名称	钢筋调直机	钢筋切断机	钢筋弯曲机	直流弧焊机	对焊机	电焊条烘干箱
	型号	14 mm	40 mm	40 mm	32 kV·A	75 kV·A	45 cm×35 cm×45 cm
消耗量，台班/t		0.095	0.105	0.242	0.473	0.095	0.047
耗电量，kWh/t		11.9	32.1	12.8	93.6	122.0	6.7

解：由式（7-5），单位钢筋加工分项工程的耗电量为

$$f_{\text{钢筋加工}}^{\text{sub}} = (0.095 \times 11.9 + 0.105 \times 32.1 + 0.242 \times 12.8 + 0.473 \times 93.6 + 0.095$$
$$\times 122.0 + 0.047 \times 6.7) \text{ kWh/t} \approx 63.78 \text{ kWh/t}$$

由式（7-4），钢筋加工分项工程的总耗电量为

$$Q_{\text{钢筋加工}}^{\text{sub, e}} = (24.5 \times 63.78) \text{ kWh} \approx 1562.6 \text{ kWh}$$

代入式（7-2），钢筋加工分项工程的碳排放总量为

$$E^{\text{mac}} = (10^{-3} \times 1562.6 \times 0.68) \text{ tCO}_2\text{e} \approx 1.063 \text{ tCO}_2\text{e}$$

【例 7-3】某建筑工程施工方案预计工期为 185 d，施工面积为 3624 m^2，预估照明用电量为 0.05 $kWh/(m^2 \cdot d)$，现场办公、生活区的面积为 360 m^2，单位面积日均用电量为 0.2 $kWh/(m^2 \cdot d)$，估计现场临时用能的碳排放量。

[提示：用电碳排放因子取 0.68 $kgCO_2/(kWh)$]。

解：根据已知条件，单位施工面积的现场办公、生活用电量指标为

$$f_{\text{办公，生活}}^{\text{coe, e}} = (0.2 \times 360/3624) \text{ kWh/}(m^2 \cdot d) = 0.02 \text{ kWh/}(m^2 \cdot d)$$

由式（7-9），临时照明与现场办公、生活用电量分别为

$$Q_{\text{临时照明}}^{\text{coe, e}} = (0.05 \times 3624 \times 185) \text{ kWh} = 33522 \text{ kWh}$$

$$Q_{\text{办公，生活}}^{\text{coe, e}} = (0.02 \times 3624 \times 185) \text{ kWh} = 13409 \text{ kWh}$$

根据式（7-8），施工现场其他临时用能的碳排放量为

$$E^{coe}=\left[10^{-3}\times\left(33522+13409\right)\times0.68\right]tCO_2e=31.91\ tCO_2e$$

7.3.3　实践结果分析

一般来说，在碳排放计算过程中，通常采用单位建筑面积碳排放作为功能单位对碳排放进行计量，建造阶段碳排放的分析方法主要有以下几种：

（1）**按子过程进行分析**：建造阶段碳排放通常会根据其所包含的具体过程进行计算和分析，主要对材料生产过程，材料场外运输过程和现场施工过程等三个子阶段的碳排放进行计算和对比分析，通过对比各过程碳排放的占比可以得到每个过程对建造阶段总体碳排放的贡献，明确减排的重点阶段。

（2）**按分部分项工程进行分析**：分部分项工程不仅是工程量预算的基本单元，同样也是碳排放预算的重要依据和计算框架，通过综合应用工程量清单中的数据以及分部分项工程的计算框架，对主体结构在建造阶段的碳排放进行计算和对比分析，可明确主体结构中哪类分部分项工程对总体的碳排放贡献最大，为后续计算边界的简化提供数据支撑，同时也可为结构优化设计方面提供参考。

（3）**按材料贡献进行分析**：建筑材料是建造过程中用量最大、种类最多的生产要素，由于众多的材料种类和规格型号在计算中无法全部包含和体现，因此从材料的角度，对其碳排放贡献进行分析，筛选主要的建筑材料作为计算的重点，对于贡献或影响不大的材料可以选择忽略不计，对最终的计算结果也不会产生显著影响，有助于简化计算边界，提高计算效率。

7.4 本章重点与难点

1. 掌握建筑建造阶段碳排放计算的基本方法。

2. 了解现行国家标准对建筑建造阶段碳排放计算的相关要求。

3. 了解建筑碳排放的时变效应与方法改进。

思考题

1. 建筑建造阶段碳排放预算和碳排放核算的原理和方法有什么区别？

2.《建筑碳排放计算标准》GB/T 51366—2019 对实现建筑节能减排有重要指导作用。请结合本章内容，思考建筑建造阶段碳排放计算和评价的标准体系有哪些可完善、改进之处。

3. 建筑建造阶段的碳排放计算为什么要考虑时效进行修正？有哪些考虑时效的修正方法？都是如何实现的？

4. 某工程采用单排（15 m 以内）脚手架，工程量为 3500 m²。部分脚手架分项工程的消耗量定额及相关材料、机械的碳排放因子见表 7-4。木材密度按 500 kg/m³ 计算，公路运输综合碳排放指标为 0.179 kgCO₂e/（t·km），材料运输距离取 500 km。

采用基于过程的方法计算脚手架工程的材料生产、运输及机械运行碳排放量。

脚手架分项工程消耗量定额及材料（机械）碳排放因子 表 7-4

工作内容：1. 场内、场外材料搬运。
2. 搭、拆脚手架、上下翻板子。
3. 拆除脚手架后材料的堆放。单位：100 m²

定额编号			17—48	17—49	17—50	17—51
项目			脚手架			
			15 m 以内		20 m 以内	30 m 以内
			单排	双排		
名称	计量单位	碳排放因子，kgCO₂e/ 计量单位	消耗量			
材料	脚手架钢管	kg	2.310	40.315	56.014	62.279	72.012
	扣件	kg	2.310	24.5295	34.9965	38.2875	45.729
	脚手架钢管底座	kg	2.310	0.4473	0.4557	0.4767	0.4809
	支撑方木、脚手板、防滑木条与挡脚板	m³	178	0.109	0.118	0.128	0.157
	镀锌钢丝 $\phi 4.0$	kg	2.350	8.616	9.238	9.022	10.200
	圆钉	kg	1.920	1.084	1.237	1.316	1.384
	红丹防锈漆	kg	3.500	3.987	5.354	6.340	7.334
	油漆溶剂油	kg	2.216	0.337	0.488	0.512	0.640
机械	载重汽车 6 t	台班	103.24	0.140	0.180	0.190	0.190

第 8 章

建筑运行阶段的碳排放计算与分析

本章主要内容及逻辑关系如图 8-1 所示。本章主要内容为建筑运行阶段的碳排放计算，分为三个部分进行说明，第一部分为运行阶段的碳排放计算与分析应用概述，讲述了建筑运行阶段碳排放的计算目标、计算难点和所需要的计算条件，第二部分为运行阶段的碳排放计算与分析流程策略，讲述了建筑运行阶段碳排放的一般规定、给出了建筑运行阶段的碳排放计算边界和计算边界内的不同项目碳排放的计算方法，第三部分为运行阶段的碳排放计算与分析实践案例，根据本书前文所述的计算方法，结合实际的应用案例，进一步说明建筑运行阶段碳排放计算与分析方法。

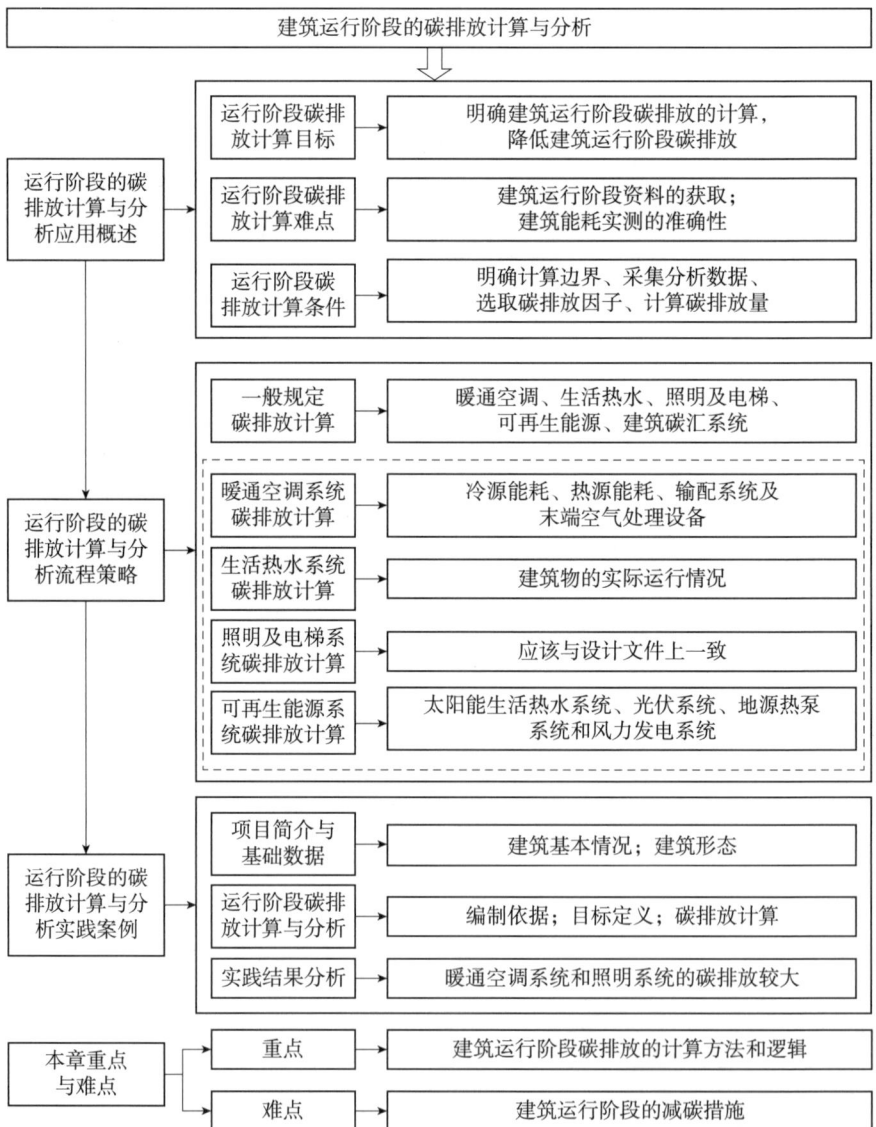

图 8-1　本章主要内容及逻辑关系

8.1.1 运行阶段碳排放计算目标

随着我国"双碳"政策的提出,2030年实现碳达峰,2060年实现碳中和的目标,建筑业作为四大碳排放领域之一,建筑领域用能总量持续快速增长,占终端能量总量比重持续上升。

2020年全国建筑全过程碳排放总量为50.8亿 tCO_2,占全国碳排放的比重为50.9%。其中建筑运行阶段碳排放为21.6亿 tCO_2,占全国碳排放总量的比重为21.7%,占建筑行业总碳排放量的42.5%。由此可见,运行阶段的碳排放对中国"双碳"战略目标的实现至关重要。

在建筑全生命周期的碳排放中,建筑运行阶段占比较大,如何实现建筑的节能减碳,运行阶段发挥着重要的作用,而建筑运行阶段的碳排放分析需要准确的碳排放计算结果,经过分析之后,才能实现有效地、有针对性地进行节能减碳。

运行阶段碳排放的计算目标是明确建筑运行阶段碳排放的计算,降低建筑运行阶段碳排放量。本书中所涉及的运行阶段碳排放计算目标及边界主要依据国家《建筑碳排放计算标准》GB/T 51366—2019和《建筑节能与可再生能源利用通用规范》GB 55015—2021规定的计算目标和边界。在该标准中,规定建筑运行阶段碳排放计算目标和边界为:建筑运行阶段碳排放计算范围应包括暖通空调、生活热水、照明及电梯、可再生能源系统在建筑运行期间的碳排放量,暂不考虑建筑内炊事和插座的碳排放量。建筑运行阶段碳排放计算目标和边界示意如图8-2所示。

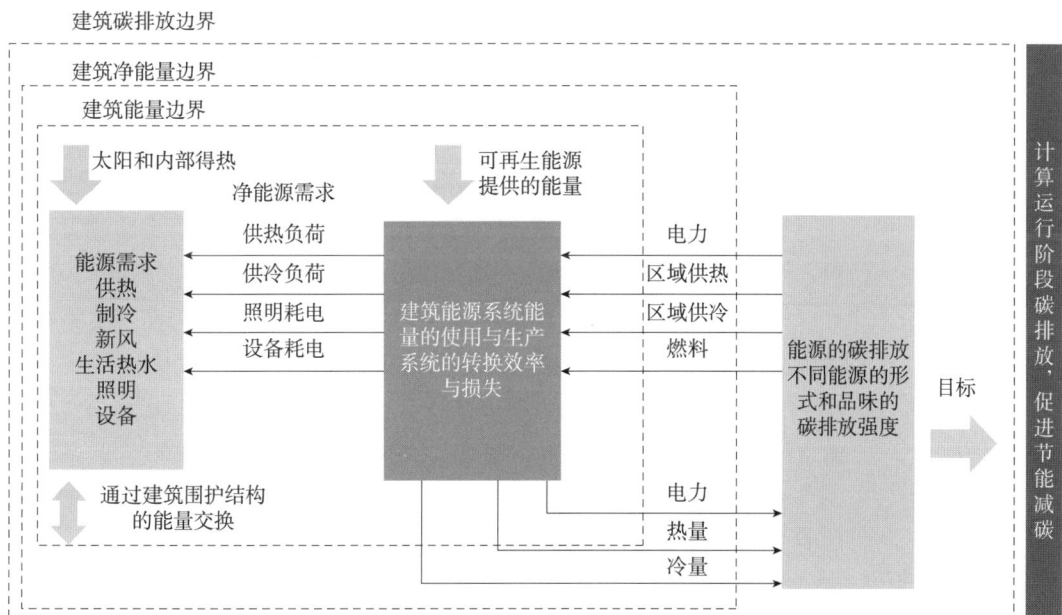

图 8-2 建筑运行阶段碳排放计算目标和边界示意图

把握好建筑运行碳排放的计算方法，有利于精准地分析碳源，对建筑的碳排放进行分析与评价，实现对建筑运行阶段碳排放的宏观与微观控制，以及低碳建筑运行的设计和优化，从而对我国低碳建筑运行体系和低碳建筑经济发展具有重要的价值。

8.1.2 运行阶段碳排放计算难点

通过上一小节的表述可知，建筑运行阶段的碳排放目标是为了有效地、有针对性地减少建筑运行阶段的碳排放。要实现对建筑运行阶段的碳排放分析，离不开准确的计算结果，而在实际计算过程中，由于建筑的资料和人员的活动情况很难确定，给建筑运行阶段的碳排放带来了计算结果的不确定性，对于运行阶段碳排放的计算难点，在本小节说明。

完整的建筑物化阶段碳排放核算，必须由一砖一瓦的制造、组装、建筑的建造过程以及针对每一耗能项目巨细无遗地统计其碳排放，并逐一累计计算而来。然而任何一座建筑物都可能包括 60 多类基本材料和大约 2000 件单独的产品，每种产品都有其特定的寿命和独一无二的生产、维修和处置方法。分析这些数据将付出相当大的人力、物力与时间，反而失去快速评价建筑对环境影响的本意。因此必须界定建筑全生命周期碳排放评价的系统边界，以此达到快速评价的目的[49]。

对于建筑运行阶段碳排放计算，在计算之前要确定计算的目标，然后确定建筑运行阶段的碳排放计算边界，计算边界可以根据计算目标来确定，不同的碳排放的计算目标不同，碳排放的范围也是不同的，根据实际情况来划定边界。

建筑运行阶段碳排放边界的确定一般都是按照直接、间接和其他温室气体排放三种排放方式分类，确定建筑在运行阶段会带来温室气体排放的活动。与建筑运行相关的温室气体的排放可分为以下三种不同的类型[50]：

直接温室气体排放是在建筑运行阶段计算边界内直接为建筑服务的供热、供燃气、空调及通风设备等化石能源燃烧所产生的 CO_2 气体排放。

间接温室气体排放是建筑在运行阶段所消耗电力、热力而产生的 CO_2 气体排放，其中热力部分包括热电联产及区域锅炉送入建筑的热量。

其他间接温室气体排放是因建筑活动引起的，由其他组织拥有或控制的温室气体源所产生的温室气体排放，如制冷剂的逸散等。

建筑使用的能源，主要用于供暖、空调、通风、热水供应、照明、电梯等方面[51]。建筑运行阶段的碳排放主要来自建筑设备直接燃烧产生的直接碳排放和由于消耗电力、热力所产生的间接碳排放，在实际的建筑运行阶段碳排放计算中，需要把前两种类型的计算范围考虑到，对于第三种类型的计算，需要根据建筑运行的实际情况和自身计算的目标来确定，比如严寒地区的建筑有些不涉及空调制冷，就可以不考虑制冷的逸散所带来的温室气体排放，因此一般不把此范围强制包含在建筑运行阶段碳排放计算中。

对于建筑运行阶段的碳排放计算来说，困难在于建筑资料的获取，建筑资料较全的建筑计算起来比较容易也比较准确，所以要注重收集建筑的运行资料和建筑的基本信息，方便进行计算[12]。

建筑运行阶段的碳排放与建筑的运行能耗有很大的关系，要计算建筑运行阶段的碳排放，需要知道建筑的运行能耗，建筑运行能耗计算需要获取的基本资料如图 8-3 所示。在实际情况中，建筑的运行能耗是基于建筑的热工参数的，另外还要考虑建筑的冷热源以及采暖制冷的方式、采暖制冷设备的规格参数以及相应的能耗比、集中供热的管网效率以及锅炉的效率等，在计算过程中，这些资料的获取是必不可少的，但是现在有些建筑的资料保存并不完整，导致资料收集困难，此外建筑的运行情况是根据气候变化、人员行为等众多因素共同决定的结果，因此，很难对建筑进行准确的能耗实测。

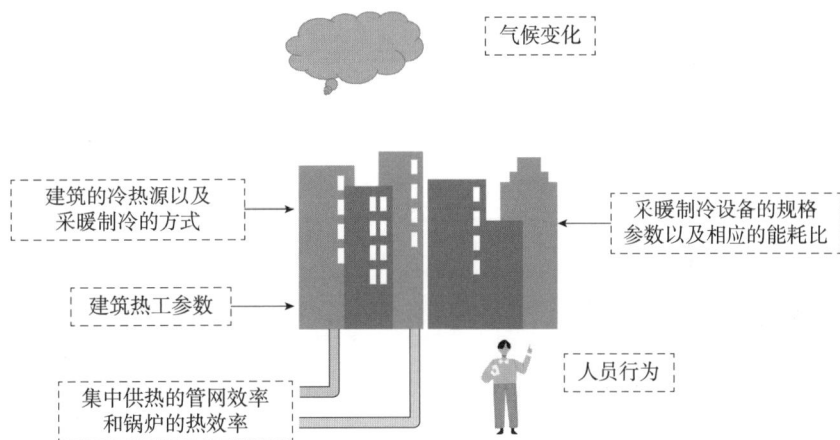

图 8-3 建筑运行能耗计算需要获取的基本资料图

建筑运行阶段准确的碳排放在于建筑运行资料的获取，而在实际的计算中，人员行为、气候变化是很难确定的，为了解决这一问题，目前有很多学者给出了建议，计算建筑运行阶段的碳排放的条件以及具体需要建筑的资料内容在本书下一小节说明。

8.1.3 运行阶段碳排放计算条件

目前有许多建筑运行阶段碳排放计算方法，不同方法的计算条件是不同的，本书主要以 2019 年 4 月 9 日住房和城乡建设部公告发布国家标准《建筑碳排放计算标准》GB/T 51366—2019 为主来讨论建筑运行阶段的碳排放计算条件。

该标准于 2019 年 12 月 1 日起实施。通过本标准相关计算方法和计算因子规范建筑碳排放计算，为未来建筑参与碳排放交易、碳税、碳配额、碳足迹，开展国际比对等工作提供技术支撑。该标准规定了建筑运行阶段的计算边界，应包括暖通空调、生活热水、照明及电梯、可再生能源、建筑碳汇系统在建筑运行期间的碳排放量。

对于建筑运行阶段的碳排放计算条件，包括：

1）明确建筑运行阶段的碳排放计算边界

采用基于过程的计算方法，建筑运行阶段碳排放量应为暖通空调系统（HVAC）、生活热水系统和照明及电梯系统、业主的其他用能活动，以及维修维护、加固改造的碳排放量之和，并扣除可再生能源系统的能源替代减碳量与建筑碳汇系统的固碳量。建筑运行阶段的碳排放计算边界如图 8-4 所示，目前《建筑碳排放计算标准》GB/T 51366—2019 还没有把业主的其他用能活动，以及维修维护、加固改造的碳排放量算在边界范围内，通常地，建筑运行必备的采暖、制冷、通风、照明及电梯等应该在碳排放计算时充分考虑，而业主的其他用能活动，以及维修维护、加固改造的碳排放量，有时可以忽略，比如在建筑碳排放预算阶段或者开展建筑设计与技术方案对比时。

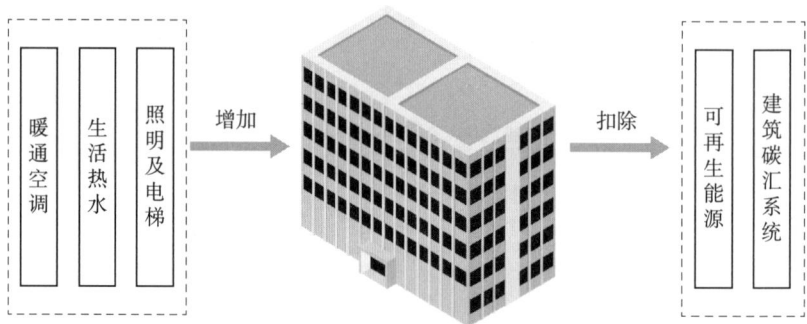

图 8-4　建筑运行阶段的碳排放计算边界图

2）对建筑运行阶段的相关活动数据进行采集分析

可以根据建筑运行阶段碳排放来源来收集，按照建筑运行阶段的流程，可以把需要的清单数据分为能量来源和碳汇来源，其中能量来源为运行能耗；碳汇来源为建筑的碳汇系统。根据数据收集的主要目标，建筑运行阶段碳排放的清单数据需求表如表 8-1 所示。

（1）能源清单：建筑运行能耗包含维持建筑运行必备的供电、照明、采暖和制冷能耗，以及办公与家用电器设备能耗，所需清单数据包括设备运行能耗总量与能源排放因子等。

清单数据	来源分类	活动水平数据	碳排放因子数据
运行能耗	其他现场能耗	能源消耗量	能源碳排放因子
	可再生能源	能源消耗量 / 生产量	能源代替碳排放因子
碳汇	建筑碳汇系统	植被种类、栽种量等	单位时间固碳量

（2）绿碳汇清单：建筑碳汇系统可通过绿化植被的光合作用实现生物固碳，需要收集的清单数据包括植被种类、栽种量、单位时间的固碳量等。

对于其他上下游产业服务，受限于获取途径与成本，可仅收集相应服务的货币价值与部门隐含碳排放强度等清单数据。

对于建筑运行阶段的能量消耗，可以采用多种方法，比如：可以对建筑的能耗进行直接测量，此方法可以准确地计算出建筑运行阶段的能耗，准确度很高，但是需要收集的资料较多，工作量大；通过统计出的区域平均值来计算，此方法可以反映出地区的平均水平，比较适合前期的碳排放分析；通过模拟软件对建筑运行的能耗进行数值模拟，此方法比较适用于设计阶段，使经济投入和环境影响互相平衡；根据规范标准的计算值或者是推荐值，此方法可以节省较多的时间，也可以近似地表示建筑的运行能耗。

3）根据运行阶段的活动数据选取对应的碳排放因子，建立数据库

碳排放因子（carbon emission factor）指某一流程（过程）单位活动水平的碳排放量，即活动水平数据与碳排放量相对应的系数。从最终产出的角度来说，碳排放因子可定义为在设定的系统边界范围内，为获得 1 个功能单位目标产品所产生的碳排放量。碳排放因子在实际应用中，也有碳排放强度（carbonemission intensity）、碳排放系数（carbon emission coefficient）等多种表述方式。

一般情况下采用权威机构、部门及科研单位等公布的碳排放因子，以及企业自行核算并经认证的碳排放因子。碳排放因子主要来源如图 8-5 所示。

图 8-5　碳排放因子主要来源

（1）LCA 数据库中包含能源与建材的碳排放因子，是获取建筑碳排放因子的重要来源。目前，许多国家的 LCA 数据库已公开发布，其中被广泛应用的有欧盟的 ELCD 数据库、瑞典的 SPINE 数据库、瑞士的 Ecoinvent 数据库、

荷兰的 SimaPro 数据库、美国的 VREL-USLCI 数据库等。

我国也有许多科研机构和高校在研究和建立本地的数据库，例如四川大学的 CLCD 数据库、清华大学的 BELES、浙江大学的建材能耗及碳排放清单数据库等。

（2）相关规范、标准的指导性数据。我国 2019 年颁布实施了《建筑碳排放计算标准》GB/T 51366—2019，给出了部分常用化石能源、运输方式，以及水泥、钢材等建材的碳排放因子取值。

（3）我国相关部门公布的数据。国家发展和改革委员会近年来公布了区域电网基准线排放因子数据，《省级温室气体清单编制指南（试行）》给出主要工业产品生产的直接碳排放因子推荐值，《中国能源行业研究数据库》GTA_EI2011V 由深圳国泰安教育技术有限公司设计开发。该数据库是一个包含传统能源方面的统计内容，由能源基本概况、电力能源、煤炭能源、石油和天然气能源四类信息组成的大型数据库资讯系统。

考虑不同地区的差异、数据的权威性、准确性和时效性，数据的采用优先顺序为：首先，参考国内成熟的数据库；其次，参考国内学者的研究成果；最后，参考国外数据库及研究成果。

（4）对建筑运行阶段碳排放进行计算，得到建筑的碳排放量。

建筑的寿命对建筑运行阶段的碳排放有重要的影响，一般而言，建筑的使用时间越长，建筑的运行维护的成本就越高，因此需要根据客观的情况来确定合理的使用寿命，我国的民用建筑寿命一般为 50 年。

建筑运行阶段持续时间长，对应的碳排放量也远远大于其他生命周期阶段[52]，建筑的运行阶段时间占比是非常大的，建筑内的系统在运行，就会产生碳排放，因此合理控制建筑运行期间的碳排放量对节能减排效果明显[53]。

目前也有许多碳排放计算软件，比如：德国的 GaBi 由德国斯图加特大学 IKP 研究所研发，具有适用范围广的特点；SimaPro 软件由荷兰 Leiden 大学环境科学中心开发，目标用户也是专业的 LCA 分析师；BEES（Building for Environmental and Economic Sustainability）是美国国家标准与技术局 NIST 能源实验室研发的，专门用于评价建筑环境影响的软件。

《住房和城乡建设部国家发展改革委关于印发城乡建设领域碳达峰实施方案的通知》（建标〔2022〕53 号）指出要全面提高绿色低碳建筑水平和碳排放治理现代化水平。强调要加强空调、照明等重点用能设备运行调适，使 2030 年公共建筑机电系统的总体能效在现有水平上提升 10%[54]。可见新的目标不仅给设备厂商带来了新的挑战，也给建筑的设计和运行人员带来新的挑战，建筑物整个生命周期中运行阶段能耗所占比例最大[55]。

通过以上的叙述，相信读者已经清楚了建筑运行阶段的碳排放计算目标、计算难点和计算条件，本书接下来会对于如何计算进行说明。

8.2.1　一般规定碳排放计算

对于建筑运行阶段的碳排放，能源消耗计算是碳排放计算的基础，运行阶段的计算边界，应该包括暖通空调、生活热水、照明及电梯、可再生能源、建筑碳汇系统在建筑运行期间的碳排放量。建筑运行阶段碳排放计算如图 8-6 所示。碳排放计算中采用的建筑设计寿命应与设计文件一致，当设计文件不能提供时，应按 50 年计算。建筑物碳排放的计算范围应为建设工程规划许可证范围内能源消耗产生的碳排放量和可再生能源及碳汇系统的减碳量。

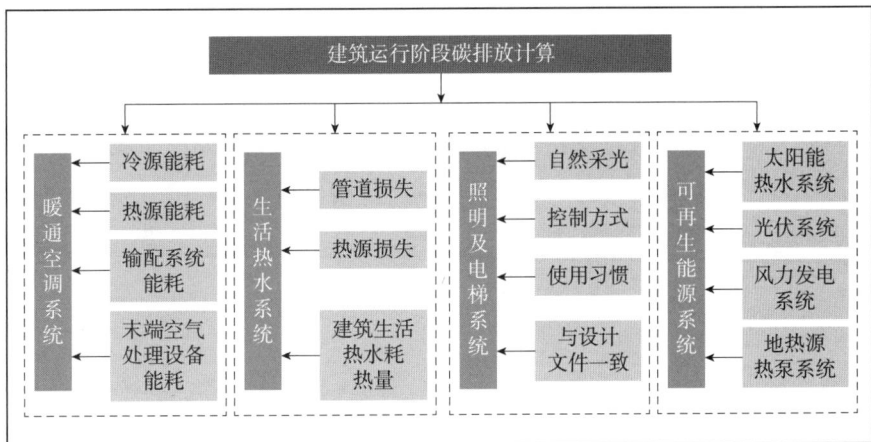

图 8-6　建筑运行阶段碳排放计算图

其中暖通空调系统能耗应包括冷源能耗、热源能耗、输配系统能耗及末端空气处理设备能耗。

在计算建筑运行阶段的碳排放时，暖通空调既要考虑相应的能耗还要考虑制冷剂中的温室气体排放，暖通空调系统中的制冷剂所产生的温室气体效应，也要加入计算。

对于生活热水系统，可以根据建筑物生活热水耗热量来计算，应根据建筑物的实际运行情况来定，同时要考虑管道损失和热源的损失。

对于照明及电梯系统，计算时应与设计文件一致，避免出现计算误差，应将自然采光、控制方式和使用习惯等因素考虑在内。

对于可再生能源系统，主要包括太阳能热水系统、光伏系统、地热源热泵和风力发电系统。但是值得注意的是，太阳能热水系统提供的能量不应计入生活热水的耗热量，地热源热泵的节能量应该计算在暖通空调系统的能耗内。

建筑的寿命一般为 40~70 年，所以在运行阶段的碳排放量占比大，要想实现建筑节能减排，就必须对运行阶段采取一定的措施，运行阶段的主要碳排放为电力消耗引起的碳排放、供热等化石燃料的碳排放量。针对不同方面引起的碳排放，要有针对性地进行低碳优化。目前，国家大力推进可再生能源发电，取得了很大的成绩，同时也有各种节能的设备，比如高效的发电机组等，建筑物的化石能源消耗主要为供热、供燃气所带来的化石能源消耗。因此，在设计阶段就要考虑建筑的墙体保温结构、遮阳系统、屋面系统，从这三个方面加强建筑物的保温性能，可以减少化石能源的消耗。燃气主要为家庭做饭使用，随着科学的不断进步，用电做饭的弊端越来越小，推进建筑用能一体化，有利于实现建筑的低碳化运行。同时智能控制系统的应用，也可以帮助我们节省能源，可以分区域、分时间进行供暖，可以减少浪费，同时也方便了人们的生活。

建筑运行阶段碳排放量应为建筑水电系统的碳排放量，并扣除可再生能源的能源替代减碳量与建筑碳汇系统的固碳量。其中，水电系统主要包括建筑的暖通空调系统、生活热水系统和照明及电梯系统。

建筑运行阶段碳排放量应根据各系统不同类型能源消耗量和不同类型能源的碳排放因子确定，建筑运行阶段单位建筑面积的总碳排放量应按式（8-1）和式（8-2）计算。

$$C_{\mathrm{M}}=\frac{\left[\sum_{i=1}^{n}E_i EF_i - C_{\mathrm{p}}\right]\cdot y}{A} \tag{8-1}$$

$$E_i=\sum_{j=1}^{n}\left(E_{i,j}-ER_{i,j}\right) \tag{8-2}$$

式中　C_{M}——建筑运行阶段单位建筑面积碳排放量（$\mathrm{kgCO_2/m^2}$）；

E_i——建筑第 i 类能源年消耗量（单位 /a）；

EF_i——第 i 类能源的碳排放因子；

C_{p}——建筑绿地碳汇系统年减碳量（$\mathrm{kgCO_2}$）；

y——建筑设计寿命（a）；

A——建筑面积（$\mathrm{m^2}$）；

$E_{i,j}$——j 类系统的第 i 类能源年消耗量（单位 /a）；

$ER_{i,j}$——j 类系统消耗由可再生能源系统提供的第 i 类能源量（单位 /a）；

i——建筑消耗终端能源类型，包括电力、燃气、石油、市政热力等；

j——建筑用能系统类型，包括暖通空调、照明、生活热水系统等。

根据建筑运行阶段碳排放计算方法可知，建筑运行阶段的碳排放通常均以能源消耗的方式存在，目前主流的建筑运行碳排放计算方法也是通过计算建筑运行消耗能源量乘以能源碳排放因子的方式获取，因此，获得较准确的建筑能耗预估值至关重要。

8.2.2 暖通空调系统碳排放计算

暖通空调系统能耗应包括冷源能耗、热源能耗、输配系统及末端空气处理设备能耗等。能耗量可采用直接测量或记录的数据、区域统计平均值、能耗数值模拟结果，以及相关规范标准的规定值。

暖通空调系统能耗应根据建筑实际用能的计量数据进行统计，而在碳排放预算阶段，可采用后三类方法。具体而言，统计数据可反映区域建筑的平均水平，适合减排政策的分析；模拟数据适用于设计阶段的采暖制冷能耗分析；而规范标准的规定值可用于估计在符合节能设计标准前提下，暖通空调系统碳排放的近似值。目前，《建筑碳排放计算标准》GB/T 51366—2019 采用数值模拟方法确定暖通空调系统能耗。

建筑运行阶段的能源消耗主要来自暖通空调系统、热水系统、照明系统。相应的设备运行起来的能耗与很多因素有关，如温湿度、太阳辐射、人的行为习惯等。为了准确地计算建筑的碳排放，可以用建筑能耗模拟软件来进行计算。

利用能耗模拟软件，在设计阶段可以模拟得出相应的运行能耗的数据，进而获得对应的运行阶段碳排放数据。目前能够模拟建筑运行阶段能耗的软件主要有 TRANSYS、QUEST、DeST 和 EnergyPlus 等[16]，基于该类型能耗模拟数据，可以进一步计算碳排放。

1）TRANSYS

TRANSYS 的全称为 Transient System Simulation Program，即瞬时系统模拟程序。该系统的最大特色在于其模块化的分析方式。所谓模块分析，即认为所有热传输系统均由若干个细小的系统（即模块）组成，一个模块实现一种特定的功能，如热水器模块，单温度场分析模块、太阳辐射分析模块、输出模块等。它的巨大优势在于新能源系统应用特别是太阳能系统的模拟，例如对地源热泵的模拟设计。不过这款软件全是英文教学，上手难度比较大，负荷模拟和热工性能模拟能力偏弱，建模能力很弱，没有考虑建筑阴影的计算等问题，这也在一定程度上降低了其模拟的精度。

2）EQUEST

EQUEST 是在 DOE-2 基础上开发的，它的优势是可以对不同种类的方案进行分析对比，针对不同工程选择合理的节能策略。对控制机电系统及空调进行模拟，进一步分析各种设备的节能潜力以及全年运行状况是该软件的显著优势，以方便工程师们确定合适的节能策略和最佳的节能方案。它的弊端在于不能判断阀门是否发生堵塞，制动装置是否失去效果，系统维护情况等；在同一个区域中不能设置两套空调系统。

3）DeST

DeST 是建筑环境及 HVAC 系统模拟的软件平台，常用的有应用于住宅建筑的住宅版本（DeST-h）及应用于商业建筑的商建版本（DeST-c）。

DeST 主要特点如下：该软件建立了图形化的工作界面，整个模拟的过程是在 AutoCAD 操作界面上，所以容易上手，掌握难度不大，需要用户自己建模；用于分阶段设计及模拟，能为实际设计的不同阶段提供比较准确的模拟结果；它以自然室温为桥梁，联系建筑和环境控制系统。DeST 中气象数据库并不是逐时数据，模拟的结果会有偏差。

4）EnergyPlus

EnergyPlus 是一款建筑全能耗分析软件，该软件主要特点有：选用集成同一步骤的负荷/设备/系统的模拟方式；用户可以自己设定小于 1 h 的时间步长来进行模拟计算负荷，模拟过程中时间步长是自动调整的，有助于加快收敛速度；采用常见的热平衡法进行模拟；根据室内温湿度、人体活动量等相关参数的热舒适模型来进一步模拟人体的热舒适度；可以和一些常见的软件如 TRANSYS 等进行互动连接，有利于得出更精确的模拟数据。不过它自身也存在一些问题，由于是采用热平衡方法，模拟有时候会出现不能收敛的情况。目前版本的功能原因约束了特定系统和设备的模拟，例如以废热驱动的除湿转轮。

5）DesignBuilder

DesignBuilder 是一款基于 EnergyPlus 的综合用户图形界面模拟软件，可对建筑的能耗、照明、通风、采光等进行分析和优化。

该软件不仅包含丰富的气象参数和地理信息资料，而且有非常详细的标准数据库模板。

暖通空调系统能耗计算方法应符合下列规定：

（1）应采用月平均方法计算年累计冷负荷和累计热负荷；

（2）应分别设置工作日和节假日室内人员数量、照明功率、设备功率、室内设定温度、供暖和空调系统运行时间；

（3）应根据负荷计算结果和室内环境参数计算供暖和供冷起止时间；

（4）应反映建筑外围护结构热惰性对负荷的影响；

（5）负荷计算时应能够计算不少于 10 个建筑分区；

（6）应计算暖通空调系统间歇运行对负荷计算结果的影响；

（7）应考虑能源系统形式、效率、部分负荷特性对能耗的影响；

（8）计算结果应包括负荷计算结果、按能源类型输出系统能耗计算结果；

（9）建筑运行参数可参照标准《建筑碳排放计算标准》GB/T 51366—2019确定。

建筑碳排放计算模型中建筑分区应考虑建筑物理分隔、建筑区域功能、为分区提供服务的暖通空调系统、区域内采光（通过外窗或天窗）情况。

年供暖（供冷）负荷应包括围护结构的热损失和处理新风的热（冷）需求；处理新风的热（冷）需求应扣除从排风中回收的热量（冷量）。

建筑碳排放计算中建筑室内环境计算参数应与设计参数一致，并应符合国家现行相关标准的要求。

建筑碳排放计算气象参数的选取应符合现行行业标准《建筑节能气象参数标准》JGJ/T 346—2014的规定。

建筑碳排放计算应定义建筑围护结构，围护结构的热工性能及构造做法应与设计文件一致。

建筑碳排放计算中应分别计算建筑累积冷负荷和累积热负荷。

建筑碳排放计算中的累积冷热负荷应根据下列内容确定：

（1）通过围护结构传入的热量；

（2）透过透明围护结构进入的太阳辐射热量；

（3）人体散热量；

（4）照明散热量；

（5）设备、器具、管道及其他内部热源的散热量；

（6）食品或物料的散热量；

（7）渗透空气带入的热量；

（8）伴随各种散湿过程产生的潜热量。

建筑碳排放计算时应计算气密性、风压和热压的作用、人员密度、新风量、热回收系统效率对通风负荷的影响。

建筑累积冷负荷和热负荷应根据建筑物分区的空调系统计算，同一暖通空调系统服务的建筑物分区的冷负荷和热负荷应分别进行求和计算。

根据建筑年供冷负荷和年供暖负荷计算暖通空调系统终端能耗时应根据下列影响因素分别进行计算：

（1）供冷供暖系统类型；

（2）冷源和热源的效率；

（3）泵与风机的能耗情况；

（4）末端类型；

（5）系统控制策略；

（6）系统运行内部冷热抵消等情况；

（7）暖通空调系统能量输送介质的影响；

（8）冷热回收措施。

暖通空调系统中由于制冷剂使用而产生的温室气体排放，应按下式计算：

$$C_r = \frac{m_r}{y_e} = GWP_r/1000 \qquad (8-3)$$

式中 C_r——建筑使用制冷剂的碳排放量（tCO_2e/a）；

m_r——设备的制冷剂充注量（kg/台）；

y_e——设备使用寿命（a）；

GWP_r——制冷剂 r 的全球变暖潜能值。

建筑物碳排放计算采用的冷热源及相关用能设备的性能参数应与设计文件一致。

建筑冷热源的能耗计算应计入负载、输送过程和末端的冷热量损失等因素的影响。

输送系统的能耗计算应计入水泵与风机的效率、运行时长、实际工作状态点的负载率、变频等因素的影响。

8.2.3　生活热水系统碳排放计算

建筑物生活热水年耗热量的计算应根据建筑物的实际运行情况，并应按下列公式计算：

$$Q_{rp} = 4.187 \frac{mq_r C_r (t_r - t_1) \rho_r}{1000} \qquad (8-4)$$

$$Q_r = TQ_{rp} \qquad (8-5)$$

式中 Q_r——生活热水年耗热量（kWh/a）；

Q_{rp}——生活热水小时平均耗热量（kW/h）；

T——年生活热水使用小时数（h）；

m——用水计算单位数（人数或床位数，取其一）；

q_r——热水用水定额（L/人），按现行国家标准《民用建筑节水设计标准》GB 50555—2010 确定；

ρ_r——热水密度（kg/L）；

t_r——设计热水温度（℃）；

t_1——设计冷水温度（℃）。

建筑生活热水系统能耗应按下式计算，且计算采用的生活热水系统的热源效率应与设计文件一致。

$$E_w = \frac{\dfrac{Q_r}{\vartheta_r} Q_s}{\vartheta_w} \qquad (8-6)$$

式中　E_w——生活热水系统年能源消耗（kWh/a）；

　　　Q_r——生活热水年耗热量（kWh/a）；

　　　Q_s——太阳能系统提供的生活热水热量（kWh/a）；

　　　ϑ_r——生活热水输配效率，包括热水系统的输配能耗、管道热损失、生活热水二次循环及储存的热损失（%）；

　　　ϑ_w——生活热水系统热源年平均效率（%）。

建筑碳排放计算采用的照明功率密度值应同设计文件一致。

建筑热水平均日节水用水定额如表 8-2 所示。

热水平均日节水用水定额　　　　　　　　　　表 8-2

建筑类型	具体功能	节水用水定额	计量单位
住宅	有自备热水供应和淋浴设备	20~60	L/（人·d）
	有集中热水供应和淋浴设备	25~70	L/（人·d）
宿舍	Ⅰ类、Ⅱ类	40~55	L/（人·d）
	Ⅲ类、Ⅳ类	35~45	L/（人·d）
招待所、培训中心、普通旅馆	设公用厕所、盥洗室	20~30	L/（人·d）
	设公用厕所、盥洗室和淋浴室	35~45	L/（人·d）
	设公用厕所、盥洗室、淋浴室和洗衣室	45~55	L/（人·d）
	设单独卫生间、公用洗衣房	50~70	L/（人·d）
养老院、托老所	全托	45~55	L/（床位·d）
	日托	15~20	L/（人·d）
幼儿园、托儿所	有住宿	20~40	L/（儿童·d）
	无住宿	15~20	L/（儿童·d）
办公楼	—	5~10	L/（人·班）
餐饮建筑	中餐酒楼	15~25	L/（人·次）
	快餐店、职工及学生食堂	7~10	L/（人·次）
	酒吧、咖啡厅、茶座、卡拉 OK 房	3~5	L/（人·次）

注：引自《民用建筑节水设计标准》GB 50555—2010。

8.2.4　照明及电梯系统碳排放计算

在碳排放核算阶段，其他用能活动的耗能量应根据建筑用能的实际计量数据与暖通空调系统、生活热水系统的耗能量合并统计，而在碳排放预算阶段应满足以下规定：照明功率密度值应该同设计文件一致；照明系统能耗计算应将自然采光、控制方式和使用习惯等影响因素计入。

照明系统无光电自动控制系统时，其能耗计算可按下式计算：

$$E_1 = \frac{\sum_{j=1}^{365}\sum_i P_{i \cdot j} A_i t_{i \cdot j} + 24 P_p A}{1000} \qquad (8\text{-}7)$$

式中　E_1——照明系统年能耗（kWh/a）；

　　　$P_{i \cdot j}$——第 j 日第 i 个房间照明功率密度值（W/m²）；

　　　A_i——第 i 个房间照明面积（m²）；

　　　$t_{i \cdot j}$——第 j 日第 i 个房间照明时间（h）；

　　　P_p——应急灯照明功率密度（W/m²）；

　　　A——建筑面积（m²）。

电梯系统能耗应按下式计算，且计算中采用的电梯速度、额定载重量、特定能量消耗等参数应与设计文件或产品铭牌一致。

$$E_e = \frac{3.6 P t_a V W + E_{standby} t_s}{1000} \qquad (8\text{-}8)$$

式中　E_e——年电梯能耗（kWh/a）；

　　　P——特定能量能耗[（mWh）/（kgm）]；

　　　t_a——电梯年平均运行小时数（h）；

　　　V——电梯速度（m/s）；

　　　W——电梯额定载重量（kg）；

　　　$E_{standby}$——电梯待机时能耗（W）；

　　　t_s——电梯年平均待机小时数（h）。

8.2.5　可再生能源系统碳排放计算

可再生能源系统应包括太阳能生活热水系统、光伏系统、地源热泵系统和风力发电系统。可再生能源替代的减碳量受资源、能源系统的实际用能量影响。考虑可再生能源供应与相应建筑耗能系统的匹配关系，能源替代的减碳量采用在相应系统的耗能量中扣除可再生能源供能量的方式予以考虑。

太阳能热水系统提供能量可按下式计算：

$$Q_{s \cdot a} = \frac{A_c J_T (1 - \vartheta_L) \vartheta_{cd}}{3.6} \qquad (8\text{-}9)$$

式中　$Q_{s \cdot a}$——太阳能热水系统的年供能量（kWh）；

　　　A_c——太阳集热器面积（m²）；

　　　J_T——太阳集热器采光面上的年平均太阳辐照量（MJ/m²）；

　　　ϑ_{cd}——基于总面积的集热器平均集热效率（%）；

　　　ϑ_L——管路和储热装置的热损失率（%）。

太阳能热水系统提供的能量不应计入生活热水的耗能量，地源热泵系统的节能量应计算在暖通空调系统能耗内。

光伏系统的年发电量可按下式计算：

$$E_{pv}=IK_E（1-K_S）A_p \qquad （8-10）$$

式中　E_{pv}——光伏系统的年发电量（kWh）；

　　　I——光伏电池表面的年太阳辐射照度（kWh/m^2）；

　　　K_E——光伏电池的转换效率（%）；

　　　K_S——光伏系统的损失效率（%）；

　　　A_p——光伏系统光伏面板净面积（m^2）。

风力发电机组年发电量可按下列公式计算：

$$E_{wt}=0.5\rho C_R（z）V_0^3 A_w\rho\frac{K_{WT}}{1000} \qquad （8-11）$$

$$C_R（z）=K_R\ln（z/z_0） \qquad （8-12）$$

$$A_w=5D^2/4 \qquad （8-13）$$

$$EPF=\frac{APD}{0.5\rho V_i^3} \qquad （8-14）$$

$$APD=\frac{\sum_{i=1}^{8760}0.50\rho V_i^3}{8760} \qquad （8-15）$$

式中　E_{wt}——风力发电机组的年发电量（kWh）；

　　　ρ——空气密度，取 1.225 kg/m^3；

　$C_R（z）$——依据高度计算的粗糙系数；

　　　K_R——场地因子；

　　　z_0——地表粗糙系数；

　　　V_0——年可利用平均风速（m/s）；

　　　A_w——风机叶片迎风面积（m^2）；

　　　D——风机叶片直径（m）；

　　　EPF——根据典型气象年数据中逐时风速计算出的因子；

　　　APD——年平均能量密度（W/m^2）；

　　　V_i——逐时风速（m/s）；

　　　K_{WT}——风力发电机组的转换效率。

本节以理论的方式说明了建筑运行阶段的碳排放计算流程与方法，梳理了暖通空调系统、生活热水系统、照明和电梯系统、可再生能源系统的碳排放计算公式和范围，接下来为了更好地说明建筑运行阶段的碳排放计算，下节结合建筑运行阶段的碳排放计算过程来进行说明。

8.3.1 项目简介与基础数据

项目为低层乡村节能建筑，项目建设地点位于夏热冬冷地区。建筑总层数为 3 层，屋脊处建筑总高度为 10.18 m，1~2 层的层高为 2.8 m，3 层为阁楼，最低处层高为 2.3 m。该建筑由地方统一规划设计，并指导村民自主建设。总建筑面积为 357.65 m^2，设计使用年限为 50 年，抗震设防烈度为 6 度，结构安全等级为 I 级。

8.3.2 运行阶段碳排放计算与分析

1）编制依据

本项目运行阶段碳排放分析报告的编制依据如下：

（1）《建筑节能与可再生能源利用通用规范》GB 55015—2021。

（2）《建筑碳排放计算标准》GB/T 51366—2019。

（3）《建筑照明设计标准》GB 50034—2013（新标准为《建筑照明设计标准》GB/T 50034—2024）。

（4）《民用建筑节水设计标准》GB 50555—2010。

（5）工程设计图与项目预算资料。

（6）建筑能耗分析报告。

2）目标定义

（1）功能单位。本项目碳排放计算分析以"整幢建筑"为功能单位，碳排放量以 $kgCO_2e$、tCO_2e 为计量单位，单位面积的碳排放指标以 $kgCO_2e/m^2$ 为计量单位。

（2）系统边界。本项目建筑运行碳排放计算范围包括供暖、制冷、照明和生活热水系统。

（3）计算方法。采用《建筑碳排放计算标准》GB/T 51366—2019 规定的基于过程的碳排放计算方法，具体见本书第 8.2 节内容。

3）碳排放量计算

运行阶段碳排放量计算包含建筑采暖、制冷、照明和生活热水四个部分，设计使用年限为 50 年。

（1）采暖、制冷：空调系统的耗电量根据制热量、制冷量模拟结果与空调系统综合性能系数计算；采用 DEST-2 软件，模拟得到的建筑全年制热与制冷需求量结果，汇总得到全年制热需求量为 2890 kWh，制冷需求量为 6920 kWh。建筑采用户式空调制冷与制热，相应的综合性能系数依据《建筑节能与可再生能源利用通用规范》GB 55015—2021 分别取 3.6 和 2.6，空调制冷剂采用 R134a，总充注量约为 11.2 kg，全球变暖潜能值为 1300。

（2）照明系统：照明系统耗电量根据照明功率密度、面积和照明时数计算；照明系统年能耗需要考虑功能房间照明功率密度值、房间照明面积、房间月照明时间和应急照明功率密度，在确定照明系统各房间参数设置后，统计各功能房间照明面积，其中应急照明应按照建筑面积计算。最后计算运行阶段照明系统碳排放。

起居室、卧室、厨房、餐厅和卫生间照明功率密度按《建筑节能与可再生能源利用通用规范》GB 55015—2021 分别取 5 W/m^2，各类型房间的照明面积分别为 104.6 m^2、112.1 m^2、8.5 m^2、11.9 m^2 和 32.6 m^2，年照明时数按《建筑碳排放计算标准》GB/T 51366—2019 分别取 1980 h/ 年、1620 h/ 年、1152 h/ 年、900 h/ 年和 1980 h/ 年。忽略储藏室和室内楼梯间照明。

（3）生活用水：生活热水系统用电量根据热水需热量及空气能热水器热水机组性能系数计算。生活热水采用空气能热水器，建筑居住人数按 6 人考虑，日用水定额按 40L/（人·d）计算，全年供应热水，热水机组性能系数参考产品铭牌取 3.6，管网效率取 82%。设计冷水温度为 5℃，热水温度为 55℃，热水密度为 0.986 kg/L。

运行阶段的碳排放为前文的各个阶段的碳排放总和。运行阶段碳排放总量为 220.62 tCO_2e，其中空调系统碳排放量为 102.58 tCO_2e，照明系统碳排放量为 68.69 tCO_2e，生活热水系统的碳排放量为 49.35 tCO_2e。

运行阶段碳排放计算结果如表 8-3 所示。

运行阶段碳排放计算结果 表 8-3

系统	碳排放源	年消耗量，kWh	消耗总量，MWh	碳排放量，tCO_2e
空调系统	采暖用电	2890÷2.6 ≈ 1111.5	1111.5×50÷1000 ≈ 55.58	32.24
	制冷用电	6920÷3.6 ≈ 1922.2	1922.2×50÷1000 ≈ 96.11	55.74
	空调制冷剂	—	11.2（kg）	14.6
照明系统	起居室用电	5.0×104.6×1980÷1000 ≈ 1035.5	1035.5×50÷1000 ≈ 51.78	30.03
	卧室用电	5.0×112.1×1620÷1000 ≈ 908.0	908.0×50÷1000 ≈ 45.40	26.33
	厨房用电	5.0×8.5×1152÷1000 ≈ 49.0	49.0×50÷1000 ≈ 2.45	1.42
	餐厅用电	5.0×11.9×900÷1000 ≈ 53.6	53.6×50÷1000 ≈ 2.68	1.55
	卫生间用电	5.0×32.6×1980÷1000 ≈ 322.7	322.7×50÷1000 ≈ 16.14	9.36
生活热水系统	热水机组用电	$\dfrac{4.187×6×40×（55-5）×365×0.986}{3.6×0.82×3.6×10^3}$ ≈ 1701.5	1701.5×50÷1000 ≈ 85.08	49.35

8.3.3　实践结果分析

建筑在运行阶段的碳排放主要来自化石燃料的使用，使用可再生能源可以减少化石能源的使用，实现节能减排，从以上的计算结果可以看出，该建筑在暖通空调系统和照明系统两个方面的碳排放较大，可以采用适当的节能方案实现建筑在运行阶段的节能减碳。碳排放计算可以清楚地知道各部分的占比情况，为后续的分析起到指导作用。

本章重点是建筑运行阶段的碳排放计算方法和逻辑。在建筑全生命周期当中，运行阶段的碳排放量占比较大，是实现建筑节能减排的关键步骤。本章主要是针对建筑的运行阶段碳排放计算方法与分析，以及一些实例应用的分析，在建筑运行阶段，碳排放计算边界包括暖通空调、照明和电梯、生活热水、可再生能源、建筑碳汇系统碳排放，可以根据不同项目碳排放所占的比例，重点考虑对权重较大的项目采用有力的减碳措施。

思考题

1. 列举几种建筑减碳措施，并说明它们的主要应用场景。

2. 结合本章所学，思考建筑碳排放核算对实现全社会、全行业低碳发展有何意义？

3. 已知某建筑设计使用寿命为 50 年，集中供暖的年均供热量和空调系统的制冷模拟结果分别为 7350 kWh 和 3520 kWh，空调制冷系统的综合性能系数为 3.5，集中供热系统的综合效率为 81%。空调制冷剂的充注总量估计为 9.8 kg，全球变暖潜能值 GWP 为 1450。电力碳排放因子为 0.58 tCO_2/（MWh），集中供热的碳排放因子取 0.12 tCO_2/GJ。估算建筑全生命周期供暖与制冷的碳排放量。

4. 某 10 层住宅建筑，每层 4 户，户均人数按 4 人考虑，入住率为 100%。经统计，约 40% 的住户采用燃气热水器，50% 的住户采用电热水器，剩余顶层住户采用太阳能热水器。燃气热水器和电热水器的热源效率分别取 92%和 95%，热水系统输配效率为 75%。各户设计冷水温度为 10℃，热水温度为55℃，热水密度为 0.986 kg/L。估算该住宅建筑热水系统的年均碳排放量。[电力碳排放因子取 0.58 tCO_2/（MWh），燃气的碳排放因子取 55.54 tCO_2/TJ]。

5. 查阅资料，谈谈我国在建筑业碳达峰、碳中和领域所做的努力以及所取得的阶段性成果。

6.通过本次学习，思考目前建筑业全过程碳排放量统计测算中，在基础数据获取方面所存在的难点与问题，并从完善行业碳排放核算角度为相关能源、材料消费等数据的统计与发布提供建议。

7.查阅《中国统计年鉴》《中国能源统计年鉴》及《中国建筑业统计年鉴》，了解我国经济社会、能源消费与建设规模的发展历史与趋势。

第 9 章

建筑改造阶段的碳排放计算与分析

本章主要内容及逻辑关系如图 9-1 所示。在碳中和的大背景下，目前国内现有的大部分建筑无法满足双碳目标的需要，但对这部分建筑全部进行改造重建并不现实。因此，对部分年限较短且性能条件尚可的建筑，可通过改造的方式满足对其碳排放性能的要求。此外，当建筑的结构强度、保温性能、消防安全等无法满足要求时，也需进行改造。但该阶段也伴随一定的碳排放，需纳入计算范畴。针对该阶段，有以下几个问题：

（1）建筑改造阶段包含哪些环节？

（2）建筑改造阶段各具体环节的碳排放量计算需考虑哪些因素？

（3）建筑改造的总体减排效益如何评估？

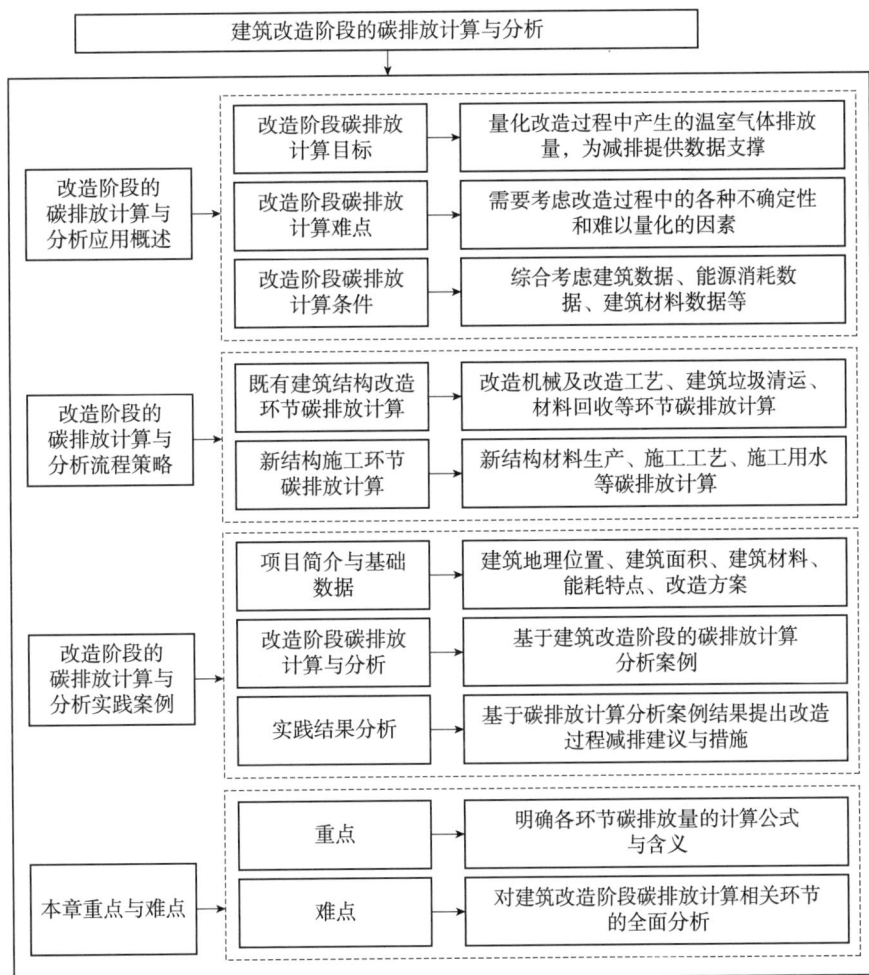

图 9-1 本章主要内容及逻辑关系

9.1 改造阶段的碳排放计算与分析应用概述

9.1.1 改造阶段碳排放计算目标

进行建筑改造阶段的碳排放计算主要是为了量化改造过程中直接和间接产生的温室气体排放量。从建筑材料的生产、运输，到建筑施工过程中的能源消耗等各个环节均会产生碳排放。通过准确计算这些碳排放，可以帮助建筑设计者和施工方采取更环保的改造措施，尽可能减少项目改造时的碳排放量，以降低对环境的负面影响。

1）**确定碳排放基准**：准确测量和记录企业、工厂等现有设施或流程的碳排放情况，建立基准数据，了解其现有碳足迹。对比改造阶段的计算与分析结果，确定碳减排效果是否达到预期，为实施相应减排措施提供目标和参考。

2）**评估改造方案的碳减排潜力**：分析改造方案对碳排放的影响，评估其减排潜力和效果，比较各方案对碳减排的贡献，协助决策者优化改造策略。

3）**提供决策依据**：基于碳排放计算和分析结果，为决策者提供科学可行的碳减排方案选项，将计算和分析的结果进行转化，为政府、企业和组织提供制定低碳发展战略和政策的科学依据，推动低碳经济转型。

4）**优化改造设计**：通过计算和分析，指导改造过程中的设计和技术选择，确保改造的可持续性和经济性，实现最大程度的碳减排。

5）**监测改造后的碳减排效果**：改造后的实际减排效果受到多种因素的影响，如设备运行状况、管理措施等。因此，定期监测可以帮助评估改造后的实际减排效果，并在必要时对方案和运行进行调整和改进，以实现预期的减排效果。

6）**推动碳市场发展**：碳市场主要通过购买和出售碳排放配额来鼓励减少温室气体排放。改造阶段的碳排放计算和分析结果为碳市场提供基础数据支持，为其发展和运行提供科学依据。通过推动碳市场的发展，可以为减排机制注入经济动力，并促进碳减排效果的实现。

9.1.2 改造阶段碳排放计算难点

在计算建筑改造阶段碳排放时，需要考虑改造过程中的各种不确定性和难以量化的因素，包括材料选择、能源效率提升、施工过程管理等方面，这使得建筑改造阶段的碳排放计算成为一个充满挑战的任务。

1）**数据采集和质量**：获取准确、完整的数据是碳排放计算和分析的基础，但现实中往往存在数据不完整、缺失和不准确的问题。尤其是在改造阶段，新设备或流程的数据可能难以获得。此外，不同数据来源的差异性也会

146

对计算和分析结果产生影响。

2）**复杂性和交互效应**：在改造阶段，不同的改造方案可能会引入复杂的交互效应。例如，改造方案可能降低了特定设备的碳排放，但同时却增加了其他设备或流程的碳排放。因此，需要综合考虑各种因素的交互作用，避免出现碳排放转移的现象。

3）**不确定性**：碳排放计算和分析过程中存在众多的不确定因素，如设备性能波动、能源消耗变化等。这些不确定因素会影响计算结果的准确性和可靠性，同时增加决策的风险。

4）**技术限制和知识缺乏**：目前的碳排放计算和分析技术还存在一些限制，例如对新兴技术和复杂流程的计算方法和模型尚不完善。此外，对于一些行业和领域，还存在碳排放计算和分析方法的缺乏。

5）**成本和资源限制**：进行碳排放计算和分析需要投入一定的时间、人力和物力资源。特别是在改造阶段，可能面临资金和人力资源的限制，从而限制了计算和分析的规模和深度。

面对这些难点和挑战，需要采取一系列的方法和措施来加以解决。例如，加强数据管理和质量控制，提高数据采集的准确性和完整性；建立适当的模型和计算方法，以准确评估复杂的交互效应；加强技术研发和知识普及，提高碳排放计算和分析的准确性和可靠性；优化资源配置，合理分配资金和人力资源，提高计算和分析的效率和规模。此外，还需要政府、企业和组织之间的合作与协调，共同应对建筑改造阶段的碳排放计算与分析的难点和挑战，推动低碳和可持续发展的实现。

9.1.3 改造阶段碳排放计算条件

在进行建筑改造阶段的碳排放计算与分析时，需要综合考虑建筑数据、能源消耗数据、建筑材料数据、建造和改造过程数据、土地利用变化、区域碳排放因素等多种条件。这些条件的准确性和完整性将直接影响碳排放计算和分析的准确性和可信度。

（1）**建筑数据**：需要获取建筑的详细数据，包括建筑结构、面积、用途、能耗数据等。这些数据对于计算建筑的碳排放量非常重要。

（2）**能源消耗数据**：需要收集建筑的能源消耗数据，包括电力、燃气、供热等能源的使用情况，以确定能源消耗对碳排放的贡献。

（3）**建筑材料数据**：需要了解建筑材料的性质、用量和来源等信息，因为不同材料的生产和运输过程会对碳排放产生影响。

（4）**建造和改造过程数据**：在建筑改造阶段，还需要考虑建造和改造过程中的能源消耗和材料使用情况，以及可能的运输和废弃物处理等过程。

（5）**土地利用变化**：如果改造涉及土地利用变化，例如从非建筑用地改为建筑用地，需要考虑土地利用变化对碳排放的影响。

（6）**区域碳排放因素**：建筑所处的地理位置和区域特点也会影响其碳排放量。例如，供电系统的碳强度、能源来源以及可再生能源比例等都需要考虑。

建筑改造阶段主要分为既有建筑结构改造和新结构施工两个阶段。

（1）既有建筑结构改造

改造和清理：改造工程通常需要对原有结构和装置进行改造，以便为新的改造工作腾出空间。涉及改造墙体、地板、顶棚等，清理垃圾和废料。

（2）新结构施工

结构改造：在改造阶段完成后，可以进行结构改造。包括增加、减少或修改房间、墙壁、地板、屋顶梁柱等，以适应新的使用需求。

装饰和建材：改造完成后，需要进行装饰和建材安装。包括钢筋、混凝土、涂料、瓷砖、地板材料等。

安装新设备：改造过程中，可能会添加新的设备和系统，如电气、水暖、空调等。

9.2.1　既有建筑结构改造环节碳排放计算

1）改造机械及改造工艺

既有建筑改造主要包括人工破碎和静力切割等工艺，通过计算该环节的能耗量，结合碳排放因子进一步计算碳排放量。人工破碎时主要施工机械为风镐、电锤等，能源消耗主要为电能，可根据其功率、台班数及当地用电的碳排放因子估算碳排放量。静力切割时主要施工机械为液压墙锯机、电动碟锯机、水钻等，能源消耗和估算方法与人工改造类似。进行更加精确的计算时，可按照《建筑碳排放计算标准》GB/T 51366—2019 的 5.3 节公式计算，或根据改造时的实际耗电量进行计算。

建筑改造阶段的单位建筑面积的碳排放量按照下式计算：

$$C_{cc} = \frac{\sum_{i=1}^{n} E_{cc,\,i} EF_i}{A} \qquad (9-1)$$

式中　C_{cc}——建筑改造阶段单位建筑面积的碳排放量（kgCO$_2$/m^2）；

　　　$E_{cc,\,i}$——建筑改造阶段第 i 种能源总用量（kWh 或 kg）；

　　　EF_i——第 i 类能源的碳排放因子（kgCO$_2$/kWh）；

A——建筑面积（m^2）。

建筑物人工改造和机械改造阶段的能源用量按下列公式计算：

$$E_{cc}=\sum_{i=1}^{n}Q_{cc,\ i}f_{cc,\ i} \qquad (9-2)$$

$$f_{cc,\ i}=\sum_{j=1}^{m}T_{B,\ i,\ j}R_j+E_{jj,\ i} \qquad (9-3)$$

式中　E_{cc}——建筑改造阶段能源用量（kWh 或 kg）；

$\quad Q_{cc,\ i}$——第 i 个改造项目的工程量；

$\quad f_{cc,\ i}$——第 i 个改造项目每计量单位的能耗系数（kWh 或 kg/ 工程量计量单位）；

$\quad T_{B,\ i,\ j}$——第 i 个改造项目单位工程量第 j 种施工机械台班消耗量（台班 / 工程量计量单位）；

$\quad R_j$——第 i 个项目第 j 种施工机械单位台班的能源用量（kWh 或 kg/ 台班）；

$\quad E_{jj,\ i}$——第 i 个项目中，小型施工机具不列入机械台班消耗量，但其消耗的能源列入材料的部分能源用量（kWh 或 kg）；

$\quad i$——改造工程中项目序号；

$\quad j$——施工机械序号。

建筑物爆破改造、静力破损改造及机械整体性改造的能源用量应根据改造专项方案确定。

2）建筑垃圾清运

收集运输和物流过程中的数据，包括运输距离、运输工具能效等，分为建筑内和场外运输两部分。计算塔吊运输、电梯运输、垃圾通道运输、车辆运输几种方式的能耗，根据相关的碳排放因子计算运输和物流环节产生的碳排放量。

建材运输阶段碳排放按照下式进行计算：

$$C_{ys}=\sum_{i=1}^{n}M_iD_iT_i \qquad (9-4)$$

式中　C_{ys}——建材运输过程碳排放（$kgCO_2e$）；

$\quad M_i$——第 i 种建材的消耗量（t）；

$\quad D_i$——第 i 种建材平均运输距离（km）；

$\quad T_i$——第 i 种建材的运输方式下，单位重量运输距离的碳排放因子[$kgCO_2e/$（$t\cdot km$）]。

3）材料回收

先计算回收环节能耗带来的碳排放量，再计算回收得到原材料对应的减排量。

9.2.2　新结构施工环节碳排放计算

1）新结构材料生产碳排放计算

计算新结构所用建材及其构配件在生产、制造、加工、运输过程中产生的碳排放。需要收集建材生命周期数据，包括原材料提取、生产、加工、包装等环节的能耗和排放数据，根据新结构中使用的建材数量，考虑每种材料的碳排放因子，得到每种建材在生产阶段的碳排放量。将每种建材在生产阶段的碳排放量相加，得到总碳排放量。

主要分为周转材料和工程实体材料两类计算。

考虑到周转材料的使用情况，需根据扣除周转量后的实际消耗量及单位材料生产能耗来估算生产阶段的碳排放量。

而工程实体的建筑材料不可周转，此类材料主要包括混凝土、钢筋、钢结构、砌块、砂浆、各类管材、保温材料、防水材料、外装饰材料、内装饰材料、电线电缆等。需根据每种材料的进场使用量及单位材料生产能耗来估算生产阶段的碳排放量。

2）施工工艺的碳排放估算

建筑改造过程中的施工工艺包括钢筋加工、模板安装、混凝土浇筑及养护、垂直运输、施工照明等。

3）施工用水的碳排放估算

施工过程中需对不同来源的用水量进行统计，包括市政自来水和收集的雨水等。

对于市政自来水用相应的碳排放因子 × 市政自来水量 + 二次泵送产生的耗电量 × 电的碳排放因子，即为使用市政自来水产生的碳排放量。

收集的雨水在使用过程中的碳排放量主要按泵送过程中产生的耗电量进行计算。

9.3　改造阶段的碳排放计算与分析实践案例

由于过去建造技术水平的限制、建筑能耗水平设计标准要求较低，大部分老旧建筑功能上难以满足时代需要，且使用能耗较高。直接对老旧建筑进行改造作业会产生大量碳排放，不符合绿色建筑的要求，因此需要对既有建筑进行改造来实现降碳减排，评估建筑改造阶段的碳排放对于建筑工程领域绿色高效发展具有深远意义。

既有建筑改造过程主要分为既有建筑改造与新结构施工两个阶段。既有建筑改造阶段碳排放主要由拆卸机械、改造工艺、建筑垃圾清运等组成；新结构施工阶段碳排放主要由建筑材料的生产与运输、施工机械、施工工艺、建筑垃圾清运等组成。本节以严寒地区某居住建筑与寒冷地区某公共建筑为例介绍既有建筑改造碳排放计算，希望通过学习本节掌握建筑改造阶段碳排放计算及结果分析方法。

9.3.1 项目简介与基础数据

1）沈阳市某老旧住宅现状

现对沈阳市某老旧住宅进行适老化改造。沈阳市地处严寒地区，经调查，该老旧住宅楼为砖混结构，抗震设防烈度为 7 度，建筑 7 层，一梯三户，共三个单元，从西到东分别为 1 至 3 单元。住宅总高度为 20.5 m，层高为 2.8 m，外墙为 400 mm 厚承重空心砖夹 40 mm 厚苯板，内墙为 240 mm 厚承重空心墙，屋面采用正置式保温上人屋面，外窗为单框双玻窗[56]。

经过软件模拟，发现该老旧住宅节能方面存在问题，主要是建筑外围护结构保温性能较差，导致建筑冷热负荷较大，能耗过大，因此需要对建筑外围护结构进行改造，包括外墙、屋面的保温层敷设，以及外窗玻璃的改造。

（1）外墙与屋面的改造 在严寒地区，外墙通常使用外保温系统，屋面常用的是倒置式保温方式。外墙与屋面常用保温材料为聚苯板（EPS）、挤塑聚苯板（XPS）与聚氨酯（PU）。

（2）外窗的改造 外窗改造通常使用新型的外窗作为提高保温性能的措施。选择内平开塑料窗 5 单银 Low-E+12+5+12+5 单银 Low-E。

此住宅楼的构造做法参数如表 9-1 所示。

外墙保温采用一定厚度的保温材料贴于外墙外表面并在外侧附 20 mm 厚水泥砂浆。在外墙的性能指标中，传热系数 $K \leqslant 0.50$ W/（m² · K）即可满足要求，最终采用 40 mm 厚挤塑聚苯板做外墙保温，导热系数 K 为 0.5 W/（m² · K）。

屋面采取对防水层进行修复后设置保温层。屋面保温性能指标中，传热系数 $K \leqslant 0.20$ W/（m² · K）即可满足要求，最终选择 90 mm 厚聚氨酯做屋面保温，此时导热系数为 0.2 W/（m² · K）。

外窗的保温性能指标中，传热系数 K 不宜大于 2.2 W/（m² · K），选择内平开塑料窗 5 单银 Low-E+12+5+12+5 单银 Low-E 窗，传热系数为 1.1 W/（m² · K）。

类型	材质	厚度，mm
屋面	水泥砂浆	25
	水泥珍珠岩保温层	100
	白灰炉渣找坡	30
	钢筋混凝土楼板	120
	水泥砂浆	25
外墙	水泥砂浆外饰面	20
	空心砖	120
	聚苯板	40
	空心砖	280
	水泥砂浆外饰面	20
外窗	单框双玻塑钢推拉窗	
楼梯间隔墙	承重空心砖	370
户间隔墙	承重空心砖	240

2）北京市某体育场现状

北京市地处寒冷地区，该体育场完成游泳赛事后需要转变为冰上比赛场地，目前，该体育场存在全年运行能耗高的问题，包括夏季冷负荷过大、过渡季自然通风效果差。综合考虑技术可行性和经济性，该体育场空调系统改造主要为空调机组变频改造与新增制冰系统[57]。

9.3.2 改造阶段碳排放计算与分析

1）沈阳市某老旧住宅改造阶段碳排放计算

（1）既有建筑改造阶段碳排放估算　改造项目工程量为 5000 kg，改造使用单位工程量机械台班数量为 0.002 台，机械为叉式起重机，消耗汽油 26.46 kg/ 台班，则计算能耗系数 $f_{cc,i}$ 计算为：

$$f_{cc,\ i} = \sum_{j=1}^{m} T_{Bi,\ j} R_j = 0.002 \times 26.46 = 0.05292 \text{ kg/kg 工程量} \tag{9-5}$$

改造阶段能源用量 E_{cc} 为：

$$E_{cc} = \sum_{i=1}^{n} Q_{cc,\ i} f_{cc,\ i} = 5000 \times 0.05292 = 264.6 \text{ kg} \tag{9-6}$$

计算既有建筑改造阶段碳排放量为 C_{cc}：

$$C_{cc} = \sum_{i=1}^{n} E_{cc} EF_i = 264.6 \times 3.164 = 837.19 \text{ kgCO}_2\text{e} \quad (9\text{-}7)$$

垃圾清运产生碳排放计算并入运输阶段碳排放，在本章不作计算。

（2）新结构施工阶段碳排放估算　主要包括泵送等工艺的燃油产生的直接碳排放，以及振捣等工艺消耗的电力产生的间接碳排放，此次适老化改造使用灰浆搅拌机 10 台，叉式起重机 3 台，改造项目工程量为 3000 kg，消耗电能 400 kWh。

计算改造阶段碳排放量为 C_{co} 为：

$$C_{co} = \sum_{i=1}^{n} E_{cc} EF_i = 10 \times 0.581 \times 10^{-3} + 3 \times 3.164 = 9.50 \text{ kgCO}_2\text{e} \quad (9\text{-}8)$$

因此改造阶段总碳排放量 C_c 为：

$$C_c = C_{cc} + C_{co} = 837.19 + 9.50 = 846.69 \text{ kgCO}_2\text{e} \quad (9\text{-}9)$$

2）北京市某体育场改造阶段碳排放计算

（1）生产阶段碳排放估算：建材回收系数本工程为 0.3，需要使用硅酸盐水泥 2 t，砂 10 t，计算生产阶段产生的碳排放量为：

$$P_{cm, m.p} = \sum_{i=1}^{n} p_i \times m_i \times (1-\alpha_i) = 735 \times 2 \times (1-0.3) + 2.51 \times 10 \times (1-0.3)$$

$$= 1029 + 17.57 = 1046.57 \text{ kgCO}_2\text{e} \quad (9\text{-}10)$$

式中　i——建材的种类数；

　　　p_i——生产单位建材的碳排放量（kgCO$_2$）；

　　　m_i——建材使用数量；

　　　α_i——建材回收系数。

（2）运输阶段碳排放估算　只考虑从工厂运输到施工场地的能源消耗及其所带来的 CO$_2$ 的排放。参考《建筑碳排放计算标准》GB/T 51366—2019，除混凝土外其他建材默认运输距离为 500 km，本改造项目采用重型汽油货车运输（载重 10 t）与轻型汽油货车运输（载重 2 t），建材运输阶段 CO$_2$ 排放量计算公式为：

$$P_{co, m.t} = \sum_{i=1}^{n} d_i \times m_i \times t_e = 500 \times 0.104 \times 10 + 500 \times 0.334 \times 2 = 854 \text{ kgCO}_2\text{e} \quad (9\text{-}11)$$

式中　d_j——建筑设备 j 从生产地运送至建筑工地的平均距离；

　　　t_e——不同运输方式运输单位建筑设备的碳排放量（kgCO$_2$）。

（3）改造施工阶段碳排放估算：按照施工工艺计算碳排放，使用起重机运行 5 km，水平运输 4 km。碾压场地平整为 1000 m³，施工照明场地为 7000 m²，计算改造施工阶段碳排放量为：

$$P_{co, c} = \sum_{k=1}^{n} p_k \times e_k = 5000 \times 3.24 + 4000 \times 4.26 + 7000 \times 1.85 + 1000 \times 1.39$$

$$= 47580 \text{ kgCO}_2\text{e} \tag{9-12}$$

因此改造阶段产生的碳排放量为 $P_{co, m}$：

$$P_{co, m} = P_{cm, m.p} + P_{co, m.t} + P_{co, c} = 1046.57 + 854 + 47580 = 49480.57 \text{ kgCO}_2\text{e} \tag{9-13}$$

9.3.3　实践结果分析

由于建造年限久远，许多老旧建筑已经无法满足居住与办公等要求，因此需要对建筑进行相应改造。以沈阳市某老旧住宅适老化改造为例，计算建筑改造阶段碳排放情况。调研可知改造过程会在既有建筑改造与新结构施工两个过程产生较大的碳排放，分别对上述过程产生的碳排放量进行计算。

计算结果表明，沈阳市某老旧住宅适老化改造项目在改造阶段产生的碳排放总量为 846.69 kgCO$_2$e，其中既有建筑改造阶段产生 837.19 kgCO$_2$e，占碳排放总量的 98.88%，新结构施工阶段产生 9.50 kgCO$_2$e，占碳排放总量的 1.12%。可知既有建筑改造过程中会产生更大量的 CO$_2$ 等温室气体，增加了建筑绿色改造的负担。因此既有建筑改造过程中更需要注重合理选择机械台班的种类与数量，提高化石燃料的利用效率。在新结构施工的过程中，考虑优化工艺过程，减少直接与间接的碳排放数量。

北京市某体育场的改造阶段会在生产、运输、改造施工阶段产生大量碳排放，分别对上述过程产生的碳排放量进行计算。

计算结果表明，北京市某体育场改造阶段产生的碳排放总量为 49480.57 kgCO$_2$e，其中生产过程产生的碳排放量为 1046.57 kgCO$_2$e，占碳排放总量的 2.11%，运输过程产生的碳排放量为 854 kgCO$_2$e，占碳排放总量的 1.73%，改造施工过程产生的碳排放量为 47580 kgCO$_2$e，占碳排放总量的 96.16%。可知改造阶段绝大多数碳排放均产生于施工过程。因此在施工阶段需要严格把控施工工艺流程，同时积极寻求更高效、节能的施工方式，避免因为施工工艺而产生不必要的碳排放。

9.4　本章重点与难点

本章研究对象是处于改造阶段的建筑，集中介绍建筑改造的难点与挑战，根据改造条件引入改造阶段碳排放计算流程，提出建筑改造阶段主要分为既有建筑结构改造和新结构施工环节，展示既有建筑结构改造环节中改造机械及改造工艺、垃圾清运、材料回收，以及新结构施工环节材料生产、施工工艺、施工用水的碳排放量估算计算方法。计算方法阐述完毕后，引入沈阳市某住宅建筑、北京市某体育场实际工程项目进行碳排放量估算，并分析减排重点。本章重点是确定建筑改造的范围与阶段并明确各环节，估算碳排放量的计算公式与含义；难点在于能够全面认识建筑的改造阶段，对与碳排放计算相关的环节全面分析，目的在于面对处于改造阶段的建筑物，能够根据建筑信息预测出改造阶段产生的碳排放量。通过对估算数据的分析，提高读者的建筑减排意识。

思考题

1. 为何要对建筑改造阶段进行碳排放计算？

2. 建筑改造阶段包含哪几个环节？

3. 建筑改造阶段各具体环节的碳排放量计算需考虑哪些因素？

4. 既有建筑结构改造环节计算碳排放量时涉及哪几部分内容？

5. 改造机械及改造工艺时如何计算消耗的电能与产生的碳排放量？试着解释公式中各参数的含义。

6. 参考《建筑碳排放计算标准》GB/T 51366—2019，如何计算改造机械及改造工艺消耗电能产生的碳排放量？试着解释公式中各参数的含义。

7. 新结构材料生产主要包括哪两类材料？试着各举出三种材料例子。

8. 举例除市政自来水与收集雨水以外的水源用作为施工用水并给出一定解释。

9. 如何评估建筑改造过程的减排效益？

第 10 章

建筑拆除阶段的碳排放计算与分析

本章主要内容及逻辑关系如图 10-1 所示。当建筑的结构强度、保温、安全等性能或美观程度无法满足住户以及城市建设的需要，或是达到使用寿命、城市规划出现变化时，建筑会面临拆除的情况，其作为建筑生命周期的最终环节，在实际工程中，计算该阶段的碳排放需要考虑以下几个问题：

（1）建筑拆除阶段包含哪些环节？

（2）建筑拆除阶段各具体环节的碳排放量计算需考虑哪些因素？

（3）如何在建筑拆除阶段开展减排工作？

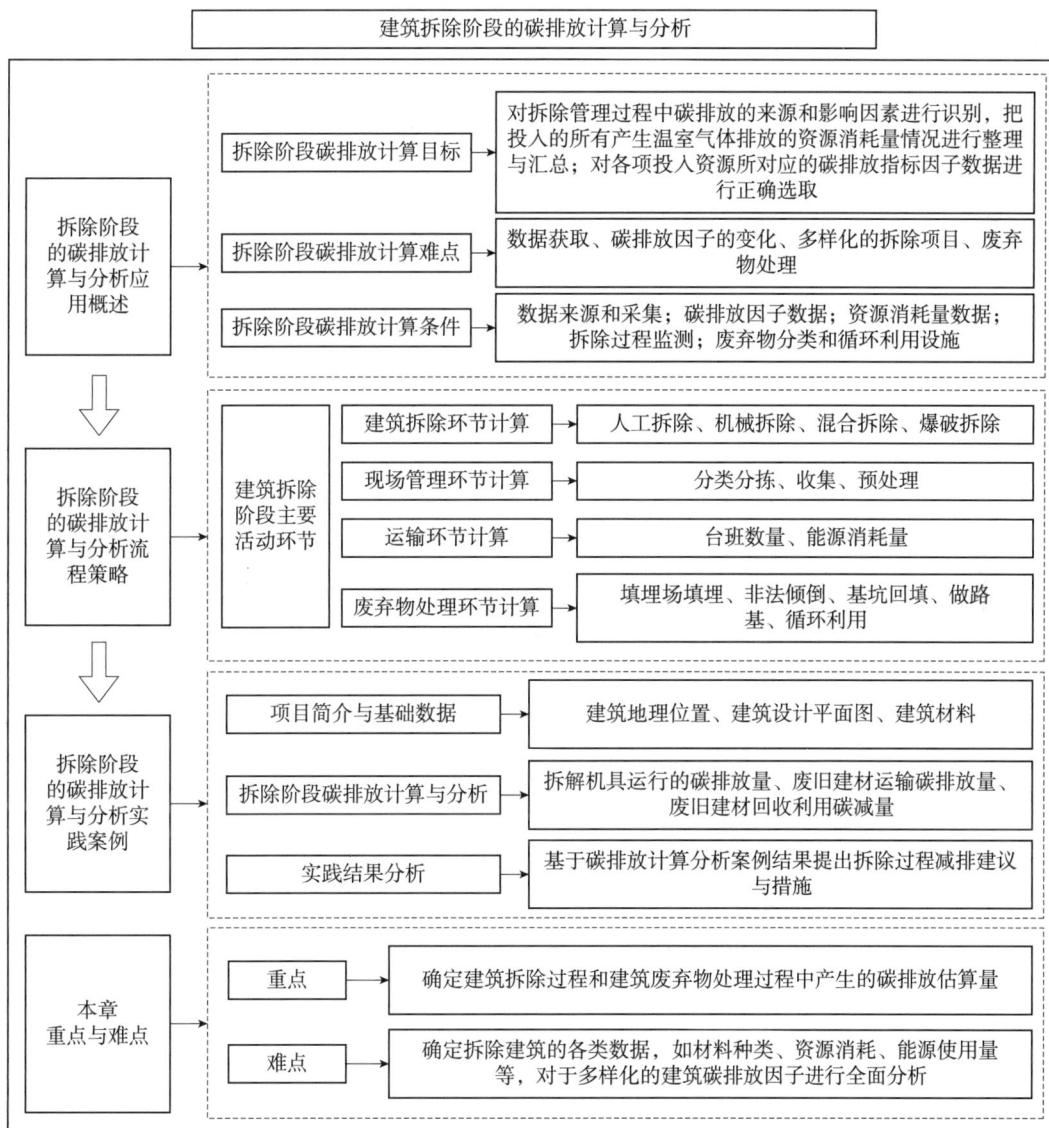

图 10-1　本章主要内容及逻辑关系

10.1

拆除阶段的碳排放计算与分析应用概述

10.1.1 拆除阶段碳排放计算目标

拆除阶段产生的碳排放包括拆除过程和建筑废弃物处理过程中产生的碳排放。拆除项目由于建筑自身特点、施工工艺及管理方法的不同，其拆除方案和废弃物处理方式等都有差异。

碳排放的计算过程分为两个步骤：一是对拆除管理过程中碳排放的来源和影响因素进行识别，把投入的所有产生温室气体排放的资源消耗情况进行整理与汇总；二是对各项投入资源所对应的碳排放指标因子数据进行正确选取。将资源投入量与单位资源所产生的碳排放量的乘积汇总，即可得到最终的碳排放量结果。

10.1.2 拆除阶段碳排放计算难点

拆除阶段碳排放计算的难点主要涉及以下方面：

（1）**数据获取**：拆除项目的碳排放计算需要大量数据，包括项目规模、材料种类、工程图纸、资源消耗、能源使用等。然而，这些数据可能不容易获得，尤其是在旧建筑或非结构化拆除项目中。

（2）**碳排放因子的变化**：随着时代和技术的发展，各种能源和人工的碳排放因子数据会有所改变，在不同的城市和区域，其碳排放因子也会不同。比如，随着设备、方式和技术的更新，电力能源的生产和原油的开采会更有效率，二者的碳排放因子可能会有所减少；在不同的城市，由于地区资源和生产方式不同，火电和水电生产方式的碳排放因子也会有差异。而随着项目现场工作和生活条件的改善，人工碳排放因子也有可能发生变化，在具体进行碳排放计算时应当适时对碳排放因子指标数据进行更新。

（3）**多样化的拆除项目**：不同类型的建筑、材料和施工工艺会导致不同的碳排放情况。因此，需要开发通用的计算方法，以适应多样化的拆除项目，这对于标准化碳排放计算非常重要。

（4）**废弃物处理**：国家《"十四五"循环经济发展规划》提出到 2025 年建筑垃圾综合利用率达到 60% 的目标，并且部署了将建筑垃圾等大宗固废综合利用的重要任务，因此应该加大建筑废弃物循环利用技术和管理创新。建筑垃圾的处理，也需要进一步细化分类，使得更多的废旧材料能够物尽其用。

解决这些难点需要综合考虑数据质量、技术创新、标准化方法和政策支持。拆除阶段碳排放计算的准确性和可持续性对于实现环保目标和减少碳足迹至关重要。

10.1.3 拆除阶段碳排放计算条件

在实施拆除项目的碳排放计算过程中，有一些关键条件和要求需要满足，以确保计算的准确性和可比性。以下是与计算碳排放相关的一些必要条件：

（1）**数据来源和采集**：需要收集和获取所需的各种项目数据，包括拆除项目的具体规模、时段、材料类型、施工工艺、设备使用情况等信息。这些数据可以从工程图纸、项目计划、设备清单和相关记录中获得。

（2）**碳排放因子数据**：为了计算碳排放，需要准确的碳排放因子数据，这包括各种资源的碳排放因子数据，如电力、燃料、原材料等。这些数据可能会因地区和时间而异，因此需要使用最新的数据，并确保其适用于特定项目所在的地理位置。

（3）**资源消耗量数据**：详细记录拆除过程中使用的各种消耗量数据，包括能源、原材料、设备、运输等。

（4）**拆除过程监测**：了解和遵守当地环境政策和法规，以确保拆除项目的碳排放计算符合法律要求。拆除过程中的碳排放需要在实际工程中进行监测和测量。这可以通过监控设备的运行时间、能源消耗、废弃物产生等方式来实现。

（5）**废弃物分类和循环利用设施**：为了达到国家建筑废弃物综合利用率的目标，需要建立和维护废弃物分类和循环利用设施。这将有助于减少废弃物的处理成本和环境影响，并提高可持续性。

拆除项目的碳排放计算需要综合考虑各种因素和数据，以确保计算的准确性和可比性，并同时遵守相关法规和政策，以推动建筑行业的可持续发展。

10.2 拆除阶段的碳排放计算与分析流程策略

10.2.1 建筑拆除阶段主要活动环节

建筑拆除阶段可分为建筑拆除、现场管理、运输阶段、废弃物处理四个环节。

1）建筑拆除

拆除阶段碳排放主要是拆除设备及运输设备将建筑物拆解过程产生的能耗，是建筑建造的逆过程。一般而言，根据拆除建筑的特点和现有拆除机械和技术水平选取合适的拆除方式，拆除时按照从顶层自上而下的顺序，逐层分段对建筑物进行拆除。对每层而言，通常先拆顶板，再拆内墙，为了保证不向外落渣，最后才拆除外墙。屋檐、阳台、雨棚、外楼梯、广告板等在拆除施工中容易失稳的外挑构件，先予拆除。

拆除时，先拆除建筑的非承重结构，后拆除承重结构，进行高处作业时，则借助吊车和起重机来操作。在建筑物被拆除至 10 m 左右高度时，可以用长臂炮机或推土机等设备对剩下的部分直接进行整体拆除。

建筑拆除方式主要有人工拆除、机械拆除、混合拆除和爆破拆除等。大多数拆除工程采用的是人工拆除和机械拆除。其中，人工拆除方式的碳排放来源为人工劳动力的消耗，其影响因素为工人的总工作时间，人工消耗量通过工日数来体现；机械拆除方式的碳排放来源主要为机械消耗，影响因素包括各机械设备的工作时间及其耗油率，衡量指标为机械台班数和设备所需能源如电能、石油或柴油等的消耗量；混合拆除方式的碳排放来源为人工消耗和机械消耗，影响因素包含工人的总工作时间、各台机械设备的工作时间及耗油率，可分别通过工日消耗量、台班消耗量和能源消耗量来反映；爆破拆除方式的碳排放来源则由人工消耗、机械消耗和炸药消耗三部分构成，因此其影响因素除了工人总工作时间、设备工作时间和耗油率外，还应包括炸药的数量及其种类，人工消耗体现为工日数量，机械消耗进一步体现为台班消耗量和设备能源消耗量，而炸药消耗可通过整个爆破过程所用到的炸药的数量来体现。

爆破过程涉及的相关能源排放因子如表 10-1 所示。

相关能源碳排放因子 表 10-1

能源类型		缺省碳含量, tC/TJ	缺省氧化因子	有效 CO_2 排放因子，tCO_2/TJ		
				缺省值	95% 置信区间	
					较低	较高
城市废弃物（非生物量比例）		25.0	1	91.7	73.3	121
工业废弃物		39.0	1	143.0	110.0	183.0
废油		20.0	1	73.3	72.2	74.4
泥炭		28.9	1	106.0	100.0	108.0
固体生物燃料	木材 / 木材废弃物	30.5	1	112.0	95.0	132.0
	亚硫酸盐废液（黑液）	26.0	1	95.3	80.7	110.0
	木炭	30.5	1	112.0	95.0	132.0
	其他主要固体生物燃料	27.3	1	100.0	84.7	117.0
液体生物燃料	生物汽油	19.3	1	70.8	59.8	84.3
	生物柴油	19.3	1	70.8	59.8	84.3
	其他液体生物燃料	21.7	1	79.6	67.1	95.3
气体生物燃料	填埋气体	14.9	1	54.6	46.2	66.0
	污泥气体	14.9	1	54.6	46.2	66.0
	其他生物气体	14.9	1	54.6	46.2	66.0
其他非化石燃料	城市废弃物（生物量比例）	27.3	1	100.0	84.7	117.0

2）现场管理

建筑废弃物产生后，需要对施工现场的废弃物进行收集、分拣、分类、预处理等作业活动和管理措施。这样一方面是为了提高管理效率，另一方面是便于其中的金属、木材、玻璃和塑料等具有循环利用价值的材料尽可能地回收并且统一出售。而对于现阶段无法循环利用和没有回收价值的废弃物，例如混凝土和砖块等，为了便于运输或者现场回收，往往需要在拆除现场对其进行适当的预处理，例如破碎等。这些措施都需要人工和机械设备的投入。机械消耗化石能源导致直接碳排放，电力消耗、人工消耗导致间接碳排放。

3）运输阶段

废弃物运输是指将不能回收的建筑废弃物从施工现场运至填埋场、循环利用厂或者运到其他运输终点的过程。为了避免在运输过程中产生的扬尘等对运输路线周边环境造成影响，通常会采用洒水的方式来进行缓解，或者选用密闭式的建筑废弃物运输车辆来进行运输。废弃物运输阶段主要的碳排放来自运输工具在运输过程中消耗能源产生的直接碳排放（仅考虑燃料周期的情况）和消耗人工所产生的间接碳排放。一般而言，废弃物的运输多为公路运输，运输过程中碳排放量的多少取决于运输距离、消耗的能源类型（如汽油、柴油等）和运输工具在单位运输距离内的能源消耗量。运输工具所需能源类型和单位运输距离内的能源消耗量可从运输工具的参数说明中取得，而所需要的机械台班数据可从项目的清单数据中取得。故此阶段碳排放评估的关键是确定拆除现场至填埋场或循环利用厂的总运输距离。

为了便于对运输阶段和循环利用阶段各机械设备的工作时间进行计算，有必要估算建筑拆除阶段所产生的废弃物总量及不同成分废弃物材料的产生量。拆除建筑废弃物产生量指标按表 10-2 取值。

拆除建筑废弃物产生量指标 表 10-2

废弃物	住宅建筑		商业建筑		公共建筑		工业建筑	
	产生量，kg/m²	比重，%	产生量，kg/m²	比重，%	产生量，kg/m²	比重，%	产生量，kg/m²	比重，%
总量	1450	100	1380	100	1480	100	1130	100
废弃混凝土	880	60.69	880	63.77	950	64.19	830	73.45
废弃砖、砌块和石材	180	12.41	150	10.87	125	8.44	35	3.10
废弃砂浆	200	13.79	220	15.94	240	16.21	150	13.27
废弃金属	65	4.48	60	4.35	90	6.10	60	5.31
废弃木材	35	2.41	25	1.81	30	2.03	28	2.48
其他废弃物	90	6.22	45	3.26	45	3.03	27	2.39

4）废弃物处理

废弃物处理是指废弃物被运输到回收厂、循环利用厂和填埋场或其他指定运输终点后被最终处理的过程。在废弃物处理的各项措施中，将废弃物运往填埋场是最常见的做法；将建筑废弃物进行基坑回填和用作路基的做法作为废弃物理想的处理方式之一，目前仍未得到普及；而将惰性废弃物运往循环利用厂进行资源化回收利用正越来越受到项目管理者的青睐。

建筑废弃物的资源化回收主要有以下几个方面的应用：

首先，建筑废弃物材料循环回收所产生的骨料可以用来生产混凝土砖和环保型砌块等再生产品，或者用作混凝土和砌块等材料生产过程中的骨料。这样一方面可以使建筑废弃物再生转化成为具有较高经济、社会和环境效益的产品，节约材料的制造成本；另一方面还能减少对于土地资源和自然资源的过度开采与利用，是贯彻"低碳城市"和"绿色施工"理念的有效途径之一，具有巨大的潜力和广阔的前景。其次，建筑废弃物材料可以用作道路基层、垫层和地基加固处理的填料。通过这种方式可以大大减少建筑废弃物的数量，让废弃物"变废为宝"，同时也能促进基坑回填处理方式的使用。最后，建筑废弃物材料还可以用来造景。在实现建筑废弃物就地利用的同时还能起到美化环境的作用。

虽然不同的循环利用厂对废弃物处理的工序各有差异，但总体而言，建筑废弃物的资源化回收利用过程主要包括建筑废弃物的破碎与分选和再生骨料的资源化回收利用两个步骤。建筑废弃物的破碎与分选是指通过破碎、磁选、风选和筛分等工序分选出不同粒径的再生骨料。由于废弃物成分复杂，大小不一，在进行循环利用之前，有必要对其进行破碎和分选，将废弃物材料按照类别和粒径大小进行归类以提高循环利用的效率。例如，对于废弃物中残余的小块金属，一般使用磁选的方式进行分离，轻质木材则采取风选的方式分离，而对于混凝土废弃物则先破碎再根据骨料的粒径大小进行筛选，以便用于再生建筑材料的生产。而对于不能回收和生产的渣土等废弃物，则可进行填埋处理。

在以上几种废弃物处理方式中，无论将废弃物进行基坑回填、做路基、资源化回收处理，还是填埋，都需同时消耗人工和机械资源，因此会产生人工碳排放和机械设备碳排放。

不能回收的建筑材料在拆除后被运到废弃物处理场进行露天倾倒或填埋。这些材料产生的净填埋排放量虽然很低，但是不能忽略。不同废弃物产生的碳排放应根据废弃物的特性及填埋等条件进行监测，不同废弃物填埋过程中气体产生量指标如表 10-3 所示。表中剔除了玻璃和金属材料，因为这两种材料一般不采用填埋的方式进行处理。

不同废弃物填埋过程中气体产生量指标，单位：kg/t 表 10-3

废弃物种类	CO_2	CH_4	CO	C
碎石、砖块	4.2	1.84	0.01	2.53
混凝土	43.99	19.26	0.06	26.47
木材	424.49	185.80	0.59	255.37
塑料	514.54	225.22	0.71	309.55
渣土	6.71	2.97	0.23	4.16
其他	452.96	198.27	0.62	272.50

通过各种废弃物材料的量及其各自的温室气体排放指标，便可计算得到废弃物填埋过程中自身所产生的碳排放量。对于综合利用，产生填埋气体的只有残土和其他物质，对于直接填埋，所有物质均会产生填埋气体。

10.2.2 建筑拆除环节计算

建筑拆除阶段的单位建筑面积的碳排放量应按下式计算：

$$C_{cc} = \frac{\sum_{i=1}^{n} E_{cc,i} EF_i}{A} \qquad (10-1)$$

式中 C_{cc}——建筑拆除阶段单位建筑面积的碳排放量（$kgCO_2e/m^2$）；

$E_{cc,i}$——建筑拆除阶段第 i 种能源总用量（kWh 或 kg）；

EF_i——第 i 类能源的碳排放因子（$kgCO_2e$/kWh 或 kg）；

A——建筑面积（m^2）。

建筑物人工拆除和机械拆除阶段的能源用量应按下列公式计算：

$$E_{cc} = \sum_{i=1}^{n} Q_{cc,i} f_{cc,i} \qquad (10-2)$$

$$f_{cc,i} = \sum_{j=1}^{n} T_{B-i,j} R_j + E_{jj,i} \qquad (10-3)$$

式中 E_{cc}——建筑拆除阶段能源用量（kWh 或 kg）；

$Q_{cc,i}$——第 i 个拆除项目的工程量（kWh 或 kg）；

$f_{cc,i}$——第 i 个拆除项目每计量单位的能耗系数（kWh 或 kg/ 工程量计量单位）；

$T_{B-i,j}$——第 i 个拆除项目单位工程量第 j 种施工机械台班消耗量（台班/ 工程量计量单位）；

R_j——第 i 个项目第 j 种施工机械单位台班的能源用量（kWh 或 kg/ 台班）；

$E_{jj,i}$——第 i 个项目中，小型施工机具不列入机械台班消耗量，但其消耗的能源列入材料的部分能源用量（kWh 或 kg）；

i——拆除工程中项目序号；

j——施工机械序号。

建筑物爆破拆除、静力破损拆除及机械整体性拆除的能源用量应根据拆除专项方案确定。

不同拆除方式的碳排放来源和计算公式如表 10-4 所示。

不同拆除方式的碳排放来源和计算公式 表 10-4

拆除方式	资源消耗	衡量指标	计算公式
人工拆除	人工消耗	工日数量	$C_L=m_L \times f_L$
机械拆除	机械消耗	台班数量	$C_M=m_M \times f_L$
		能源消耗量	$C_E=m_E \times f_E$
混合拆除	人工消耗	工日数量	$C_L=m_L \times f_L$
	机械消耗	台班数量	$C_M=m_M \times f_L$
		能源消耗量	$C_E=m_E \times f_E$
爆破拆除	人工消耗	工日数量	$C_L=m_L \times f_L$
	机械消耗	台班数量	$C_M=m_M \times f_L$
		能源消耗量	$C_E=m_E \times f_E$
	炸药消耗	炸药消耗量	$C_D=m_D \times f_D$

注：C 为碳排放量；C_L 为人工碳排放量；C_M 为机械台班碳排放量；C_E 为能源碳排放量；C_D 为炸药碳排放量；m 为衡量指标的数量；m_L 为工日数；m_M 为台班数；m_E 为能源消耗量；m_D 为炸药消耗量；f 为衡量指标所对应的碳排放因子；f_L 为人工碳排放因子；f_E 为能源碳排放因子；f_D 为炸药碳排放因子。

10.2.3　现场管理环节计算

在现场管理阶段主要的资源消耗有人工消耗和机械消耗，其管理方式的碳排放来源和计算公式如表 10-5 所示。

现场管理方式的碳排放来源和计算公式 表 10-5

现场管理方式	资源消耗	衡量指标	计算公式
分类分拣	人工消耗	工日数量	$C_L=m_L \times f_L$
	机械消耗	台班数量	$C_M=m_M \times f_L$
		能源消耗量	$C_E=m_E \times f_E$
收集	人工消耗	工日数量	$C_L=m_L \times f_L$
	机械消耗	台班数量	$C_M=m_M \times f_L$
		能源消耗量	$C_E=m_E \times f_E$
预处理	人工消耗	工日数量	$C_L=m_L \times f_L$
	机械消耗	台班数量	$C_M=m_M \times f_L$
		能源消耗量	$C_E=m_E \times f_E$

10.2.4　运输环节计算

根据深圳市住房和建设局发布的《建筑废弃物减排技术标准》SJG 21—2025，拆除建筑的废弃物产生量计算公式如下：

$$W_c = A_c \times q_c \tag{10-4}$$

式中　W_c——拆除建筑的废弃物产生量（kg）；

　　　A_c——被拆除建筑的建筑总面积（m^2）；

　　　q_c——拆除建筑的废弃物产生量指标，其取值按10.2.1节中表10-2所示（kg/m^2）。

建筑物拆除后的垃圾外运产生的能源用量应按下式计算：

$$C_{ys} = \sum_{i=1}^{n} M_i D_i T_i \tag{10-5}$$

式中　C_{ys}——建材运输过程碳排放（$kgCO_2e$）；

　　　M_i——第 i 种主要建材的消耗量（t）；

　　　D_i——第 i 种建材平均运输距离（km）；

　　　T_i——第 i 种建材的运输方式下，单位重量运输距离的碳排放因子 [$kgCO_2e/(t \cdot km)$]。

运输过程的碳排放来源和计算公式如表10-6所示。

运输过程的碳排放来源和计算公式　　　　　　表10-6

运输方式	资源投入	衡量指标	计算公式
公路运输	机械消耗	台班数量	$C_M = m_M \times f_L$
		能源消耗量	$C_E = m_E \times f_E$

10.2.5　废弃物处理环节计算

各项处理措施的碳排放来源和计算公式如表10-7所示。

各项处理措施的碳排放来源和计算公式　　　　　　表10-7

处理方式	资源投入	衡量指标	计算公式
填埋场填埋	人工消耗	工日数量	$C_L = m_L \times f_L$
	机械消耗	台班数量	$C_M = m_M \times f_L$
		能源消耗量	$C_E = m_E \times f_E$
	废弃物	废弃物填埋量	$C_W = m_W \times f_W$
非法倾倒	机械消耗	台班数量	$C_M = m_M \times f_L$
		能源消耗量	$C_E = m_E \times f_E$
	废弃物	废弃物填埋量	$C_W = m_W \times f_W$

处理方式	资源投入	衡量指标	计算公式
基坑回填	人工消耗	工日数量	$C_L=m_L \times f_L$
	机械消耗	台班数量	$C_M=m_M \times f_L$
		能源消耗量	$C_E=m_E \times f_E$
做路基	人工消耗	工日数量	$C_L=m_L \times f_L$
	机械消耗	台班数量	$C_M=m_M \times f_L$
		能源消耗量	$C_E=m_E \times f_E$
循环利用	人工消耗	工日数量	$C_L=m_L \times f_L$
	机械消耗	台班数量	$C_M=m_M \times f_L$
		能源消耗量	$C_E=m_E \times f_E$

注：C_W 为废弃物自身碳排放量；m_W 为废弃物的数量；f_W 为废弃物填埋的气体产生量指标取值见表 10-3。

10.3 拆除阶段的碳排放计算与分析实践案例

10.3.1 项目简介与基础数据

建筑拆解阶段的碳排放由三部分组成，包括拆解机具的运行、拆解废弃物的运输耗能引起的碳排放量，以及由于废弃建筑回收带来的碳减量。建筑拆除是建筑建造的逆过程，除采用爆破或整体拆除方式外，拆除阶段可以参照建造阶段的计算方法来计算拆除过程的能耗。下面以一居住建筑为例，介绍建筑拆除阶段的碳排放计算方法。

太乙路经济适用房小区，位于陕西省西安市，属于寒冷（B区）气候，以其中1号楼为例，核算该住宅楼的碳排放。

太乙路经济适用房1号楼的设计使用年限为50年；建筑高度为95.40 m；地上32层，地下1层，其中一、二层为商场，三层以上为住宅；结构形式为钢筋混凝土剪力墙结构，抗震设防烈度为8度；共2个单元，每个单元一梯四户，共有240户住宅，总建筑面积为39173 m²，其中地上36363 m²，地下2810 m²，该住宅楼折合的占地面积为1710 m²。1号住宅楼标准单元平面图如图10-2所示。

10.3.2 拆除阶段碳排放计算与分析

1）拆解机具运行的碳排放量

借鉴欧阳磊[56]等人的研究成果，对该建筑拆除阶段的拆解机具的运行能耗进行估算。

本建筑拆除方式拟采用人工拆解与机械拆解结合的方式。首先拆解建筑

图 10-2　1 号住宅楼标准单元平面图

装饰、管道、设备、照明、水管、通风、门窗等，清空室内后拆解主体结构，按照屋面、墙、梁、柱的顺序逐层向下，直至基础。根据本建筑工程量清单，统计主体结构、围护结构、装饰工程等的拆解工程量清单如表 10-8 所示。

拆解工程量清单　　　　　　　　　　　　　　　表 10-8

序号	项目名称	项目特征描述	计量单位	工程量
1	砖砌体拆除	砖及砌块砌体机械拆除	m³	2833.42
2	钢筋混凝土构件拆除	现浇钢筋混凝土楼板机械拆除	m³	2723.45
3	钢筋混凝土构件拆除	现浇钢筋混凝土梁、柱机械拆除	m³	901.42
4	钢筋混凝土构件拆除	现浇钢筋混凝土墙机械拆除	m³	6780.09
5	钢筋混凝土构件拆除	现浇钢筋混凝土楼梯机械拆除	m³	196.51
6	钢筋混凝土构件拆除	现浇钢筋混凝土阳台机械拆除	m³	219.2
7	钢筋混凝土构件拆除	现浇钢筋混凝土其他构件有筋机械拆除	m³	42.63
8	金属门窗拆除	铝合金、塑钢窗拆除	m³	5569
		铝合金门拆除	m³	1734
9	立面抹灰层拆除	墙面抹灰铲除 水泥砂浆混合砂浆	m³	9752
10	顶棚抹灰面拆除	顶棚抹灰铲除 水泥砂浆混合砂浆	m³	6616
11	平面块料拆除	面砖地面拆除	m³	165
12	立面块料拆除	墙面块料面层铲除 陶瓷块料	m³	2794
13	栏杆、栏板拆除	栏杆、栏板的高度：扶手及栏杆拆除 靠墙扶手	m³	314.3

常用机械单位台班碳排放因子如表 10-9 所示。参考《全国统一房屋修缮工程预算定额》及深圳市东方盛世花园二期 E 栋 12 号楼拆除工程项目[56]（建筑面积 8470.19 m²）拆除阶段使用机械种类及台班，估算出本研究案例的机械种类及台班数量如表 10-10 所示，根据公式（10-6）可计算出拆除过程机械碳排放量，如表 10-11 所示。

常用机械单位台班碳排放因子，$kgCO_2e/$（$10^2t \cdot km$）　　　　表 10-9

机械名称	规格型号	单位	碳排放因子			
			CO_2	CH_4	N_2O	合计
履带式单斗挖掘机	液压 1 m³	台班	1.95×10^2	2.00×10^{-1}	4.69×10^{-1}	1.96×10
自卸汽车	8 t	台班	1.27×10^2	1.30×10^{-1}	3.05×10^{-1}	1.27×10^2
汽车式起重机	8 t	台班	8.81×10	9.04×10^{-2}	2.12×10^{-1}	8.84×10
载货汽车	装载质量（t）12 大	台班	1.43×10^2	1.47×10^{-1}	3.45×10^{-1}	1.44×10^2
洒水车	罐容量（L）8000 大	台班	1.02×10^2	1.05×10^{-1}	2.46×10^{-1}	1.03×10^2
电动卷扬机	单筒快速 20 kN	台班	5.69×10	1.49×10^{-2}	2.54×10^{-1}	5.72×10
短螺旋钻孔机	ϕ 1200 mm	台班	2.26×10^2	1.40×10^{-1}	7.91×10^{-1}	2.27×10^2
钢筋切断机	ϕ 40 mm	台班	2.72×10	7.13×10^{-3}	1.22×10^{-1}	2.73×10

机械种类及台班数量　　　　表 10-10

序号	机械种类	单位	数量
1	履带式推土机 功率 90 kW	台班	112.82
2	履带式单斗挖掘机 机械斗容量 1.0 m³	台班	80.52
3	风动凿岩机 手持式	台班	2269.54
4	履带式液压岩石破碎机 105 kW	台班	374.22
5	载货汽车（装载质量 4 t 中型）	台班	46.90
6	洒水车 罐容量 4000L	台班	13.65
7	内燃空气压缩机 排气量 3 m³/min	台班	1185.62
8	履带式推土机 功率 75 kW	台班	93.94

建筑拆除阶段的碳排放量应根据拆除阶段的各种燃料动力用量及对应能源碳排放因子按下式计算：

$$C_{CC} = \sum_{i=1}^{n} E_{cc,\,i} \times F_i \qquad （10-6）$$

式中　C_{CC}——建筑拆除过程碳排放总量（$kgCO_2e$）；

$E_{cc,\,i}$——建筑拆除过程第 i 种燃料动力总用量（台班）；

F_i——第 i 种燃料动力的碳排放因子（$kgCO_2e$/台班）。

机械名称	单位	数量	消耗能源类型	台班碳排放因子, kgCO₂e/台班	碳排放量, kgCO₂e
履带式推土机 功率90 kW	台班	112.82	柴油	184	20758.88
履带式单斗挖掘机 机械斗容量 1.0 m³	台班	80.52	柴油	196	15781.92
风动凿岩机 手持式	台班	2269.54	风能	15.25	34610.49
履带式液压岩石破碎机 105 kW	台班	374.22	柴油	91.56	34263.58
载货汽车 （装载质量4 t 中型）	台班	46.9	汽油	74.9	3512.81
洒水车 罐容量 4000L	台班	13.65	汽油	88.82	1212.39
内燃空气压缩机 排气量 3 m³/min	台班	1185.62	电	87.57	103824.74
履带式推土机 功率75 kW	台班	93.94	柴油	168	15781.92
合计碳排放量（kgCO₂e）					229746.73

2）废旧建材运输碳排放量

根据建材工程量清单，可得 1 号住宅楼拆除后废旧建材产生量见表 10-12。

1 号住宅楼拆除后废旧建材产生量 表 10-12

废旧建材	混凝土	砖、砌块石材	废弃砂浆	废弃金属	废弃木材	其他废弃物	总量
产生量（t）	29941.81	1543.93	13525.6	2094.2	99.73	3525.57	50730.84

废旧建材运输阶段的碳排放主要由运输车辆消耗能源产生。建筑拆除时废弃金属和木材可以当场回收，其余建筑废弃物总量约为 48536.91 t，废旧建筑材料由所在地运往西安市阎良区振兴街道建筑垃圾综合利用场，采用公路运输方式，单程距离约为 70 km，所采用的运输工具为额定载重 12 t 的自卸汽车，消耗能源类型为柴油，根据公式（10-7）可计算得出 1 号住宅楼拆除后废旧建材运输碳排放量见表 10-14。

运输过程碳排放主要考虑将建材、设备机械等固体物资运送至施工现场所产生的碳排放。建材运输阶段碳排放计算按下式计算：

$$C_{ys} = \sum_{i=1}^{n} M_i D_i T_i \qquad (10\text{-}7)$$

式中　C_{ys}——建材运输过程碳排放（kgCO₂e）；

　　　M_i——第 i 种主要建材的消耗量（t），数据由工程预算清单或工程决算清单中数据折换为重量得到；

D_i——第 i 种建材的平均运输距离（km），主要通过工程决算清单获得；

T_i——第 i 种建材的运输方式下，单位重量运输距离的碳排放因子 $[kgCO_2e/(t \cdot km)]$。各种运输方式的碳排放因子如表10-13所示。

各种运输方式的碳排放因子 表10-13

运输方式	单位	碳排放因子			
	$kgCO_2e/(10^2t \cdot km)$	CO_2	CH_4	N_2O	合计
铁路运输	$kgCO_2e/(10^2t \cdot km)$	9.19×10^{-1}	5.14×10^{-4}	3.30×10^{-3}	9.23×10^{-1}
公路运输（汽油）	$kgCO_2e/(10^2t \cdot km)$	2.28×10	2.18×10^{-1}	5.95×10^{-2}	2.28×10
公路运输（柴油）	$kgCO_2e/(10^2t \cdot km)$	1.95×10	1.81×10^{-2}	4.86×10^{-2}	1.96×10

1号住宅楼拆除后废旧建材运输碳排放量 表10-14

运输距离，km	废旧材料量，t	运输碳排放因子，$kgCO_2e/(10^2t \cdot km)$	运输碳排放量，$kgCO_2e$
70	48536.91	19.6	665926.41

3）废旧建材回收利用碳减量

废旧建材的回收利用可以减少原料开采、提纯环节的能耗，所以材料回收利用率高，建筑拆除的减排效果就更加明显。例如钢材的回收可以减少钢材生产过程中从铁矿石开采到粗钢的生产过程产生的碳排放量。

本阶段同样以钢、混凝土、水泥、砂石、砖、铜芯导线电缆、墙体材料、门窗、木材、建筑陶瓷、保温材料和涂料等14种建材为研究对象。其中，水泥、陶瓷、砂石、保温材料、涂料等建筑材料经过长时间使用，很难独立拆除并进行二次回收加工使用。

但对于门窗、砖、钢筋、铜芯导线电缆、PVC管材等因其可独立拆除（或在拆除破坏时可单独分类），并可经过二次加工后再次成为建材，故属于可回收建材。

常见的可回收建材利用方式如下：

（1）废弃混凝土：废弃混凝土通过新的技术手段可制成混凝土的各种原材料——再生骨料、再生水泥等，通过建筑和拆除废物获得的再生骨料质量较差，一些研究人员建议使用30%至50%的再生骨料，以达到与天然骨料混凝土相当的强度，并辅以水泥材料。同时废旧混凝土再生细骨料可用来制备混凝土砖石及公共用地铺路砖等。

（2）废旧砖、砌块：一是回收利用，可以将旧砖、砌块和石材粉碎作为混凝土骨料等多种途径来加以利用。二是再利用，作为地面铺装、墙面装饰材料来加以利用。

（3）废弃钢材：废弃钢材的回收加工过程中，常采用剪切、打包、破碎、分选、清洗、预热等形式，使废弃钢材最终形成能被利用的优质炉料，根据废料的形式、尺寸和受污染程度以及回收用途和质量要求，选用不同的处理方式。

（4）废电线电缆：主要是将覆于铜线外缘的塑料等物质予以分离，使铜线得以熔炼再生。机械拆除法是目前国内外使用最广泛的方法，其原理主要是利用机械剪刀将电线电缆破碎成颗粒状，再利用比重、磁力或静电分选方法，将破碎后的非金属与金属予以分离。

主要建材回收利用方式的简要总结见表10-15。

主要建材回收利用方式 表10-15

废弃建材种类	回收利用方式简述	碳排放减量对应过程
废弃混凝土	制成混凝土的各种原材料	天然石料到再生骨料
废弃砖、砌块	旧砖粉碎作为混凝土骨料等多种途径	天然石料到骨料
废弃钢材	废旧钢铁最终形成能被利用的优质炉料	矿石到粗钢
废电线电缆	机械粉碎，将金属与非金属分离	铜矿石到粗铜

本研究在此基础上，并依据案例建筑工程清单，选择废旧混凝土、多孔砖、钢材、铜芯导线电缆、门窗、木材和PVC管材七种可回收建材为研究对象，根据公式（10-8）计算1号住宅楼拆解后废旧建材回收利用碳排放减量，结果见表10-16。

1号住宅楼拆解后废旧建材回收利用碳排放减量 表10-16

废旧建材种类	废旧建材产生量	回收利用率	建材回收量	回收后的材料种类	碳排放因子	碳排放减量，$kgCO_2e$
混凝土	29941.81 t	0.7	20959.27	骨料、砾石	6.43 $kgCO_2e$/t	134768.11
砖	379 千块	0.7	265.30 千块	砖	349 $kgCO_2e$/千块标准砖	92589.70
各种型钢	41.85 t	0.9	37.67 t	粗钢	2308.9 $kgCO_2e$/t	86976.26
钢筋	2039.64 t	0.9	1835.68 t	粗钢	2308.9 $kgCO_2e$/t	4238401.55
铜芯导线电缆	43409.1 kg	0.9	39068.19 kg	粗铜	9.41 $kgCO_2e$/kg	367631.67
门窗（铝合金中空）	6897.9 m^2	0.8	5518.32 m^2	门窗	46.3 $kgCO_2e$/m^2	255498.22
木材	226.6 mm^3	0.65	147.29 mm^3	木材	139 $kgCO_2e$/m^3	20473.31
PVC管材	17.59 t	0.25	4.40 t	再生料	9.74 $kgCO_2e$/kg	42856.00
合计碳排放减量（$kgCO_2e$）						5239194.82

在回收阶段，因废旧建材回收利用带来的碳减量可按公式（10-8）计算

$$C_{HS} = \sum_{i=1}^{n} (AD_{HSi} \cdot \alpha_{HSi} \cdot EF_{HSi}) \qquad （10-8）$$

式中　C_{HS}——回收阶段的碳排放减量（kgCO$_2$e）；

　　　AD_{HS}——材料的数量；

　　　α_{HS}——材料的回收比例（%）；

　　　EF_{HS}——回收材料的碳排放因子（kgCO$_2$e/材料计量单位）；

　　　i——材料的种类。

10.3.3　实践结果分析

结合以上数据，根据公式（10-9）可以计算出拆解过程的建筑碳排放总量为 -4343521.61 kgCO$_2$e，见表10-17。

拆除清理阶段的碳排放主要包括拆解机具运行产生的碳排放和废旧建材的运输、回收利用产生的碳排放，可由式（10-9）计算：

$$C_3 = C_{CC} + C_{HS} \qquad （10-9）$$

式中　C_3——拆除清理阶段的碳排放量（kgCO$_2$e）；

　　　C_{CC}——拆除机具运行碳排放量（kgCO$_2$e）；

　　　C_{HS}——废旧建材处置碳排放量（kgCO$_2$e）。

拆解过程的建筑碳排放总量　　　　　　　　　　表 10-17

子阶段	碳排放增量，kgCO$_2$e	碳排放减量，kgCO$_2$e	单位建筑面积碳排放量，kgCO$_2$e/m^2
机械台班施工	229746.75	—	5.86
废旧建材运输	665926.46	—	17.00
废旧建材回收利用	—	5239194.82	-133.75
合计	895673.21	5239194.82	-110.89

由上表可知，建筑拆解阶段因施工和废旧建材运输所产生的碳排放增量为 22.86 kgCO$_2$e/m^2，而拆解后，由于部分废旧建材回收利用带来的碳排放减量为 133.75 kgCO$_2$e/m^2，故拆解阶段总计碳排放量为 -4343521.61 kgCO$_2$e，拆解阶段单位建筑面积的碳排放量为 -110.89 kgCO$_2$e/m^2。

10.4

本章重点与难点

本章研究对象是处于拆除阶段的建筑，集中介绍建筑拆除的难点与条件，根据计算碳排放的条件引入拆除阶段碳排放计算流程，提出建筑拆除阶段主要分为建筑拆除、现场管理、运输阶段、废弃物处理四个环节，通过计算和监测施工中的机械用量、能源消耗以及材料损耗等，采用碳排放因子法计算拆除阶段的碳排放，为设计人员和施工管理人员提供相应的碳排放计算和管理方法，优化建筑设计和建造方式。本章重点是确定建筑拆除过程和建筑废弃物处理过程中产生的碳排放估算量，难点在于确定拆除建筑的各类数据，如材料种类、资源消耗、能源使用量等，对于多样化的建筑碳排放因子进行全面分析，目的在于当面对一个处于拆除阶段的建筑物，能够根据建筑信息预测出改造产生的碳排放量。通过对估算数据的分析，提高读者的节能减排意识。

思考题

1. 为何要对建筑拆除阶段进行碳排放计算？

2. 建筑拆除阶段包含哪些环节？

3. 建筑拆除阶段各具体环节的碳排放量计算需考虑哪些因素？

4. 建筑拆除方式主要有哪几种？不同方式碳排放来源有何不同？

5. 建筑废弃物运输阶段主要的碳排放来自哪两部分？此阶段碳排放评估的关键是什么？

6. 建筑废弃物的资源化回收主要有哪几个方面的应用？

7. 如何在建筑拆除阶段开展减排工作？

第 11 章

碳排放计算支撑设计决策制定

碳排放量数据库是支撑设计决策的重要依据，同时也对建设项目建成后经济效益的预测和评价具有重要意义。本章节内容包括：碳排放支撑作用概述、支撑原理及支撑效果分析。本章主要内容及逻辑关系如图 11-1 所示。

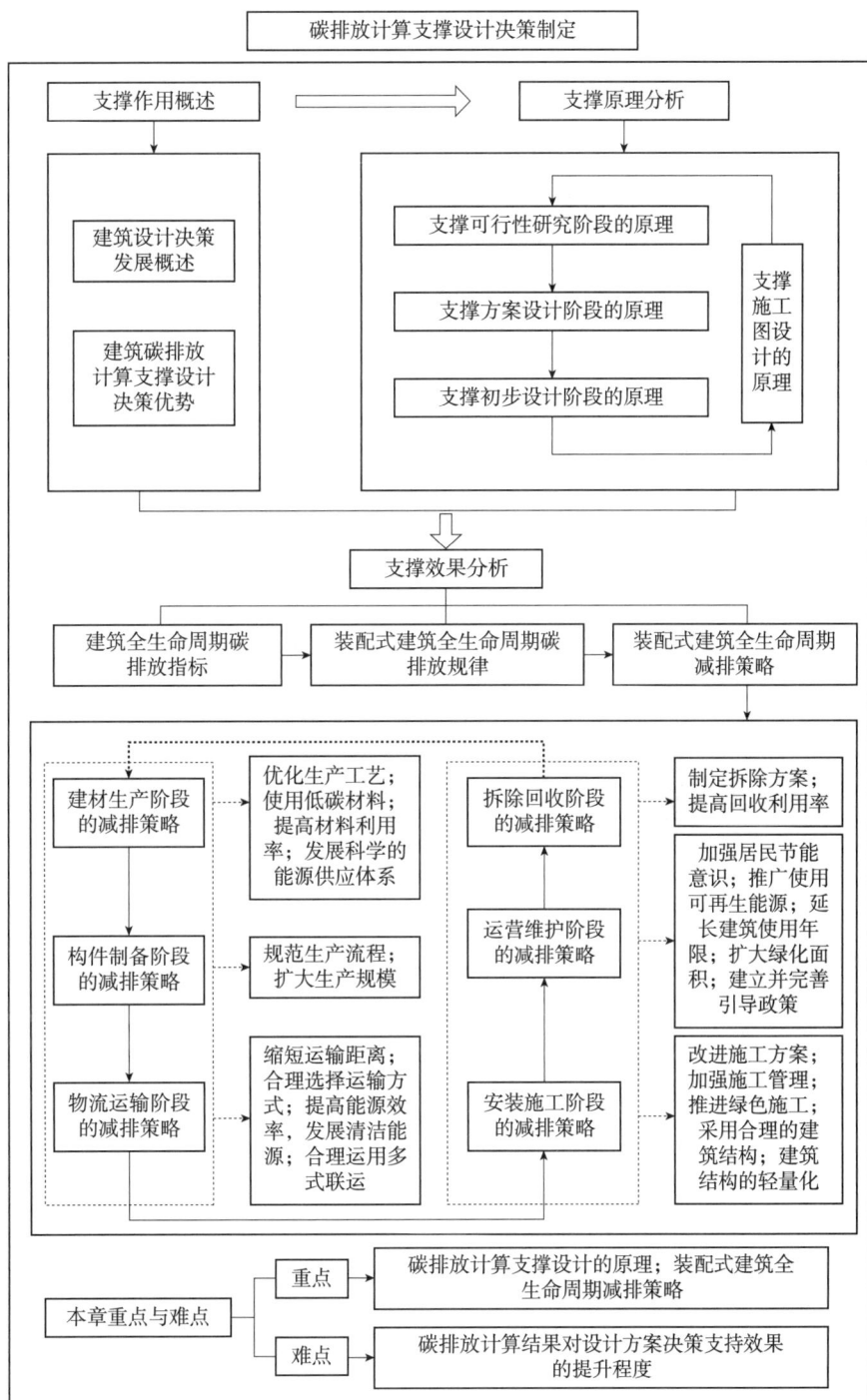

图 11-1　本章主要内容及逻辑关系

决策阶段中缺少项目实际工程量、施工机械台班使用量、建材运输距离等数据，仅可依据设计深度，采用比例系数、同类类比、软件模拟等方法对建筑全生命周期碳排放进行估算。因此，将建设项目前期定义为建设项目的决策阶段。下面将重点对决策阶段具体工作内容进行梳理。

11.1.1 建筑设计决策发展概述

1）决策阶段

一个建设工程项目的决策阶段是选择和决定投资方案的过程，是对拟建项目的必要性和可行性进行技术经济论证，也是对不同建设方案进行技术经济比较及做出判断和决定的过程。

（1）项目建议书阶段 项目建议书是拟建某一项目的建议文件，是投资决策前对拟建项目的轮廓设想和初步说明。建设单位通过项目建议书的形式提出项目，供主管部门选择，也是建设单位向有关部门报请立项的主要文件和依据。

项目建议书应根据国民经济发展规划、市场条件，结合资源条件和现有生产力布局状况，按照国家产业政策进行编制。其主要内容是结合资源条件、市场条件等，对建设的必要性、建设条件的可行性和获利的可能性进行论述，并按国家现行规定权限向主管部门申报审批。项目建议书被批准后，可开展下一阶段的工作，但项目建议书不是项目的最终决策。

（2）可行性研究阶段 可行性研究是我国于 20 世纪 70 年代末从国外引进的。它是工程建设项目投资决策前进行技术经济分析论证的一种科学方法和工作阶段。

根据上述概念，可行性研究主要是综合研究建设项目的技术先进性和适用性，综合研究建设项目的技术先进性和适用性、经济合理性和有利性以及建设可能性和可行性。由此确定该项目是否投资和如何投资等结论性意见，为决策部门对项目投资的最终决策提供科学依据和作为开展下一步工作的基础。其具体作用包括下列几方面：

①作为建设项目投资决策和编制设计任务书的依据。

②作为筹集资金向银行申请贷款的依据。

③作为项目主管部门商谈合同、签订协议的依据。

④作为项目进行工程设计、设备订货、施工准备等基本建设前期工作的依据。

⑤作为项目采用新技术、新设备研制计划和补充地形、地质工作和工业性试验的依据。

⑥作为环境保护部门审查项目对环境影响的依据，是向项目建设所在政

府和规划部门申请建设执照的依据。

可行性研究是在投资决策之前,对拟建项目进行全面技术经济分析和论证的过程,是投资前期工作的重要内容和基本建设程序的重要环节。项目建议书被批准后,可组织开展可行性研究工作。可行性研究要求对项目有关的社会、技术和经济等方面进行深入的调查研究,论证项目建设的必要性,并对各种可能的建设方案进行技术经济分析和比较,对项目建成后的经济效益进行科学的预测和评价,是建设项目决策能否成立的依据和基础。

我国建设项目的可行性研究,是针对固定资产投资的新建、扩建和改建项目在投资决策前进行的技术经济研究,一般具有以下几个特点:

①前期性。可行性研究是投资决策前的分析研究,它是项目建设前期工作的主要内容。

②预测性。可行性研究是对未来拟建项目的需要、投资、成本、盈利以及社会经济效益的预测。

③不确定性。在研究过程中,项目在技术经济上是否可行还未确定,预测未来的各种技术经济数据包含一些不确定因素。这些特点,要求进行可行性研究时,必须广泛、深入地进行调查研究,实事求是地采用科学方法预测、分析计算,客观公正地得出项目可行或不可行的正确结论,为项目正确决策提供科学分析依据。

可行性研究的工作程序可分为以下五个步骤:

①筹划准备。在项目建议书被批准后,建设单位(主管部门或企业)即可委托某工程咨询公司对拟建项目进行可行性研究,双方签订合同协议,明确规定可行性研究的工作范围、目标意图、前提条件、进度安排、费用支付办法及协作方式等内容;而承担单位在接受委托时,需获得项目建议书、有关项目背景和指示文件,了解委托者的目标、意见和要求,明确研究内容,制订工作计划,同时收集与项目有关的基础资料、基本参数、指标、规范、标准等基本依据。

②调查研究。这个阶段主要是通过实际调查和技术经济研究,进一步明确拟建项目的必要性和现实性。调查研究主要从市场调查和资源调查两方面进行。市场调查要查明和预测社会对产品需求量、价格和竞争能力,以便确定项目产品方案和经济规模;资源调查包括原材料、能源、厂址、工艺技术、劳动力、建材、运输条件、外围基础设施、环境保护、组织管理和人员培训等自然、社会、经济的调查。为选定建设地点、生产工艺、技术方案、设备选型、组织机构和定员等提供确切的技术经济分析资料。

③方案选择和优化。根据项目建议书要求,结合市场和资源调查,在收集到一定的基础资料和基准数据的基础上,建立几种可供选择的技术方案和建设方案,进行多次反复的方案论证比较,会同委托部门明确选择方案的重

大原则问题和优选标准，从若干个方案中选择推荐最佳方案，研究论证项目在技术上的可行性，进一步确定产品方案，生产经济规模、工艺流程、设备选型、车间组成、组织结构和人员配备等建设方案。

④财务分析和经济评价。在前阶段研究论证了项目建设的必要性和可能性以及技术方案的可行性之后，对所选择确定的最佳建设总体方案进行详细的财务预测、财务效益分析和国民经济评价。从测算项目建设投资、生产成本和销售利润入手，进行项目盈利性分析（计算投资利润率和贷款偿还能力等）、费用效益分析和敏感性分析，研究论证项目在经济上的合理性和营利性，进一步提出资金筹集建议和制订项目实施总进度计划。

⑤编制可行性研究报告。对建设项目进行详细的技术经济分析论证后，证明项目建设的必要性、技术上的可行性和经济上的合理性，即可编制详尽的可行性研究报告，推荐一个以上的项目建设可行方案和实施计划，提出结论性意见和重大措施建议，以供决策部门作为决策依据。

2）工程设计

工程设计是设计阶段的一个环节，是指在可行性研究批准之后，工程开始施工之前，根据已批准的设计任务书，为具体实现拟建项目的技术、经济要求，拟定建筑、安装及设备制造等所需的规划、图样、数据等技术文件的工作。

工程设计是建设项目由计划变为现实的具有决定意义的工作阶段，设计成果是建筑安装施工的依据。为保证工程建设和设计工作有机配合和衔接，以及设计的整体性，一般按照由粗到细，将工程设计工作划分为设计准备阶段、方案设计阶段、初步设计阶段、施工图设计阶段。

（1）**设计准备**　在设计之前，首先要了解并熟悉外部条件和客观情况，具体内容包括：地形、气候、地质、自然环境等自然条件；城市规划对建筑物的要求；交通、水、电、气、通信等基础设施状况；业主对工程的要求，特别是工程应具备的各项使用要求；对工程经济估算的依据和所能提供的资金、材料、施工技术和装备等供应情况以及可能影响工程设计的其他客观因素，为进行设计做好充分准备。

（2）**方案设计**　主要任务是提出设计方案，即根据设计任务书的要求和收集到的必要基础资料，结合基地环境，综合考虑技术经济条件和建筑艺术的要求，对建筑总体布置、空间组合进行可能与合理的安排，提出多个方案供建设单位选择。方案设计是设计过程的一个关键性阶段，也是整个设计构思基本形成的阶段，要求对项目技术问题进行分析，可以进一步明确拟建工程在指定地点和规定期限内进行建设的技术可行性和经济合理性，并规定主要技术方案及工程总造价。

（3）**初步设计** 初步设计是方案设计的具体化，也是各种技术问题的定案阶段。初步设计研究和决定的问题，需要根据更详细的勘察资料和技术经济计算加以补充修正，其详细程度应满足确定设计方案中重大技术问题和有关试验、设备选择等方面的要求，应能根据它进行施工图设计和提出设备订货明细表。初步设计时，如果对方案设计中所确定的方案有所更改，应对更改部分编制修正概算书。对于技术要求简单的工程，当主管部门没有审查要求且合同中没有约定时，初步设计阶段可以省略，把这个阶段的工作纳入施工图设计阶段进行。

（4）**施工图设计** 这一阶段主要是通过施工图把设计者的意图和全部设计结果表达出来，作为施工的依据，它是设计工作和施工工作的桥梁。具体内容包括建设项目各部分工程的详图和零部件、结构构件明细表，以及验收标准、方法等。施工图设计的深度应能满足设备材料的选择与确定、非标准设备的设计与加工制作、施工图预算的编制、建筑工程施工和安装工程施工的要求。

施工图交付给施工单位之后，根据现场需要，设计单位应派人到施工现场，与建设、施工单位共同进行会审，并进行技术交底，介绍设计意图和技术要求，修改不符合实际和有错误的图。

建设前期具体包含项目建议书阶段、可行性研究阶段、方案设计阶段、初步设计阶段、施工图设计阶段，其中项目建议书阶段是对项目的初步构想，数据难以支持碳排放估算，现有的标准也是要求从可行性研究阶段开始提交碳排放相关报告，因此暂不考虑项目建议书阶段的碳排放估算。

11.1.2 建筑碳排放计算支撑设计决策优势

建筑设计阶段碳排放估算对决策阶段起着至关重要的作用。相关的决策80%发生在设计过程，当一栋建筑进行到施工阶段后，进一步的节能减排效果已经难以实现，所以设计时期的绿色低碳设计以及节能方案的设定对于建筑全生命周期碳排放量控制意义显著。设计阶段的碳排放计算可应用于促使设计阶段实现功能与节能的结合、指导设计方案优化、为碳排放控制目标的制定提供参考、提高后期减碳措施效率以及政府部门碳排放监督控制。

1）促使设计阶段实现功能与节能的结合

工程设计工作往往是由建筑师等专业人员来完成的。他们在设计阶段往往更注意工程的使用功能，力求采用先进的技术，在成本的约束下尽可能实现项目的各项功能，而对于碳排放因素考虑较少。在设计阶段进行碳排放的估算，可以使设计一开始就建立在健全的碳排放控制的基础上，在设计过程中注意碳排放的约束，充分认识到设计方案的节能减碳结果。前期的碳排放估算可以作为项目碳排放的限额，指导限额设计，确保设计方案可以体现出建筑功能与节能的结合。

2）指导设计方案优化

在设计阶段进行工程的碳排放估算可以使建筑碳排放趋于合理，提高节能效率。通过估算可以帮助设计者了解碳排放的构成，分析各部分碳排放的合理性，并可以利用价值工程理论分析各个组成部分的功能和碳排放之间的匹配程度。据此对设计方案进行评价优选，帮助设计者了解各部分碳排放强度，发掘节能潜力，为设计方案提供减碳方向。现有的一些模型提供减碳措施效益的模拟功能，可以帮助设计人员选用合理的减碳措施，制定合理的设备、材料选用方案。

3）为碳排放控制目标的制定提供参考

建筑项目具有一次性、不可逆性的特征，项目的控制需要基于合理的目标，在实际值与目标值产生偏差时采取纠偏控制措施。这就需要在项目策划、设计阶段对碳排放进行合理估算，为制定项目全生命周期碳排放控制目标提供参考，指导设计、施工、运行阶段的碳排放控制。

4）提高后期减碳措施效率

在建设前期对碳排放进行估算可以帮助了解项目碳排放具体构成及应重点对碳排放进行控制的部分。此外，减碳措施效益的模拟也可以帮助进一步明确高效措施。在前期阶段对各项节能措施可能产生的减碳效益进行模拟分析，可以方便建设单位、施工单位进行措施的比选，制定针对性节能方案，有的放矢，提高后期减碳措施效率。

5）政府部门碳排放监督控制

2022年4月1日实施的《建筑节能与可再生能源利用通用规范》GB 55015—2021明确提出要求建设项目可行性研究报告、建设方案和初步设计文件应包含建筑碳排放分析报告，旨在对建设项目碳排放进行管理。建设项目前期碳排放估算方法的完善，可为政府部门对建设方案的审查提供便利，碳排放目标的设定也利于后期对项目节能减排的监督。

建设前期可以主要划分为可行性研究、方案设计、初步设计、施工图设计4个阶段，碳排放估算数据可以指导设计方案的优化。其支撑原理如下所述。

11.2.1　支撑可行性研究阶段的原理

可行性研究报告中应开展节能、节水分析，制定针对性措施，可作为建筑运行阶段碳排放估算的依据。

可行性研究报告中的建设方案应确定项目的主要经济指标，包括总建筑面积、绿化面积等。基于可行性研究报告中的建筑面积，构建回归方程，以此对建材生产与运输以及施工阶段碳排放进行估算。此种估算方法需要基于大量案例明确回归系数，因此预测误差较大。此外，主要经济指标中将绿地面积乘以对应的碳汇因子，即可实现在可行性研究阶段对碳汇进行合理估算。

可行性研究报告建设方案中应确定土建方案，明确各类土建工程面积。由于不同类型建筑碳排放之间存在较大差异，相较于总建筑面积，土建工程投资模块中的划分更为细致，在采用依据建筑面积估算的方法时，可以分类型进行估算，以提高估算精度。可采用回归方程预测方式，根据主要经济指标中的建筑面积、绿化面积以及土建工程投资中的建筑面积相关信息对建材生产以及建造阶段碳排放进行估算。节能分析中的预估用电量、用水量则可以作为运行阶段碳排放估算依据。

11.2.2　支撑方案设计阶段的原理

建筑工程设计一般应分为方案设计、初步设计和施工图设计三个阶段；对于技术要求相对简单的民用建筑工程，当有关主管部门在初步设计阶段没有审查要求，且合同中没有做初步设计的约定时，可在方案设计审批后直接进入施工图设计。方案设计阶段成果文件主要包括：设计说明书、总平面图以及相关建筑设计图纸、设计委托或设计合同中规定的透视图、鸟瞰图、模型等，下面结合具体案例对方案设计阶段可用于建筑碳排放估算的数据进行说明。方案设计阶段成果包括各专业设计说明书、设计图纸。

1）设计说明书

设计说明书是对设计进行说明的内容，是设计条件、设计要求、设计方案的文字性汇总内容，是设计方案的系统性阐述说明，主要包括设计依据、设计要求、主要技术经济指标以及各专业设计说明。下面将对可用于建设前期碳排放估算的内容进行梳理分析。

（1）**设计依据、设计要求及主要技术经济指标** 设计依据包括设计基础资料，如气象、地形地貌、水文地质、抗震设防烈度、区域位置等；设计要求包括工程规模（如总建筑面积、总投资、容纳人数等）、项目设计规模等级和设计标准（包括结构的设计使用年限、建筑防火类别、耐火等级、装修标准等）。

主要技术经济指标，如总用地面积、总建筑面积及各分项建筑面积（还要分别列出地上部分和地下部分建筑面积）、建筑基底总面积、绿地总面积、容积率、建筑密度、绿地率、停车泊位数（分室内、室外和地上、地下），以及主要建筑或核心建筑的层数、层高和总高度等指标；根据不同的建筑功能，还应表述能反映工程规模的主要技术经济指标，如住宅的套型、套数及每套的建筑面积、使用面积，旅馆建筑中的客房数和床位数，医院建筑中的门诊人次和病床数等；当工程项目（如城市居住区规划）另有相应的设计规范或标准时，技术经济指标应按其规定执行。

与可行性研究阶段类似，设计说明书中主要技术经济指标明确了建设项目面积等参数，并加入了层数、高度等数据，同样可采用回归方程形式进行碳排放估算，将建筑面积、地上层数、高度等数据代入基于历史案例数据的回归公式，计算得出碳排放数据。

（2）**建筑设计** 包括建筑与城市空间关系、建筑群体和单体的空间处理、平面和剖面关系、立面造型和环境营造、环境分析（如日照、通风、采光）及立面主要材质色彩等；建筑的功能布局和内部交通组织，包括各种出入口，楼梯、电梯、自动扶梯等垂直交通运输设施的布置；建筑防火设计，包括总体消防、建筑单体的防火分区、安全疏散等设计原则；此外还包括节能设计说明、绿色建筑设计说明、装配式建筑设计说明。其中，环境分析、立面材料、节能设计说明、绿色建筑设计说明中涉及的参数，可作为运行阶段能耗模拟的依据。

（3）**结构设计** 包括建筑分类等级、建筑结构安全等级、建筑抗震设防类别、主要结构的抗震等级、地下室防水等级、人防地下室的抗力等级、有条件时说明地基基础的设计等级；阐述设计中拟采用的新结构、新材料及新工艺等，简要说明关键技术问题的解决方法，包括分析方法（必要时说明拟采用的结构分析的软件名称）及构造措施或试验方法；混凝土强度等级、钢筋种类、钢绞线或高强钢丝种类、钢材牌号、砌体材料、其他特殊材料或产品（如成品拉索、铸钢件、成品支座、消能或减震产品等）的说明等。例如混凝土选用 C25~C30；钢筋采用 HPB300、HRB335、HRB400 钢筋；墙体采用烧结页岩砖、加气混凝土砌块等轻质隔墙；钢材为 Q235B。如采用基于 BIM 的工程量预测的思路，通过建筑信息模型导出初步工程量清单的方式对碳排放进行估算，明确结构材料种类是提高估算精度的有效途径。

（4）**建筑电气设计** 项目方案设计阶段的建筑电气设计说明中应对工程拟设置的建筑电气系统，变、配、发电系统以及电气节能和环保措施进行说明，可为运行阶段碳排放估算提供依据。现有碳排放计算标准中对于照明时间等建筑运行参数按其类别给出了参考值，分别将照明场所面积乘以照明功率密度以及照明时间的参考值可以估算出照明系统的用电量，再通过建筑所在地区的电力碳排放因子即可得出照明系统碳排放。

（5）**给水排水设计** 水源情况简述（包括自备水源及城镇给水管网）；热水系统要求简述热源供应范围及系统供应方式；集中热水供应估算耗热量（系统及设计小时耗热量和设计小时热水量）；循环冷却水系统、重复用水系统及采取的其他节水、节能减排措施；管道直饮水系统简述设计依据、处理方法等。其中集中热水供应耗热量可以作为生活热水系统碳排放的估算依据，根据热水供应方式，确定消耗能源种类，将耗热量除以单位能源提供的有效热量，得到能源消耗量，乘以对应碳排放因子即可估算生活热水系统碳排放。

（6）**供暖通风与空气调节设计**：这一部分的数据主要包括供暖、空气调节的室内外设计参数及设计标准；冷、热负荷的估算数据；供暖热源的选择及其参数；空气调节的冷源、热源选择及其参数；供暖、空气调节的系统形式、控制方式；通风系统简述等。方案设计文件中要求对暖通空调系统设计进行说明，包括室内外设计参数、围护结构节能措施等。现有的相关软件可根据室内外设计参数、围护结构热工参数、人员活动数据，模拟运行阶段冷、热负荷，估算耗冷量、耗热量，进而换算得到暖通空调系统碳排放，相关换算方法可参考《建筑节能与可再生能源利用通用规范》GB 55015—2021中附录 C 内容。

（7）**热能动力设计** 主要包括供热方式及供热参数，供热负荷，燃料来源、种类及性能要求以及消耗量。化石燃料燃烧作为建筑的直接碳排放源，在方案设计阶段掌握其种类和消耗量对于运行阶段碳排放估算具有重要意义，可直接根据燃料消耗量乘以对应碳排放因子求得供热系统碳排放。

2）设计图纸

（1）**总平面设计图纸** 包括场地的范围（用地和建筑物各角点的坐标或定位尺寸）；场地内及四邻环境的反映；场地内拟建道路、停车场、广场、绿地及建筑物的布置，并标示出主要建筑物、构筑物与各类控制线（用地红线、道路红线、建筑控制线等）、相邻建筑物之间的距离及建筑物总尺寸，基地出入口与城市道路交叉口之间的距离；此外还包括功能分区、空间组合及景观分析、交通分析（人流及车流的组织、停车场的布置及停车泊位数量等）、消防分析、地形分析、竖向设计分析、绿地布置、日照分析、分期建设等。其中绿地布置、日照分析可为运行阶段的绿地碳汇和光伏系统减碳量估算提供依据。

（2）**建筑设计图纸**　包括①平面图：平面的总尺寸、开间、进深尺寸及结构受力体系中的柱网、承重墙位置和尺寸；各主要使用房间的名称；各层楼地面标高、屋面标高。②立面图：各主要部位和最高点的标高、主体建筑的总高度；体现建筑造型的特点，选择绘制有代表性的立面。③剖面图：剖面应剖在高度和层数不同、空间关系比较复杂的部位。通过设计图纸可以进一步明确各类型区域面积、层数、层高，利用回归方程对碳排放进行预估。或依据二维图纸建立 BIM 模型，采用基于 BIM 的估算方法进行估算。

在可行性研究报告阶段，依据主要经济指标中的面积、层数、高度等数值，可采用回归估算模型，对建筑的碳排放进行粗略估算。方案设计阶段中给水排水设计文件可为运行阶段生活热水系统碳排放估算提供参数；对暖通空调系统设计文件中给出的参数进行冷、热负荷的模拟，估算运行阶段暖通空调系统碳排放；建筑图纸除细化主要经济指标功能外，还可利用 BIM 模型进行翻模，基于 BIM 的工程量预测碳排放模型进行建筑碳排放量的估算。

11.2.3　支撑初步设计阶段的原理

初步设计应包括总体安排、个体平面各部分的相互关系及其布局设计，同时根据平面、结构选型和各个建筑的功能分析做出剖面及立面处理，形成一个合理的设计方案。这时对重要工程可做多方案比较，以得出一个比较理想的设计方案，然后在此方案的基础上考虑材料、设备等的选择，提出技术经济指标并编制工程设计概算（如条件不足者也可以先做初步估算）。初步设计阶段是在方案设计基础上进行深化，因此本阶段可掌握的数据与方案设计阶段具有较高相似性，主要是对结构、设备等方面进行细化，并编制工程概算书对工程量以及人、材、机使用量进行概算。

1）设计总说明
设计总说明是设计指导思想及主要依据，是对设计意图及方案特点，建筑结构方案及构造特点，建筑材料及装修标准，主要技术经济指标以及结构、设备等系统的说明。

2）建筑总平面图
常用比例为 1 : 500、1 : 1000，应标示用地范围、场地概述、建筑物位置、大小、层数及设计标高、道路及绿化布置、技术经济指标。

3）各层平面图、剖面图及建筑物的主要立面图

常用比例为1：100、1：200，应标示建筑物各主要控制尺寸，如总尺寸、开间、进深、层高等，同时应标示标高，门窗位置，室内固定设备及有特殊要求的厅、室的具体布置，立面处理，结构方案及材料选用等。上述文件是方案设计阶段成果的深化，数据差异不大，因此估算方式也较为类似。但在此阶段数据精度相对提高，建筑碳排放的估算结果也更加精确。

4）结构设计文件

明确主要荷载取值，说明主要结构材料类型，绘制基础及主要楼层结构平面布置图，注明主要的定位尺寸、主要构件的截面尺寸。主要结构材料类型的明确以及主要构件截面尺寸的确定可为建材碳排放估算提供更多支撑。

5）工程设计概算书

概括概算的总金额、工程费用、工程建设其他费用、预备费、主要材料消耗指标及列入项目概算总投资中的相关费用。具体概算的方式应依据初步设计深度确定，主要有概算定额法、概算指标法、类似工程预算法等。工程概算书中内容对于碳排放估算有重要意义，下面将结合实际工程的概算书进行说明。

6）电气设计

包括变、配、发电系统，照明系统（照明种类及主要场所照度标准、照明功率密度值等指标），电气节能及环保措施，可为运行阶段照明等设备的碳排放估算提供参考。

7）给水排水设计

说明或用表格列出生活用水定额及用水量、生产用水量、其他项目用水定额及用水量、消防用水量标准及一次灭火用水量、总用水量（最高日用水量、平均时用水量、最大时用水量）；热水系统中应说明采取的热源、加热方式、水温、水质、热水供应方式、系统选择及设计耗热量、最大小时热水量、机组供热量等；说明设备选型、保温、防腐的技术措施等；当利用余热或太阳能时，还应说明采用的依据、供应能力、系统形式、运行条件及技术措施等。此部分数据可作为生活热水系统碳排放以及可再生能源系统减碳量的估算依据。

8）暖通空调设计

应明确室外、室内空气计算参数，具体参数包括温度、湿度、风速、风

量、噪声标准；供暖热负荷；空调冷、热负荷；空调系统热源供给方式及参数；通风量或换气次数。其中冷、热负荷是暖通空调系统碳排放估算的基础数据。

9）热能动力设计

热负荷的确定及锅炉形式的选择：确定计算热负荷，列出各用户的热负荷表；确定供热介质及参数；确定锅炉形式、规格、台数，并说明备用情况及冬夏季运行台数；技术指标：列出建筑面积、供热量、供汽量、燃料消耗量、灰渣排放量、软化水消耗量，自来水消耗量及电容量等。室内外管道：确定各种介质负荷及其参数，说明管道及附件的选择，说明管道敷设方式，选择管道的保温及保护材料。热负荷、供热量、燃料消耗量、管道参数可有效指导运行阶段碳排放估算。

11.2.4　支撑施工图设计的原理

施工图设计是建筑设计的最后阶段，是提交施工单位进行施工的设计文件。这一阶段的设计工作主要是满足施工要求，也就是为完成一项建筑工程设计所做的最后设计文件，并以此作为施工的确切依据。当然在施工过程中，如遇设计上某些不妥之处，或遇材料、设备的改动，还可做局部设计变更，其一般的做法是在征得设计人员和有关方同意后，填写修改设计记录卡，经有关人员签字后才能进行施工变动。施工图设计的主要任务是满足施工要求，解决施工中的技术措施、用料及具体做法等问题。施工图设计的内容包括建筑、结构、水电、采暖通风等工种的设计图纸、工程说明书，结构及设备计算书和预算书。

施工图设计阶段的一个重要成果是施工图预算。施工图预算是施工图设计预算的简称，是由设计单位在施工图设计完成后，依据施工图、现行预算定额、费用定额以及地区的设备、材料、人工、施工机械台班等预算价格编制和确定的建筑安装工程造价文件，通过设计图纸计算出各分部分项工程量并通过一定方式进行计价，其中分部分项工程量可作为建材生产及运输阶段以及施工阶段碳排放估算的依据。建筑运行阶段碳排放估算所需数据在方案设计及初步设计阶段即可大致确定，在此重点阐述通过施工图预算收集建筑材料及施工机械用量的方式。

（1）**建筑总平面图**：与初步设计基本相同。

（2）**建筑物各层平面图、剖面图、立面图**：比例为 1∶50、1∶100、1∶200。除表达初步设计或技术设计内容以外，还应详细标出门窗洞口、墙段尺寸及必要的细部尺寸、详图索引。

（3）**建筑构造详图：**应详细标示各部分构件关系、材料尺寸及做法、必要的文字说明。根据节点需要，比例可分别选用 1∶20、1∶10、1∶5、1∶2、1∶1 等。

（4）**各工种相应配套的施工图纸：**如基础平面图、结构布置图、钢筋混凝土构件详图、水电平面图及系统图、建筑防雷接地平面图等。

（5）**设计说明书：**包括施工图设计依据、设计规模、面积、标高定位、用料说明等。

（6）**结构和设备计算书：**应详细列出结构设计参数、设备选型及其计算依据。

（7）**施工图预算：**施工图预算在编制时主要有两种方法：单价法和实物法。单价法是由事先依据施工图计算的各分项工程的工程量分别乘以相应单价汇总相加得到。而实物法则是根据工程量和人、材、机定额分别求出人、材、机消耗量，再按实际人、材、机单价汇总求和，依据施工图计算的分部分项工程量清单是施工图预算的核心。

与初步设计阶段相比，给水排水、电气、暖通空调系统的设计参数进一步明确，估算方式差异不大。为满足实际施工需求，对于建筑结构以及做法进行了明确，完成施工图设计以及施工图预算，可以据此得到各分部分项工程量以及人、材、机用量，采用对应碳排放因子即可对碳排放进行估算。

11.3

支撑效果分析

11.3.1 建筑全生命周期碳排放指标

建筑功能单位碳排放指标主要是指全生命周期的单位面积年均碳排放量，各阶段碳排放构成主要从全生命周期的角度分析六个阶段的碳排放比重。

1）单位面积碳排放指标

根据福州市装配式住宅案例项目各阶段的计算数据，对建筑全生命周期单位面积年均碳排放量及其与预制率的关系进行分析，如图 11-2 所示。

可以看出，项目 1、2、3、4、5 的单位面积年均碳排放量相差不大，在 102.17~110.75 kgCO$_2$/（m^2·a）之间，以 1、2、3、4、5 项目单位面积年均碳排放量求平均值后得到建筑单位面积年均碳排放量为 105.88 kgCO$_2$/（m^2·a）。同时，由图 11-2 可看出，装配式建筑的碳排放量与其预制率成反比关系，即预制率越高，单位面积年均碳排放量越小，这在一定程度上证明了装配式建筑在节能减排方面的优势。

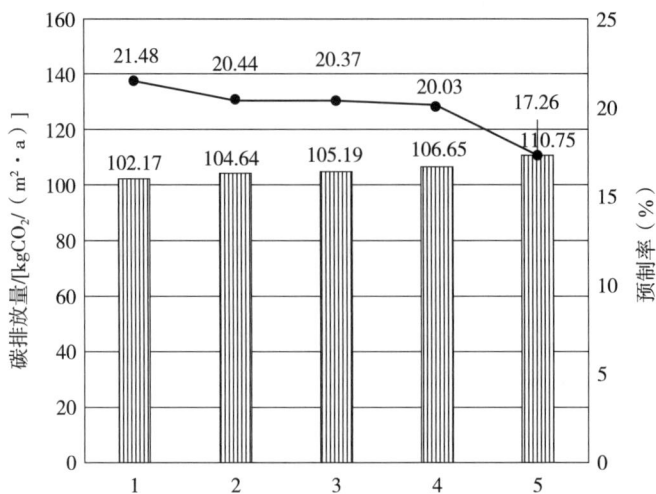

图 11-2　案例项目全生命周期单位面积年均碳排放量及预制率

2）各阶段碳排放权重指标

通过第六章案例分析，运行阶段是产生碳排放最多的阶段，约为整个生命周期的 57.87%；建材生产阶段产生的碳排放量占全生命周期的 35.14%；建材运输、建造、拆除阶段占比分别为 1.05%、2.11%、3.83%。

由此可见，建材生产和运行阶段作为碳排放量最大的两个阶段，其减排措施对整个生命周期而言有着举足轻重的作用，因此，这两个阶段是装配式建筑减排策略研究的重点分析对象。物流运输、安装施工、拆除回收阶段的碳排放相对较低，但其仍是建筑全生命周期必不可少的阶段，且相关生产工序、运输方案、施工工艺和建筑废弃物回收处理方式对碳排放也有一定的影响，其减排潜力不可忽视。

11.3.2　装配式建筑全生命周期碳排放规律

基于装配式建筑全生命周期的碳排放来源和各阶段的碳排放构成，将各阶段的碳排放规律汇总整理如表 11-1 所示。

表 11-1 列举了装配式住宅建筑全生命周期各个阶段的碳排放来源及规律，基于此，提出了装配式住宅建筑的减排策略。

11.3.3　装配式建筑全生命周期减排策略

1）建材生产阶段的减排策略

建材生产阶段的碳排放主要与材料消耗量、生产工艺、材料性质、能源

阶段	碳排放来源	碳排放规律
建材生产	1. 建筑材料开采、生产、加工过程的材料和能源消耗；建材生产； 2. 建材从原产地向加工厂运输过程的能源消耗	1. 该阶段的碳排放量占全生命周期的 11% 左右； 2. 该阶段碳排放量为 558.27~625.99 $kgCO_2/m^2$； 3. 预制率越高，该阶段单位面积碳排放量越小； 4. 对该阶段碳排放影响较大的几种材料是混凝土、水泥、砂浆、钢筋、线材、砌块、外加剂、涂料
构件制备	1. 预制构件厂内生产过程机械消耗的能源； 2. 预制构件生产过程中人工产生的碳排放	1. 该阶段的碳排放量占全生命周期的 0.15%~0.23%； 2. 该阶段碳排放量为 8.12~11.82 $kgCO_2/m^2$； 3. 预制率越高，该阶段单位面积碳排放量越大； 4. 人工碳排放量占该阶段的 10.70%~13.80%，机械碳排放量占该阶段的 86.20%~89.30%
物流运输	1. 建筑材料装车、运输、卸载过程产生的能源消耗； 2. 预制构件装车、运输、卸载过程产生的能源消耗	1. 该阶段的碳排放量占全生命周期的 0.64%~0.71%； 2. 该阶段碳排放量为 35.17~38.02 $kgCO_2/m^2$； 3. 预制构件运输产生的碳排放量占该阶段的比例不足 20%，建筑材料运输的碳排放量占该阶段的比例超过 80%
安装施工	1. 现浇施工过程由人工、材料、机械产生的碳排放； 2. 预制构件安装过程由人工、机械产生的碳排放	1. 该阶段的碳排放量占全生命周期的 0.81%~0.93%； 2. 该阶段碳排放量为 41.39~50.66 $kgCO_2/m^2$； 3. 预制率越高，该阶段单位面积碳排放量越小； 4. 机械碳排放占该阶段的比重为 31.51%~42.80%，人工碳排放占比为 57.17%~68.46%，施工用水对该阶段碳排放几乎无影响
运营维护	1. 建筑照明、供暖、制冷，使用电梯、电器、天然气和给水排水等产生的能源消耗； 2. 建筑维护、修缮、更新、改造过程产生的碳排放	1. 该阶段的碳排放量占全生命周期的 91.20%~91.45%； 2. 该阶段碳排放量为 93.44~101.06 $kgCO_2/$（$m^2 \cdot a$）； 3. 预制率越高，该阶段单位面积年均碳排放量越小； 4. 建筑更新占该阶段的碳排放比重为 56.08%，照明、供暖、制冷碳排放占该阶段的 25.03%，修缮建筑产生的碳排放占该阶段的 7.36%，其他过程占比很小
拆除回收	1. 建筑拆除过程的机械碳排放量； 2. 构件、材料、设备及建筑垃圾运输过程的碳排放量； 3. 构件、材料和设备回收利用的碳排放量	1. 该阶段的碳排放量占全生命周期的 -4.26%~-4.00%； 2. 该阶段碳排放量为 -235.75~-210.12 $kgCO_2/m^2$； 3. 预制率越高，该阶段单位面积碳排放量（减碳量）越小

体系等因素相关。故减排策略分为以下几个方面。

（1）**优化生产工艺** 降低原料开采和加工过程中的材料损耗率，如水泥生产采用变频、预粉磨、热管、煤粉喷腾燃烧等节能技术，提高能源利用率，优化生产工艺，提升生产效率和环保价值。

（2）**使用低碳材料** 研发高强度、高性能混凝土和轻集料，减少水泥和混凝土的使用，改用木结构和钢结构，提高建筑物质量和寿命，减少维修和重建的能源浪费。选择低碳建材生产厂家，淘汰高耗能生产方式，推广绿色环保材料。

（3）**提高材料利用率** 完善建材包装，规范运输，妥善保管，合理设置堆放场地，减少二次运输，增加周转材料的使用次数，严格执行限额领料制度，提高建筑材料利用率。

（4）**发展科学的能源供应体系** 优化国家能源结构，增加可再生能源发电。2019 年底，中国水电装机约 3.6 亿 kW，火电约 11.9 亿 kW（煤电 10.4 亿 kW、气电 9022 万 kW 等），核电约 4874 万 kW，风电约 2.1 亿 kW，太阳能发电约 2.0 亿 kW，生物质发电约 2254 万 kW。火电占比约 59.2%，较上一年下降约 1 个百分点，非化石能源占比近 41%。2010—2019 年，火电装机比重下降约 14.24 个百分点，非化石能源装机比重上升约 14.24 个百分点。中国煤电超低排放机组近 9 亿 kW，占总装机容量约 86%。2006—2018 年，电力行业累计减少 CO_2 排放约 137 亿 t。通过优化生产工艺、使用低碳材料、提高材料利用率和发展科学的能源供应体系，可以显著减少建材生产阶段的碳排放，推动建筑行业的可持续发展。

2）构件制备阶段的减排策略

预制构件在生产过程中的减排策略可以从生产流程和生产规模两个方面来考虑。

（1）**规范生产流程** 预制构件的生产需要高效的生产流程和标准化作业，以节约材料、减少待工时间、提高生产效率，进而减少资源和能源消耗。工厂内预制构件的生产相比现浇方式更高效、质量更稳定，但若生产流程不优化，其优势可能会减弱。使用价值流程图（VSM）技术可以帮助优化生产流程，消除浪费，提高生产效率，从而减少碳排放。

（2）**扩大生产规模** 我国装配式建筑发展迅速，但预制构件的生产规模尚不成熟，产量不足且质量参差不齐。扩大生产规模有助于实现规模效应，降低生产成本，提升市场竞争力。标准化生产和规模化生产是提高预制构件经济竞争力的关键，能够确保施工质量并降低造价。通过提高装配率、扩大生产规模和促进预制厂高质量发展，可以有效降低构件制备过程中的碳排放。

3）物流运输阶段的减排策略

运输方式通常包括公路运输、铁路运输、航空运输和水路运输四种方式。运输过程中，也会因能源的消耗而产生碳排放，但不同的运输方式耗用单位能源的使用量不同，从而对应单位的碳排放量也随之不同。

（1）**缩短运输距离** 缩短运输距离是降低碳排放的直接策略。通过选择离施工现场较近的供应厂，可以减少运输机械的能源消耗。运输路线的优化不仅需要考虑最短路径，还需考虑道路状况、环境因素（如天气和气温）等，以减少卡车的能源消耗和碳排放。

（2）**合理选择运输方式**　选择低能耗的运输方式对于减少碳排放至关重要。优先选择水路运输，其次是铁路运输，最后是公路运输，而航空运输由于其高成本，通常不作为首选。在实际运输中，应根据材料特性选择合适的运输设备，提高车辆装载率，并尽量提高车辆的返程利用率，减少空载率。

（3）**提高能源效率，发展清洁能源**　提高能源效率可以减少运输工具的能源使用和温室气体排放。然而，需注意能源回弹效应，即能源效率的提高可能导致能源消耗的增加。发展清洁能源如生物燃料、电燃料和氢燃料也是减排的重要措施。生物燃料需配合碳去除技术以实现负排放；电燃料和氢燃料的应用则需配备安全的储存和运输设施。

（4）**合理运用多式联运**　多式联运（如公铁联运、公水联运、铁水联运）有助于节能减排和降低运输成本。优化多式联运的策略包括从战略、战术和运营层面展开。战略层涉及货场选址和布局，战术层涉及服务网络，运营层则执行具体的资源配置和计划调整。同步运输作为多式联运的新发展，强调实时信息和灵活协调，通过智能算法优化运输模式和提高效率。信息与通信技术（ICT）在多式联运中提供实时跟踪和可视性，推动绿色交通发展，同时降低运输成本和增加可靠性。

4）安装施工阶段的减排策略

（1）**改进施工方案**　施工单位在编制施工方案时，需注重工程质量、进度、成本，同时重视能源消耗。通过科学管理和技术进步，优化施工组织设计，将节水、节电、节能等纳入其中。合理布局施工平面图，避免或减少二次运输。使用施工项目管理软件如 Project，合理规划施工，提高资源利用率和设备效率，降低能源消耗。

（2）**加强施工管理**　各参与方，尤其是施工方，应加强现场施工管理和绿色施工宣传，增强环保意识，减少浪费。建立科学、系统的管理体系，完善设备管理制度，定期维护。优化施工工艺，减少材料消耗和机械空转，规范作业，提高工人效率，减少返工。制定节材措施，增加可循环材料使用量，提高模板和脚手架的周转次数。

（3）**推进绿色施工**　绿色施工强调节约资源和保护环境。选择高效节能的施工机械，合理安排施工工序，减少机械低负荷运转，淘汰高消耗设备，使用新技术、新设备、新工艺。选择节能灯具和装置，充分利用自然水源，实现雨水和废水再利用，降低材料损耗，减少施工噪声、光污染和大气污染。

（4）**采用合理的建筑结构**　结构设计需满足承载和变形要求，避免不必要的造型设计和超大型结构，减少建筑材料用量和碳排放。绿色建筑应注重合理性和经济节约的设计原则，减少不必要的结构负荷。

（5）建筑结构的轻量化　轻量化结构是降低建材 CO_2 排放的有效方法。推行钢结构建筑、金属幕墙外墙设计和轻质隔断。尽管金属建材高耗能，但其回收率高达 80% 以上。钢结构比传统混凝土结构更抗震，自重轻，修复便捷，材料可回收利用。提升钢结构使用比例，有助于控制能耗。随着环保政策压力加大，钢结构建筑将成为主流。除金属建材外，玻璃、塑料、石膏、木材和橡胶也是良好的可循环材料。

5）运营维护阶段的减排策略

（1）加强居民节能意识　充分发挥政府和社会宣传的作用，树立正确的能源消费观和环境价值观，引导公众理性节能。通过电视、广播、报纸、广告等传统媒体和手机社交 App、新闻 App 等新媒体进行广泛宣传。政府和社会可在商圈和社区发放节能知识手册，并开展节能减排培训和宣传工作，增强居民的环保意识。宣传对象应包括各年龄层和学历层次的人群，通过校园节能教育和培训，提高学生的节能实践能力，并发挥高校党员群体的带头作用。例如，倡导白天开窗利用自然光和自然风，合理使用家电，使用高效节能灯具和电器，养成随手关灯、节约用水的好习惯。

（2）推广使用可再生能源　随着能源紧张问题加剧，逐步使用可再生能源替代不可再生能源是必然趋势。利用太阳能、地热能、风能、生物能、海洋能等可再生能源，有助于降低资源浪费和环境影响。例如，太阳能可通过光伏技术收集并储存热量，用于建筑制冷和供热；地热能通过热泵技术在夏季为建筑物提供冷源。推广这些技术能在很大程度上减少不可再生能源的消耗。

（3）延长建筑使用年限　建筑物在合理使用寿命内，需确保地基基础和主体结构的质量。通过合理设计和维护，普通建筑的平均使用年限可达 70 年。延长建筑使用年限有助于减少碳排放，避免不必要的拆迁和改造，降低建筑修缮和更新对环境的影响。采用耐久性好的建材，并进行定期维护，可以有效延长建筑使用年限，减少能源消耗和 CO_2 排放。

（4）扩大绿化面积　绿色植物具有很强的碳汇能力，每平方米绿化面积每年可抵消 27.5 $kgCO_2$。提高住宅小区绿化率，发展屋顶绿化，有助于降低碳排放。屋顶绿化不仅可提供休憩景观，还能改善环境，扩展生活空间。选择耐旱、抗寒性强的浅根性植物，如佛甲草、垂盆草、凹叶景天等，能有效适应屋顶环境。随着城市化发展，屋顶绿化逐渐成为改善城市环境和实现建筑节能减排的重要手段。

（5）建立并完善引导政策　政府应逐步完善节能政策体系，丰富节能政策种类，推动强制性和自愿性节能政策在公共建筑和公众领域的应用。制定建筑节能管理标准，规范建筑能耗责任人，推广节能政策。建立健全业主和管理者的节能责任制，规范节能原则和义务，给予企业节能福利，激励员工自发节能。加强节能执法监督人员和能耗检测机构人员的培训，提升能源节约技术、执法、监督和服务水平。重视能源审计工作，完善商业办公建筑的能耗计量系统，使员工和企业管理者了解能耗情况，挖掘节能潜力，制定节能方案。能源审计制度的完善有助于建立企业节能激励制度，引导员工实现节能。

6）拆除回收阶段的减排策略

（1）**制定拆除方案**　在建筑拆除回收阶段，制定详细的拆除方案而非暴力拆除能够大大降低该过程的碳排放量，甚至起到"负排放"的效果。通过组合拆除策略，高层建筑可以根据不同高度分层次拆除，采用切割吊装方式对高层部分实施拆解，再使剩余低层结构整体倒塌，从而控制结构倒塌范围，减少影响区域、振动与扬尘。

在拆解作业中需验算结构鲁棒性，防止结构出现连续倒塌，保障施工安全性；在剩余结构整体拆除中，需根据构件的移除次序，预测建筑结构倒塌过程中构件的破坏情况，控制结构倒塌方向和范围，实现精准高效拆除。对建筑结构分类拆除便于对不同类型的废弃物进行分类处理和再利用；根据可回收性、处理方式等对建筑垃圾进行分类处理，可以提高回收利用率，降低建筑废弃物的处理难度。

随着信息化技术的不断发展与成熟，物联网、监测、信息传输等技术用于建筑拆除施工过程，可以制定更加科学绿色的拆除方案。例如，通过实时监测拆除过程中的结构稳定性和环境影响，优化拆除策略，减少对周围环境的影响。

（2）**提高回收利用率**　建材回收是建筑生命周期结束后的一项重要工艺。一般建筑垃圾有35%~40%的能量可回收利用，例如木材拆除后约90%可作为生物燃料，铝制品则能够全部回收。回收利用是高效节能、节约资源的重要措施，避免了对新原料的开采和生产过程中的CO_2排放，对建筑材料生产阶段耗能起到弥补作用。

目前施工场地普遍缺少对建筑垃圾重复使用的规划，再加上废弃材料的不可靠性，导致在施工过程中一般不会轻易使用废弃材料。主要包括利用废旧模板制作绿化栅栏，利用钢筋剩余的部分制作小型构件等。许多废弃材料虽然不能直接用于建筑施工，但具有回收再利用的价值。例如，木材和纸板可以用于造纸，钢筋可以再次回炉煅烧。对于建筑垃圾中的有害废料，如油漆、沥青、废旧包装、石膏等，应遵守《中华人民共和国环境保护法》和《中华人民共和国固体废物污染环境防治法》的要求，由专业人员进行分拣回收。

现场回填或园林绿化是一种既简单又实用的建筑垃圾处理方法。该方法利用建筑垃圾中的建筑渣土部分，经过分类与安全鉴定，确定未掺杂重金属等物质后，将建筑渣土用于回填、堆造假山等。经环保专家分析，利用这种方法回收的建筑垃圾，不会对环境造成污染破坏。对于不可回收且不便进行回填处理的建筑垃圾，如混凝土块、碎砖及一些混合废弃物，通常将其送入垃圾消纳场进行处理后填埋，或者送入资源化场进行资源化再生产。通过这些措施，可以最大限度地减少建筑垃圾对环境的影响，提高资源利用率。

11.4 本章重点与难点

本章重点阐述了碳排放计算支撑设计的原理，以装配式建筑为例，对建筑全生命周期碳排放指标进行了分析，提出了装配式建筑全生命周期减排策略，难点是碳排放计算结果对设计方案决策支持效果的提升程度。

思考题

1. 设计前期工作内容和作用是什么？

2. 在规划和建筑设计中为什么要考虑外部因素影响？分别列举出建筑对环境的正外部性和负外部性因素。

3. 简要概述一下设计参量控制碳排放的政策含义。

4. 建筑设计结果的定型与定量对碳排放量评价各涉及哪些内容？

5. 装配式建筑全生命周期碳排放指标有哪些？

6. 简述装配式建筑全生命周期碳排放规律。

7. 简要概述建筑运营维护阶段减碳措施。

8. 建筑全生命循环碳排放计算及减排方法概述。

第 12 章　碳排放计算支撑施工方案制定

基于前述建筑建造阶段碳排放计算方法，本章综合考虑成本效益、外部管理、资源配置等因素，分析建筑碳排放对施工方案的支撑效果，给出优化思路；进而，根据不同的建筑结构类型，介绍建筑碳排放数据的获取与排放量计算方法，并给出结构选型与施工优化方法，帮助理解掌握碳排放计算支撑施工方案制定的方法。本章主要内容及逻辑关系如图 12-1 所示。

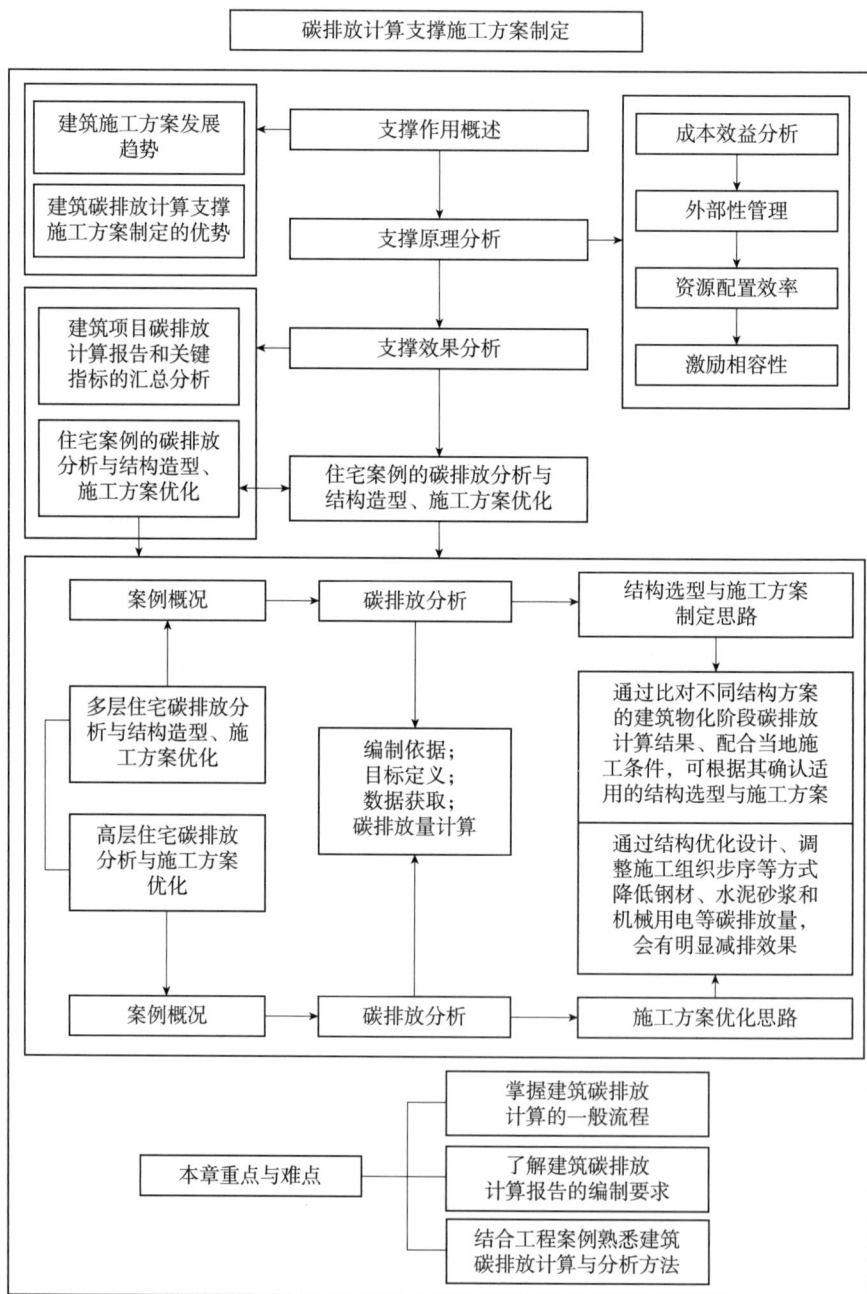

图 12-1 本章主要内容及逻辑关系

12.1.1 建筑施工方案发展趋势

建筑施工方案是指在建筑工程开始前，为确保建筑项目顺利实施而制订的详细计划和方法。它涵盖了从项目启动到完成的所有阶段，是工程施工管理的重要组成部分，其主要目的是提高施工效率，确保施工质量，控制成本，同时保证施工过程中的安全。建筑施工方案主要包含组织结构方案、人员组成方案、技术方案、安全方案、材料供应方案以及现场保卫方案、后勤保障方案等。随着科技进步和社会需求的变化，建筑施工行业正面临前所未有的变革。当前的发展趋势主要集中在可持续性、数字化、自动化以及安全与效率的提升等几个关键领域。

在可持续性方面，全球对气候变化和环境保护的关注日益增强，推动了绿色建筑材料和技术的广泛应用。现代建筑项目越来越多地采用可回收材料、雨水回收系统和太阳能、风能等可再生能源，设计上也趋向高效能建筑，旨在降低能耗并减少对环境的整体影响。在数字化方面，建筑信息模型（BIM）技术的应用使得工程师和建筑师能够在实际施工前通过虚拟环境创建精确的 3D 模型，这不仅提升了设计准确性，还极大地优化了施工效率和成本控制。此外，利用大数据和人工智能进行项目管理，可以预测潜在问题，优化资源配置，并有效管理施工进度。在自动化方面，随着工业 4.0 快速发展，机器人技术和自动化设备的引入正在改变传统施工方式。无人机用于施工现场监控和测量，机器人则承担砌砖、浇筑混凝土、焊接等重复性高的任务，这些技术不仅加快了建筑施工的速度，还降低了劳动强度并提高了工作安全。

在安全与效率方面，数据孪生技术可以通过监控实时更新，提供关于建筑状态的数据，并预测其在不确定的情况下的行为，如穿戴设备和物联网（IoT）设备能实时监控工人健康状况和安全环境，及时预警潜在风险。同时，精益建造等精细化的项目管理方法能够提高设计和制造效率，增加标准化和定制化，减少劳动力需求和成本，并尽量减少材料和施工中的浪费。

总之，建筑施工方案未来将继续朝着更智能化、环保和高效安全的方向发展。随着技术的不断进步和创新，建筑行业将能更好地应对环境挑战和市场需求，推动整个行业的可持续发展。

12.1.2 建筑碳排放计算支撑施工方案制定的优势

全球气候变化问题日益严峻，碳减排已是当今全球关注的一个重要问题，由于建筑行业占全球碳排放的很大一部分，土木工程行业的碳减排研究正变得越来越重要。建筑碳排放不仅来源于建筑运行阶段的能源使用，还包括建筑材料的生产、运输以及建筑施工过程中的直接和间接排放，因此，建筑碳排放的精确计算对于制定科学的施工方案具有重要的理论和实践意义。

首先，建筑碳排放计算可以为施工方案的优化提供科学依据。通过系统的碳排放评估，施工团队能够识别出碳排放的主要来源，进而有针对性地采取减排措施。例如，通过选择低碳材料或改进施工方法来减少碳排放。此外，合理的施工调度和资源配置不仅可以减少材料浪费，还能有效降低因施工设备使用不当而产生的碳排放。其次，精确的碳排放计算有助于施工项目的环境影响评估，提升建筑项目的环境友好性。在项目策划和设计阶段，通过预测和计算预期的碳排放量，施工方案可以被调整以满足环保标准和政策要求，如绿色建筑认证系统的要求。这不仅有助于提高建筑项目的市场竞争力，而且有助于建筑企业构建其环保形象，增强社会责任感。实施碳排放计算还可以促进节能减排技术的创新和应用。在施工过程中，对碳排放的监测和管理要求施工团队采用先进的建筑技术和管理策略，如使用自动化和信息化设备来优化施工过程，减少能源和资源的消耗。

碳排放计算的结果也可以作为评估新技术和方法效果的一个重要指标。随着全球对应对气候变化的重视，碳排放权的交易已成为国际市场的一部分。建筑项目在施工阶段就开始进行碳排放计算，并通过实施有效的减排措施，可以获得碳排放权证书，这些证书可以在碳交易市场上进行交易，为企业带来额外的经济收益。综上所述，建筑碳排放计算不仅有助于科学地制定施工方案，优化资源配置，降低环境影响，还可以推动建筑行业的技术进步和市场竞争力提升，随着碳排放数据获取和计算方法的不断改进，其在建筑施工管理中的应用将更加广泛和深入。

12.2 支撑原理分析

在建筑施工方案的制定过程中，碳排放计算的应用涵盖了多个经济学原理，包括成本效益分析、外部性管理、资源配置效率以及激励相容性。

12.2.1 成本效益分析

成本效益分析（Cost-Benefit Analysis，CBA）为开发者提供了一种工具，通过比较不同方案的成本和长期收益，选择环境成本最低的技术和方法以实现最大的经济效益。Florio 等学者明确指出，成本效益分析的概念框架适用于评估任何系统，无论是公共还是私人项目，目的在于量化并确定项目是否从公众或社会的角度出发具有价值。与传统的财务评估不同，成本效益分析不仅关注直接的经济利益，而是综合考虑所有可能的收益和成本。此外，成本效益分析方法能够有效规避市场机制在某些情况下的不足，例如在不考虑政府干预的情况下，市场可能无法正确处理或完全忽略某些因素。CO_2 排放便是这类外部性的一个例子。在自由市场条件下，CO_2 排放可能不会被视为成本，因此不会被市场记录。然而，这种外部性对社会造成的损失（或偶尔可能的收益）在成本效益分析中得到充分考虑，以确保决策过程中能够全面评估其对社会的真实影响。

将成本效益分析方法应用到碳排放计算中，主要分为直接计量方法和间接计量方法。直接计量方法是应用综合评价模型（Integrated Assessment Models，IAMs），将人类对气候变化背后自然机制的理解与货币化的收益和成本结合，直接计算出碳排放量对应的货币价值。间接计量方法是应用碳排放的影子价格，它起始于现有政策，为受管制主体每单位排放创造了一定成本。在某些情况下，至少能够相对直接地得出一个相当精确的（边际）成本估计。特别是在通过排放税或可交易排放许可证方案进行规制时，建立了一个市场清算价格的机制。无论是在同质的排放税情况下，还是在设计良好的排放交易方案中，税收或由此产生的准许价格都将是衡量经济中边际减排成本的良好指标。这是因为受管制主体有动机减少其排放到一个点，即在该点，进一步减排的成本将超过支付税款或使用许可证覆盖排放的成本。

12.2.2　外部性管理

外部性管理涉及采取策略以纠正由个体或企业在经济活动中产生的、未通过市场交易显性化的社会和环境影响。这些影响通常表现为正向或负向外部性。为了应对这种市场失灵，可以采用多种管理策略。其中包括规制政策，如政府通过立法设置排放标准或禁止某些活动；经济激励措施，如通过征收环境税（例如碳税）或使用可再生能源的补贴来内部化这些外部成本；公共供给，政府直接提供或资助公共物品和服务以产生正外部性；以及提供信息和教育，增强公众对某些行为可能产生的外部性认识，从而促使行为改变。这些措施的目的是引导经济活动更好地符合社会整体福利的目标，减少环境损害，同时促进资源的合理和可持续使用。

在应用外部性管理以计算并减少碳排放方面，首先需进行碳排放的量化，通过收集企业或行业的能源使用数据并利用国际公认的排放因子转换成具体的 CO_2 排放量。接下来，通过综合评估模型（IAMs）评估每增加一单位碳排放对社会和环境造成的边际损害成本，从而明确碳排放的外部成本。为了内部化这些外部成本，可以采取包括征收碳税、实施碳排放交易系统、提供清洁能源使用补贴以及制定严格的碳排放规制等政策工具。此外，必须建立一个严格的监控机制来持续监测碳排放情况，并定期评估政策的效果。为了增强政策的透明度和公众参与度，还需要进行广泛的教育和宣传，确保关于碳排放和政策成效的信息对公众和利益相关者开放。通过这一系列措施，可以有效地管理碳排放的外部性，推动经济活动向可持续发展方向转型。

12.2.3 资源配置效率

资源配置效率是指在给定的经济环境中资源如何被分配以达到最优生产与消费的状态，从而最大化经济福利。具体而言，这涉及资源在不同用途之间的分配方式，以确保每单位资源的使用都能产生最大的价值。有效的资源配置意味着资源被用于其最有价值的用途，并且经济系统中的每种资源都能达到其边际效用平衡。理论上，这种配置状态可以通过市场机制在完全竞争的市场中自然实现，其中价格作为资源稀缺性的信号，指导消费者和生产者的决策。然而，由于市场失灵（如外部性、信息不对称等问题）的存在，经常需要通过政府干预来纠正这些失灵，以促进资源配置的效率。这种干预可能包括规制、税收、补贴等措施，旨在优化资源分配，提高整体社会经济福利。

将资源配置效率原则应用于碳排放计量中，核心目标是通过优化资源的使用来最小化碳排放，同时保持或增加经济产出。这一过程包括采用精确的碳排放监测技术，确保碳排放数据的准确性和透明性，以便为政策制定和市场机制提供可靠的信息基础。通过实施碳定价机制（如碳税或碳交易系统），可以将碳排放的社会成本内部化，促使企业和消费者在经济决策中考虑环境影响，从而推动向低碳技术和生产方法的转变。此外，政策制定者应通过激励措施支持研发和采用更为高效的能源利用技术，减少单位产出的碳强度。通过这些措施，不仅可以有效地管理碳排放，而且还能促进经济资源在产业间的有效配置，加速向可持续经济模式的转型。

12.2.4 激励相容性

激励相容性是经济学中的一个概念，指的是设计机制或政策时确保个体的私人激励与组织或社会的整体目标一致的属性。具体来说，一个激励相容的机制能够使个体在追求自身最大利益的同时，也促进了组织或社会目标的实现。这种机制的设计需要充分考虑个体行为的动机与信息不对称问题，确保即使在参与者具有私有信息或潜在的行为偏差时，机制也能有效运行。在实际应用中，激励相容性经常被用于契约理论、拍卖设计、企业治理、公共政策制定等领域，以确保所有相关方的决策与整体目标相匹配。有效的激励相容设计不仅能提高决策效率，还能减少资源浪费和管理成本，促进经济系统的健康发展。

在计算碳排放量的过程中应用激励相容性原则，主要目的是设计一种机制，确保各方在报告和减少碳排放时的行动与整体环境保护目标相一致。这可以通过建立一个合理的奖励和惩罚系统来实现，该系统确保企业和个人报告其真实的碳排放量，同时也激励他们采取措施减少碳排放。例如，可以采用经济激励措施如碳交易市场，在此市场中，碳排放低于某一标准的实体可以出售其剩余的碳排放权给需要更多碳排放配额的实体。此外，政府或相关机构可以提供技术支持和财政补贴，鼓励企业采用更清洁、更高效的技术。通过这些措施，激励相容性原则有助于确保碳排放量的准确计量和有效管理，从而促进环境保护目标的实现。这种方法不仅提高了环境政策的透明度和公信力，还促进了技术创新和可持续发展。

12.3 支撑效果分析

基于第 7 章介绍的建筑建造阶段碳排放计算方法，为说明建筑碳排放计算如何在工程项目中实现对施工方案的支撑，本章将通过实际工程案例的分析，进一步讲解建筑碳排放计算与结果分析的基本过程，并优化施工方案。

需要注意的是，计算项目碳排放核算时，可在碳排放的基础上，应用第 7 章所述方法统计实际资源、能源消耗量与碳排放因子进行计算或修正，本章将侧重于建筑项目的碳排放预算方法的介绍。

建筑项目碳排放计算与分析的主要步骤如下：

（1）定义建筑碳排放计算的功能单位与计量单位，功能单位一般可采用"整幢建筑"或"建筑面积"，相应计量单位一般采用 tCO_2e 或 tCO_2e/m^2（$kgCO_2e/m^2$）。

（2）确定建筑碳排放计算分析的系统边界，即时间范围、空间尺度及技术目标。

（3）根据定义的系统边界与相关规范、标准要求，确定计算对象的碳排放来源与所需的清单数据。

（4）收集并整理基础数据，分阶段、分过程计算碳排放量。

（5）结合技术目标对建筑碳排放量的计算结果进行分析与评价。

（6）编制建筑碳排放计算报告。

（7）报告编制。建筑碳排放计算报告是对碳排放计算分析结果的综合体现。根据《建筑节能与可再生能源利用通用规范》GB 55015—2021，建筑碳排放分析报告已成为建设项目可行性研究报告、建设方案和初步设计文件中必不可少的一部分。建筑碳排放分析报告应包括但不限于以下主要内容：①编制要求，报告的编制单位、编制时间与编制目标等；②项目概况，包括项目建设基本信息、设计条件及概况等；③编制依据，包括引用的规范标准、碳排放因子数据库或数据来源等；④目标定义，包括碳排放计算分析的功能单位、系统边界及采用的方法等；⑤数据获取，包括数据来源、采集手段及数据汇总；⑥清单分析，即建筑碳排放分阶段、分过程计算；⑦结果解释，即计算结果与关键指标的汇总分析与结论。

12.3.1 多层住宅碳排放分析与结构造型、施工方案优化

1）案例概况

某多层住宅建筑工程，建筑共 7 层，标准层层高为 2.8 m，檐口高度为 19.97 m，屋脊高度为 20.87 m。工程总建筑面积为 3647 m²。标准层分为 2 个单元，共计 28 户。该建筑抗震设防烈度为 7 度，建筑设计使用年限为 50 年[48]。

在保证建筑方案与平、立面布局不变的前提下，根据《混凝土结构设计标准（2024 版）》GB/T 50010—2010 和《砌体结构设计规范》GB 50003—2011 的相关要求，分别采用砖砌体结构、混凝土小型空心砌块砌体结构、配筋砌块砌体结构、现浇混凝土框架结构和混凝土剪力墙结构 5 种结构体系设计，经对比后确定施工方案。不同结构体系所涉及的主要设计参数如表 12-1 所示。

不同结构体系的主要设计参数 表 12-1

结构体系	基础形式	主要结构构件尺寸	材料强度
混凝土框架结构	独立基础	框架柱截面 350 mm × 350 mm~400 mm × 400 mm；框架梁截面 250 mm ×（400~500）mm	框架梁柱 C30 混凝土
混凝土剪力墙结构	条形基础	剪力墙厚度 200 mm；连梁截面 200 mm × 400 mm	剪力墙 C25 混凝土
砖砌体结构	条形基础	承重墙厚度 240~370 mm；圈梁兼过梁高度 220~400 mm	圈梁、构造出 C25 混凝土承重墙 M10 实心砖，M10 砂浆
混凝土空心砌块砌体结构	条形基础	承重墙厚度 190 mm；圈梁兼过梁高度 220~400 mm	圈梁、构造柱 C25 混凝土承重墙 MU10 砌块，Mb10 砂浆
配筋砌块砌体结构	条形基础	承重墙厚度 190 mm：连梁截面 190 mm × 400 mm	灌芯 C30，其他 C25 混凝土承重墙 MU15 砌块，Mb15 砂浆

（1）使用面积 为保证建筑布局与建筑面积相同，不同结构体系的竖向承重构件的尺寸不同，砖砌体结构、混凝土小型空心砌块砌体结构、配筋砌块砌体结构、混凝土框架结构和混凝土剪力墙结构的净使用面积分别为 2559 m²、2701 m²、2703 m²、2671 m² 和 2698 m²。可以见得，混凝土小型空心砌块砌体、配筋砌块砌体和混凝土剪力墙结构的使用面积相近；混凝土

框架结构除使用面积略低于以上三种结构外，框架柱突出墙面，对室内空间布局与美观有一定影响；而砖砌体结构墙体厚度最大，使用面积显著低于其他结构体系。

（2）**结构性能**　选取结构自重、最大层间位移角、结构底部受剪承载力，以及结构竖向荷载效应与承载力之比作为结构性能的量化指标，评价分析5种结构体系的结构性能，结构性能对比如表12-2所示。

结构性能对比　　　　　　　　　　　表12-2

结构体系	结构自重，t	最大层间位移角	结构底部受剪承载力，kN		结构竖向荷载效应与承载力之比
			x 方向	y 方向	
砖砌体结构	4590	1/2193	1671	1660	0.82
空心砌块砌体结构	4152	1/3535	1110	1103	0.78
配筋砌块砌体结构	4007	1/5794	4860	8142	0.48
混凝土框架结构	3834	1/1472	6384	6368	0.69
混凝土剪力墙结构	4374	1/6196	5580	9569	0.35

（3）**工程造价**　将建筑工程分为混凝土与砌体结构工程、保温防水工程、装饰装修工程（找平抹灰、瓷砖与地板、门窗）和其他辅助工程（垂直运输、安全防护和其他临时工作）。造价分析结果表明，砖砌体结构和混凝土小型空心砌块砌体结构的造价相对较低，混凝土剪力墙结构的造价最高，而配筋砌块砌体结构的造价略高于无筋砌体结构，但低于混凝土框架结构和剪力墙结构。

2）碳排放分析

（1）**编制依据**

本项目碳排放分析报告的编制依据如下：

①《建筑碳排放计算标准》GB/T 51366—2019[16]。

②工程设计图与项目预算资料。

（2）**目标定义**

①功能单位。项目碳排放计算分析以"整幢建筑"为功能单位，碳排放量以 $kgCO_2e$、tCO_2e 为计量单位，单位面积的碳排放指标以 $kgCO_2e/m^2$ 为计量单位[19]。

②系统边界。考虑在相同建筑构造情况下，结构方案选择对建筑运行碳排放的影响不大，为此本项目碳排放分析仅包含材料生产和建筑建造的两个阶段，重点对比分析不同结构体系的物化阶段碳排放差异，碳排放计算范围包含前述混凝土与砌体结构工程、保温防水工程、装饰装修工程和其他辅助

工程四个部分。

③计算方法。采用《建筑碳排放计算标准》GB/T 51366—2019规定的基于过程的碳排放计算方法，具体见本书第4~10章内容。

（3）数据获取

各分部分项工程的主要材料消耗量、机械运行能耗量、货运量及碳排放因子见表12-3。材料消耗量根据设计图和工程预算文件汇总得到，碳排放因

分项工程材料与能源消耗量　　　　　　　　　　　　　　　　　　表12-3

分部工程	序号	名称	计量单位	碳排放因子，$kgCO_2e$/计量单位	砖砌体结构	空心砌块砌体结构	配筋砌块砌体结构	混凝土框架结构	混凝土剪力墙结构
混凝土与砌体结构工程	1	钢筋	t	2340	85.61	96.43	118.17	139.75	204.72
	2	铁钉、铁线	t	1920	3.22	2.19	1.93	2.30	2.28
	3	普通黏土砖	m^3	292	817.54	0.00	0.00	0.00	0.00
	4	混凝土砌块	m^3	180	77.02	896.30	758.02	664.86	365.19
	5	水泥砂浆 M15	m^3	232	0.00	0.00	35.72	0.00	0.00
	6	水泥砂浆 M10	m^3	200	243.57	68.11	0.00	0.00	0.00
	7	混合砂浆 M5	m^3	236	6.59	11.33	31.21	58.65	32.11
	8	混凝土 C20	m^3	265	41.85	39.10	41.07	43.53	41.07
	9	混凝土 C25	m^3	293	948.38	1090.89	773.98	5.38	1392.32
	10	混凝土 C30	m^3	316	0.00	0.00	314.76	1043.85	0.00
	11	水	m^3	0.168	203.04	158.70	177.34	152.35	284.77
	12	钢模板	t	2340	6.40	5.99	9.05	12.57	18.19
	13	木模板	m^3	2310	37.75	27.22	30.42	39.83	36.60
	14	TC-1 改性剂	万元	3070	0.02	0.24	0.19	0.15	0.09
	15	其他金属制品	万元	3338	0.58	0.45	0.50	0.60	0.72
	16	其他塑料制品	万元	2518	0.15	0.14	0.14	0.15	0.17
	17	电	MW·h	900	7.12	12.46	15.09	16.32	25.29
	18	汽油	t	2936	0.77	0.68	0.94	1.19	1.70
	19	维修费	万元	2637	0.31	0.34	0.41	0.48	0.69
	20	折旧费	万元	2264	0.30	0.32	0.39	0.46	0.66
	21	公路运输	kt·km	179	248.46	254.31	250.59	248.59	282.12
	22	运输服务	万元	2110	0.04	0 04	0.04	0.05	0.05
保温防水工程	1	挤塑聚苯板	t	6120	7.71	7.71	7.71	7.71	7.71
	2	水泥砂浆 M10	m^3	200	16.22	16.22	16.22	16.22	16.22
	3	SBS 防水卷材	m^2	0.54	695.65	695.65	695.65	695.65	695.65
	4	商品混凝土 C20	m^3	265	21.63	21.63	21.63	21.63	21.63
	5	水泥	t	735	0.68	0.68	0.68	0.68	0.68

分部工程	序号	名称	计量单位	碳排放因子，kgCO$_2$e/计量单位	砖砌体结构	空心砌块砌体结构	配筋砌块砌体结构	混凝土框架结构	混凝土剪力墙结构
保温防水工程	6	水	m^3	0.168	46.69	46.69	46.69	46.69	46.69
	7	木材	m^3	178	7.06	7.06	7.06	7.06	7.06
	8	胶粘剂	万元	3070	5.14	5.14	5.14	5.14	5.14
	9	化学纤维制品	万元	2997	0.36	0.36	0.36	0.36	0.36
	10	石油沥青	万元	2216	2.42	2.42	2.42	2.42	2.42
	11	水泥制品	万元	5886	0.09	0.09	0.09	0.09	0.09
	12	电	MW·h	900	0.09	0.09	0.09	0.09	0.09
	13	维修费	万元	2637	0.01	0.01	0.01	0.01	0.01
	14	折旧费	万元	2264	0.06	0.06	0.06	0.06	0.06
	15	公路运输	kt·km	179	10.35	10.35	10.35	10.35	10.35
	16	运输服务	万元	2110	0 40	0.40	0. 40	0.40	0.40
装饰装修工程	1	铁钉、铁线	t	1920	0.28	0.30	0.30	0.30	0.30
	2	水泥	t	735	38.15	38.72	38.59	39.68	38.71
	3	水泥砂浆 M10	m^3	200	307.16	310.81	310.00	310.68	310.76
	4	混合砂浆 M5	m^3	236	58.09	61 36	60.63	61.24	61.31
	5	砂（净中砂）	m^3	2.51	0.00	0.09	0.09	0.09	0.09
	6	松厚板	m^3	178	5.76	5.78	5.78	5.78	5.78
	7	石膏粉	t	32.8	6.57	6.57	6.57	6.57	6.57
	8	大白粉	t	150	17.49	17.49	17.49	17.49	17.49
	9	外墙涂料	t	3500	3.82	3.82	3.82	3.82	3.82
	10	钢质防火门	m^2	125	45.5	45.5	45.5	45.5	45.5
	11	塑钢门窗	m^2	121	1260.9	1260.90	1260.90	1260.90	1260.90
	12	实木门	m^2	4.45	364.60	364.60	364.60	364.60	364.60
	13	实木地板	m^2	2.9	1838.13	1989.33	1955.73	1984.08	1987.23
	14	陶瓷地砖	t	600	11.74	11.74	11.74	11.74	11.74
	15	水	m^3	0.168	217.45	224.63	223.04	224.38	224.53
	16	其他金属制品	万元	3338	4.57	4.57	4.57	4.57	4.57
	17	其他水泥制品	万元	5885.8	0.15	0.15	0.15	0.15	0.15
	18	胶	万元	3070	0.35	0.46	0.45	0.46	0.46
	19	油漆溶剂	万元	2240	0.29	0.29	0.29	0.29	0.29
	20	其他塑料制品	万元	2518	0.14	0.15	0.15	0.15	0.15
	21	布	万元	1919	0.02	0.02	0.02	0.02	0.02
	22	电	MWh	900	0.15	0.15	0.15	0.15	0.15
	23	维修费	万元	2637	0.02	0.02	0.02	0.02	0.02

分部工程	序号	名称	计量单位	碳排放因子，kgCO₂e/计量单位	砖砌体结构	空心砌块砌体结构	配筋砌块砌体结构	混凝土框架结构	混凝土剪力墙结构
装饰装修工程	24	折旧费	万元	0.19	0.19	0.19	0.19	0.19	2264
	25	公路运输	kt·km	93.33	94.49	94.51	94.25	94.96	179
	26	运输服务	万元	0.28	0.28	0.28	0.28	0.28	2110
其他辅助工程	1	钢筋	t	2340	0.41	0.41	0.41	0.41	0.41
	2	铁钉、铁线	t	1920	0.77	0.77	0.77	0.77	0.77
	3	水泥	t	735	3.27	3.27	3.27	3.27	3.27
	4	混砂	m³	3.64	5.82	5.82	5.82	5.82	5.82
	5	石子	m³	3.4	9.20	9.20	9.20	9.20	9.20
	6	石灰	t	1190	1.84	1.84	1.84	1.84	1.84
	7	防锈漆	t	3500	0.21	0.21	0.21	0.21	0.21
	8	钢管	t	2310	2.41	2.41	2.41	2.41	2.41
	9	扣件	t	2310	0.82	0.82	0.82	0.82	0.82
	10	脚手板	m³	178	5.62	5.62	5.62	5.62	5.62
	11	油漆溶剂油	万元	2216	0.02	0.02	0.02	0.02	0.02
	12	安全网	万元	2997	3.07	3.07	3.07	3.07	3.07
	13	电	MW·h	900	37.98	37.98	43.79	43.79	43.79
	14	柴油	t	3106	0.84	0.84	0.84	0.84	0.84
	15	维修费	万元	2637	1.60	1.60	1.87	1.87	1.87
	16	折旧费	万元	2264	1.48	1.48	1.72	1.72	1.72
	17	公路运输	kt·km	179	15.01	15.01	15.01	15.01	15.01
	18	运输服务	万元	2110	0.15	0.15	0.15	0.15	0.15

子取自《建筑碳排放计算标准》GB/T 51366—2019 及国内研究资料。工程预算文件"人材机"表中用量较小且相应碳排放因子未知的材料以货币价值表示，相应碳排放因子取为该类材料所属生产部门的隐含碳排放强度[47]。

商品混凝土和预拌砂浆的运输距离取 40 km，模板及脚手架考虑双向运输取 60 km，砖与砌块根据生产商实际位置取 100 km，其余材料运输距离按《建筑碳排放计算标准》GB/T 51366—2019 均取 500 km，公路运输的碳排放因子取 0.179 kgCO₂e/（t·km），运输部门的隐含碳排放强度取 0.211 kgCO₂e/元。

施工机械运行能耗量根据"人材机"表所列机械台班数汇总得到，临时照明、生活和办公用电量按面积估算。用电碳排放因子取 0.9 kgCO₂e/（kW·h），汽油碳排放因子取 2.936 kgCO₂e/kg，柴油碳排放因子取 3.106 kgCO₂e/kg，并考虑机械折旧与维修的碳排放。

（4）碳排放量计算

①混凝土与砌体结构工程的物化阶段碳排放量计算结果见表 12-4，砖

混凝土与砌体结构工程的物化阶段碳排放量计算结果，单位：tCO$_2$e   表 12-4

序号	名称	砖砌体结构	空心砌块砌体结构	配筋砌块砌体结构	混凝土框架结构	混凝土剪力墙结构
1	钢筋	200.32	225.64	276.51	327.01	479.03
2	铁钉、铁线	6.18	4.20	3.71	4.41	4.37
3	普通黏土砖	238.72	0.00	0.00	0.00	0.00
4	混凝土砌块	13.86	161.33	136.44	119.67	65.73
5	水泥砂浆 M15	0.00	0.00	8.29	0.00	0.00
6	水泥砂浆 M10	48.71	13.62	0.00	0.00	0.00
7	混合砂浆 M5	1.56	2.67	7.36	13.84	7.58
8	混凝土 C20	11.09	10.36	10.88	11.54	10.88
9	混凝土 C25	277.87	319.63	226.77	1.58	407.95
10	混凝土 C30	0.00	0.00	99.46	329.86	0.00
11	水	0.03	0.03	0.03	0.03	0.05
12	钢模板	14.97	14.02	21.18	29.40	42.56
13	木模板	87.20	62.87	70.27	92.02	84.55
14	TC-1 改性剂	0.06	0.73	0.59	0.47	0.27
15	其他金属制品	1.93	1.51	1.68	1.99	2.39
16	其他塑料制品	0.37	0.35	0.36	0.38	0.42
17	电	6.41	11.22	13.58	14.69	22.76
18	汽油	2.26	2.01	2.77	3.48	5.00
19	维修费	0.82	0.89	1.09	1.26	1.81
20	折旧费	0.68	0.71	0.89	1.04	1.50
21	公路运输	44.47	45.52	44.86	44.50	50.50
22	运输服务	0.08	0.09	0.09	0.10	0.10

砌体结构、空心砌块砌体结构、配筋砌块砌体结构、混凝土框架结构和混凝土剪力墙结构的碳排放量分别为 957.59 tCO$_2$e、877.40 tCO$_2$e、926.81 tCO$_2$e、997.27 tCO$_2$e 和 1187.45 tCO$_2$e。在混凝土与砌体结构分项工程中，空心砌块砌体结构的碳排放最低，而混凝土剪力墙结构显著高于其他结构体系。不同结构体系的物化阶段碳排放量主要由钢筋、混凝土和砌体材料的消耗量差异引起。从碳排放构成角度看，各结构方案中材料生产过程的碳排放占比均在 93% 以上，运输碳排放占比为 4%~5%，而施工机械碳排放占比仅为 2%~3%。

②保温防水工程的物化阶段碳排放量计算结果见表 12-5。采用 5 种结构体系时的建筑保温与防水工程物化阶段碳排放量相同，均为 83.98 tCO$_2$e，其中材料生产的碳排放量占比达到 6.5%，运输过程碳排放占比为 3.2%，而施工机械碳排放仅为 0.3%，可忽略不计。

③装饰装修工程的物化阶段碳排放计算结果见表 12-6。采用五种结构方案时的建筑装饰装修工程碳排放量相近，砖砌体结构、空心砌块砌体结构、

保温防水工程的物化阶段碳排放量计算结果，单位：tCO₂e 表 12-5

序号	名称	砖砌体结构	空心砌块砌体结构	配筋砌块砌体结构	混凝土框架结构	混凝土剪力墙结构
1	挤塑聚苯板	47.17	47.17	47.17	47.17	47.17
2	水泥砂浆 M10	3.24	3.24	3.24	3.24	3.24
3	SBS 防水卷材	0.38	0.38	0.38	0.38	0.38
4	商品混凝土 C20	5.73	5.73	5.73	5.73	5.73
5	水泥	0.50	0.50	0.50	0.50	0.50
6	水	0.01	0.01	0.01	0.01	0.01
7	木材	1.26	1.26	1.26	1.26	1.26
8	胶粘剂	15.78	15.78	15.78	15.78	15.78
9	化学纤维制品	1.08	1.08	1.08	1.08	1.08
10	石油沥青	5.36	5.36	5.36	5.36	5.36
11	水泥制品	0.52	0.52	0.52	0.52	0.52
12	电	0.08	0.08	0.08	0.08	0.08
13	维修费	0.03	0.03	0.03	0.03	0.03
14	折旧费	0.14	0.14	0.14	0.14	0.14
15	公路运输	1.85	1.85	1.85	1.85	1.85
16	运输服务	0.85	0.85	0.85	0.85	0.85

装饰装修工程的物化阶段碳排放量计算结果，单位：tCO₂e 表 12-6

序号	名称	砖砌体结构	空心砌块砌体结构	配筋砌块砌体结构	混凝土框架结构	混凝土剪力墙结构
1	铁钉、铁线	0.53	0.58	0.58	0.57	0.58
2	水泥	28.04	28.45	28.46	28.37	29.16
3	水泥砂浆 M10	61.43	62.15	62.16	62.00	62.14
4	混合砂浆 M5	13.71	14.47	14.48	14.31	14.45
5	砂（净中砂）	0.00	0.00	0.00	0.00	0.00
6	松厚板	1.03	1.03	1.03	1.03	1.03
7	石膏粉	0.22	0.22	0.22	0.22	0.22
8	大白粉	2.62	2.62	2.62	2.62	2.62
9	外墙涂料	13.37	13.37	13.37	13.37	13.37
10	钢质防火门	5.69	5.69	5.69	5.69	5.69
11	塑钢门窗	152.57	152.57	152.57	152.57	152.57
12	实木门	1.62	1.62	1.62	1.62	1.62
13	实木地板	5.33	5.76	5.77	5.67	5.75
14	陶瓷地砖	7.05	7.05	7.05	7.05	7.05
15	水	0.04	0.04	0.04	0.04	0.04

序号	名称	砖砌体结构	空心砌块砌体结构	配筋砌块砌体结构	混凝土框架结构	混凝土剪力墙结构
16	其他金属制品	15.24	15.24	15.24	15.24	15.24
17	其他水泥制品	0.89	0.89	0.89	0.89	0.89
18	胶	1.08	1.41	1.41	1.39	1.41
19	油漆溶剂	0.65	0.65	0.65	0.65	0.65
20	其他塑料制品	0.36	0.38	0.38	0.37	0.38
21	布	0.03	0.05	0.05	0.05	0.05
22	电	0.14	0.14	0.14	0.14	0.14
23	维修费	0.06	0.06	0.06	0.06	0.06
24	折旧费	0.43	0.43	0.43	0.43	0.43
25	公路运输	16.71	16.91	16.92	16.87	17.00
26	运输服务	0.58	0.60	0.60	0.59	0.60

配筋砌块砌体结构、混凝土框架结构和混凝土剪力墙结构的碳排放量分别为 329.42 tCO_2e、332.38 tCO_2e、332.43 tCO_2e、331.81 tCO_2e 和 333.14 tCO_2e，碳排放差异主要由墙地面抹灰和地板面积不同引起。其中材料生产过程的碳排放占比平均为 94.6%，运输过程的碳排放占比为 5.2%，机械运行碳排放仅占比 0.2%。

④假定考虑相同的临时照明、办公与生活用电量，其他辅助工程的物化阶段碳排放计算结果见表 12-7，砖砌体结构、空心砌块砌体结构、配筋砌块砌体结构、混凝土框架结构和混凝土剪力墙结构的碳排放量分别为 72.89 tCO_2e、72.89 tCO_2e、79.41 tCO_2e、79.41 tCO_2e 和 79.41 tCO_2e，碳排放差异主要由综合脚手架分项工程引起。其中材料生产过程的碳排放占比为 32%~35%，机械运行碳排放占比为 60%~65%，运输过程的碳排放占比约为 4%。

其他辅助工程的物化阶段碳排放量计算结果，单位：tCO_2e　　表 12-7

序号	名称	砖砌体结构	空心砌块砌体结构	配筋砌块砌体结构	混凝土框架结构	混凝土剪力墙结构
1	钢筋	0.96	0.96	0.96	0.96	0.96
2	铁钉、铁线	1.48	1.48	1.48	1.48	1.48
3	水泥	2.40	2.40	2.40	2.40	2.40
4	混砂	0.02	0.02	0.02	0.02	0.02
5	石子	0.03	0.03	0.03	0.03	0.03
6	石灰	2.19	2.19	2.19	2.19	2.19
7	防锈漆	0.75	0.75	0.75	0.75	0.75
8	钢管	5.56	5.56	5.56	5.56	5.56

序号	名称	砖砌体结构	空心砌块砌体结构	配筋砌块砌体结构	混凝土框架结构	混凝土剪力墙结构
9	扣件	1.89	1.89	1.89	1.89	1.89
10	脚手板	1.00	1.00	1.00	1.00	1.00
11	油漆溶剂油	0.04	0.04	0.04	0.04	0.04
12	安全网	9.21	9.21	9.21	9.21	9.21
13	电	34.18	34.18	39.42	39.42	39.42
14	柴油	2.60	2.60	2.60	2.60	2.60
15	维修费	4.22	4.22	4.94	4.94	4.94
16	折旧费	3.34	3.34	3.90	3.90	3.90
17	公路运输	2.69	2.69	2.69	2.69	2.69
18	运输服务	0.33	0.33	0.33	0.33	0.33

3）结构选型与施工方案制定思路

不同结构方案的建筑物化阶段碳排放计算结果汇总于表 12-8。砖砌体结构、空心砌块砌体结构、配筋砌块砌体结构、混凝土框架结构和混凝土剪力墙结构的物化阶段碳排放总量分别为 1443.9 tCO_2e、1366.6 tCO_2e、1422.6 tCO_2e、1492.5 tCO_2e 和 1683.9 tCO_2e。其中，空心砌块砌体结构的物化阶段碳排放量最低，两种无筋砌体结构的平均物化阶段碳排放量为 1405.25 tCO_2e，配筋砌块砌体结构与混凝土框架结构的物化阶段碳排放量略高于无筋砌体结构，而混凝土剪力墙结构的物化阶段碳排放量高于无筋砌体结构近 20%。

建筑物化阶段碳排放计算结果汇总   表 12-8

分类依据	分项	计量单位	砖砌体结构	空心砌块砌体结构	配筋砌块砌体结构	混凝土框架结构	混凝土剪力墙结构
物化阶段	材料	tCO_2e	1320.9	1237.8	1284.4	1352.5	1527.2
	运输	tCO_2e	67.6	68.8	68.2	67.8	73.9
	施工	tCO_2e	55.4	60.0	70.0	72.2	82.8
分部工程	混凝土与砌体结构工程	tCO_2e	957.59	877.40	926.81	997.27	1187.45
	保温防水工程	tCO_2e	83.98	83.98	83.98	83.98	83.98
	装饰装修工程	tCO_2e	329.42	332.38	332.43	331.81	333.14
	其他辅助工程	tCO_2e	72.89	72.89	79.41	79.41	79.41
合计	物化阶段碳排放总量	tCO_2e	1443.9	1366.6	1422.6	1492.5	1683.9
	碳排放指标	$kgCO_2e/m^2$	395.9	374.7	390.1	409.2	461.7

不同结构方案各阶段、各分部工程对物化碳排放总量的贡献比例相近。按建筑物化阶段划分，材料生产过程对物化碳排放总量的贡献均在 90% 以上，而材料运输及建筑建造过程的碳排放量贡献分别为 4%~5%。按分部工程划分，混凝土与砌体结构工程对建筑物化阶段碳排放量的平均贡献约为 2/3，装饰装修工程的贡献为 20%~25%，而保温防水工程和其他辅助工程的碳排放贡献为 5%~6%。

由此，通过上述数据比对，配合当地施工条件，可确认适用的结构选型与施工方案。

12.3.2 高层住宅碳排放分析与施工方案优化

1）案例概况

某高层住宅，总建筑面积为 17558.72 m^2，地上部分建筑面积为 16491.72 m^2。地上 16 层，地下 1 层，标准层平面每层 3 个单元，标准层层高为 3 m，建筑总高度为 54.300 m。本工程项目所在城市的建筑气候分区为严寒 A 区。

建筑的设计使用年限为 50 年，建筑抗震设防烈度为 6 度，建筑抗震设防分类为标准设防类，场地类别为 Ⅱ 类，建筑结构安全等级为二级。50 年一遇的基本风压为 0.55 kN/m^2，地面粗糙度为 b 类。建筑采用剪力墙结构设计，剪力墙的抗震等级为四级，剪力墙、梁板的混凝土强度等级为 C30，主体结构剪力墙厚度为 200 mm。填充墙体采用混凝土小型空心砌块。基础采用预应力混凝土管桩，桩径为 400 mm，基础混凝土强度等级为 C30。

2）碳排放分析

（1）编制依据

本项目碳排放分析报告的编制依据如下：

①《建筑节能与可再生能源利用通用规范》GB 55015—2021。

②《建筑碳排放计算标准》GB/T 51366—2019。

③《建筑照明设计标准》GB /T 50034—2024。

④《民用建筑节水设计标准》GB 50555—2010。

⑤工程设计图与项目预算资料。

⑥建筑能耗分析报告。

（2）目标定义

①功能单位。本项目碳排放计算分析以"整幢建筑"为功能单位，碳排放量以 kgCO$_2$e、tCO$_2$e 为计量单位，单位面积的碳排放指标以 kgCO$_2$e /m^2 为计量单位[4]。

②系统边界。本项目碳排放分析包含生产、建造、运行和处置的建筑

生命周期全过程。建筑隐含碳排放计算范围为主体结构与装饰工程（不含瓷砖、地板、顶棚等业主二次装修工程）、水电设备系统，并考虑建筑维修、维护；建筑运行碳排放计算范围包括供暖与制冷、照明和生活热水系统。

③计算方法。采用《建筑碳排放计算标准》GB/T 51366—2019规定的基于过程的碳排放计算方法，并利用投入产出分析方法补充计算。

（3）数据获取

①主要建筑材料消耗量及碳排放因子见表12-9。材料消耗量根据设计图和工程造价文件汇总得到，碳排放因子取自《建筑碳排放计算标准》GB/T 51366—2019及国内研究资料。工程造价文件"人材机"表中用量较小且相应碳排放因子未知的材料以货币价值表示，相应碳排放因子取为该类材料所

主要建筑材料消耗量及碳排放因子 表12-9

分类	材料	计量单位	消耗量	碳排放因子，kgCO_2e/计量单位	分类	材料	计量单位	消耗量	碳排放因子，kgCO_2e/计量单位
土建材料	钢筋	t	889.66	2340	土建材料	支撑钢管	t	52.41	2530
	型钢	t	1.44	2310		钢模板	t	44	2400
	镀锌铁线	t	15.65	2350		扣件	t	4.39	2310
	铁钉、铁件	t	7.94	1920		木模板	m³	85.15	178
	混合砂浆 M5	m³	367.94	236.6		支撑方木、脚手板	m³	308.86	178
	混合砂浆 M10	m³	916.31	234.1		其他水泥制品	万元	0.95	5885.8
	水泥砂浆 M7.5	m³	166.85	181.5		布	万元	2.82	1918.9
	水泥砂浆 M10	m³	621	200.2		其他塑料制品	万元	1.72	2518.3
	素水泥浆	m³	149.24	952.3		其他金属制品	万元	20.22	3338.4
	商品混凝土 C10	m³	123.64	172.4		胶粘剂	万元	29.16	3069.8
	商品混凝土 C20	m³	160.99	265.2	电气材料	水泥砂浆 M10	m³	14	201
	商品混凝土 C25	m³	151.37	293.2		小型型钢	t	0.9	2310
	商品混凝土 C30	m³	5765	316.9		镀锌铁线	t	0.16	2350
	商品混凝土 C35	m³	2494.59	363.1		钢丝	t	0.05	2375
	超流态混凝土 C30	m³	1044.69	333		电焊条	t	0.29	20500
	预拌灰土 3：7	m³	66.18	394.4		油漆、涂料	t	0.04	3500
	页岩实心砖	千块	52.29	292		线缆 BV-2.5 mm²	km	55.09	124
	混凝土空心砌块	m³	2127.29	180		线缆 BV-4 mm²	km	0.66	182
	砂子	m³	604.85	3.6		线缆 BV-6 mm²	km	0.05	257
	碎石	m³	5.52	3.4		线缆 BV-10 mm²	km	6.11	426
	PVC 塑料管	km	0.58	11189.2		线缆 BV-16 mm²	km	0.02	651
	石膏粉	t	43.42	32.8					

分类	材料	计量单位	消耗量	碳排放因子,kgCO₂e/计量单位	分类	材料	计量单位	消耗量	碳排放因子,kgCO₂e/计量单位
土建材料	大白粉	t	115.68	150	电气材料	PVC 塑料管	t	4	7930
	钢质防火门	m²	1794.72	125		焊接钢管	t	1.93	2530
	塑钢门窗	m²	4590.48	121		插座、开关	万元	1.5	2291
	涂料	t	25.76	3500		电表箱	万元	11.64	2291
	EPS 保温板	m³	1343.55	251		灯具	万元	0.36	2129
	SBS 防水卷材	10³ m²	3.69	540		其他工业器材	万元	0.9	2413
	再生橡胶卷材	10³ m²	0.95	3462.1		其他木材制品	万元	0.18	1767
	电焊条	t	6.77	20500		其他金属制品	万元	0.7	3338
	安全网	10³ m²	20.29	3700		其他塑料制品	万元	0.7	2518
	木材	m³	8.09	178		布	万元	0.12	1919
	水	m³	5452.75	0.2		其他专用化学品	万元	0.09	3070
水暖材料	水泥 32.5 MPa	t	0.9	735	水暖材料	铸铁散热器	t	5.26	2280
	水泥砂浆 M10	m³	0.03	201		木材	m³	0.33	178
	砂子	m³	1.32	3.6		油漆、涂料	t	0.15	3500
	碎石	m³	0.82	3.4		水	m³	268.48	0.2
	小型型钢	t	2.02	2310		其他金属制品	万元	22.26	3338
	镀锌铁线	t	0.06	2350		其他塑料制品	万元	1.35	2518
	电焊条	t	0.23	20500		胶粘剂	万元	0.14	3070
	钢管	t	12.77	2530		油漆溶剂	万元	0.04	2216
	衬塑钢管 DN40	t	0.37	2530		布	万元	0.1	1919
	铸铁排水管	t	7.73	2280		其他专用化学品	万元	0.05	3070
	PVC 给水排水管	t	3.68	7930					

属生产部门的隐含碳排放强度[47]。

②材料运输距离，按《建筑碳排放计算标准》GB/T 51366—2019，预拌灰土、砂浆和混凝土的运输距离取 40 km，其余材料运输距离均取 500 km，公路运输的碳排放因子取 0.179 kgCO₂e/（t·km）。对于按运费估算碳排放的材料，运费取为材料价格的 5%，运输部门的隐含碳排放强度取 0.211 kgCO₂e/元。

③建造阶段，施工机械台班消耗量、台班能耗见表 12-10，施工过程总能耗见表 12-11。其中，施工机械消耗量根据预算文件中的"人材机"表确定，机械台班能耗由施工机械台班费用定额获得。用电碳排放因子取 0.773 kgCO₂e/（kWh），汽油碳排放因子取 2.936 kgCO₂e/kg，柴油碳排放因子取 3.106 kgCO₂e/kg。此外，按投入产出分析方法估计机械维修和折旧的碳排放量，相应机械生产与维修部门的碳排放因子分别取 0.264 kgCO₂e/元和 0.226 kgCO₂e/元。

分类	机械	消耗量, 台班	电力, kWh/台班	柴油, kg/台班	汽油, kg/台班
土建施工	履带式长螺旋钻机中 400 mm	49.43	844.40		
	门式起重机 10 t	0.81	88.29		
	门式起重机 20 t	0.31	207.10		
	自升式塔式起重机 QTZ40	91.30	115.00		
	自升式塔式起重机 1000 kN·m	0.50	170.02		
	自升式塔式起重机 QTZ30	604.00	105.00		
	施工电梯 75 m 以内	314.29	45.66		
	施工电梯 100 m 以内	249.33	45.66		
	电动卷扬机 50 kN	167.80	33.60		
	电动卷扬机 2 t	2233.40	67.10		
	木工圆锯机 1000 mm	86.81	74.00		
	混凝土振捣器，平板式	8.26	4.00		
	混凝土振捣器，插入式	877.98	9.00		
	混凝土输送泵 30 m³/h	0.36	207.30		
	混凝土输送泵 60 m³/h	92.12	347.80		
	钢筋切断 ϕ40 mm 以内	87.30	32.10		
	钢筋弯曲机 ϕ40 mm 以内	140.63	12.80		
	钢筋调直机 ϕ14 mm	11.30	11.90		
	石料切割机	23.84	8.50		
	型钢剪断机 500 mm	0.20	53.20		
	前 6 机 40 mm×3100 mm	0.04	104.80		
	摇臂钻床 50 mm	0.25	9.87		
	多辊板料校平机 16 mm×2000 mm	0.04	120.60		
	刨边机 12000 mm	0.05	75.90		
	对焊机 75 kV·A	41.95	122.90		
	点焊机 75 kV·A	805.43	154.63		
	直流电焊机 32 kW	126.62	90.80		
	直流电焊机 40 kW	9.27	96.94		
	电焊条烘干箱 60 cm×50 cm×75 cm	1.60	13.90		
	组合烘箱	1.60	136.00		
	电动空气压缩机 10 m³/min	12.25	403.20		
	电锤 520 W	740.27	1.40		
	钢筋弯曲机 ϕ40 mm 以内	140.63	12.80		

分类	机械	消耗量，台班	电力，kWh/台班	柴油，kg/台班	汽油，kg/台班
土建施工	履带式单斗液压挖掘机 0.6 m³	6.38		33.68	
	履带式单斗液压挖掘机 0.8 m³	18.41		50.23	
	履带式单斗液压挖掘机 1.25 m³	0.61		78.24	
	履带式挖掘机 1 m³ 以内	0.50		48.97	
	履带式推土机 75 kW	17.57		53.99	
	载重汽车 15 t	6.00		56.74	
	载重汽车 6 t	231.86		33.24	
	载重汽车 8 t	4.00		35.49	
	自卸汽车 12 t	149.68		46.59	
	机动翻斗车 1 t	75.74		6.03	
	电动打夯机	122.03		16.60	
	汽车式起重机 16 t	4.48		35.85	
	汽车式起重机 20 t	9.00		38.41	
	平板拖车组 40 t	1.00		57.37	
	汽车式起重机 5 t	92.57			23.30
电气施工	汽车式起重机 5 t	1.49			23.30
	载重汽车 4 t	0.36			25.48
	载重汽车 5 t	0.14		32.19	
	弯管机 ϕ108 mm	0.42	32.1		
	直流电焊机 20 kW	67.66	72.46		
	电锤 520 W	16.98	1.40		
水暖施工	汽车式起重机 16 t	0.36		35.85	
	电动卷扬机 1 t	1.03	85.50		
	管子切断套丝机 ϕ159 mm	23.45	3.36		
	立式钻床 ϕ25 mm	12.16	4.03		
	立式钻床 ϕ50 mm	0.33	6.45		
	普通车床 ϕ630 mm × 2000 mm	0.16	30.17		
	台式钻床 ϕ16 mm	8.51	3.98		
	弯管机 ϕ108 mm	5.92	32.1		
	直流电焊机 20 kW	120.59	72.46		
	热熔焊接机 SH-63	14.77	4.01		
	交流电焊机 32 kV·A	1.24	90.80		
	电焊条烘干箱 60 cm × 50 cm × 75 cm	10.02	13.90		

建筑施工过程能耗汇总

表 12-11

分类	项目	计量单位	数量	分类	项目	计量单位	数量	分类	项目	计量单位	数量
土建施工	机械用电	MWh	498.66	电气施工	机械用电	MWh	4.94	水暖施工	机械用电	MWh	9.50
	机械柴油	t	20.37		机械柴油	t	0.00		机械柴油	t	0.01
	机械汽油	t	2.16		机械汽油	t	0.04		机械汽油	t	0.00
	机械运输	万元	1.35		机械运输	万元	0.04		机械运输	万元	0.01
	机械维修	万元	17.86		机械维修	万元	0.05		机械维修	万元	0.04
	机械折旧	万元	26.41		机械折旧	万元	0.02		机械折旧	万元	0.03
其他	临时用电	MWh	56.00								

（4）碳排放量计算

①生产阶段碳排放量计算包含材料生产和材料运输两个过程，结果见表 12-12。生产阶段的碳排放总量为 9255.26 tCO_2e，其中材料生产过程的碳排放量为 8572.91CO_2e，材料运输过程的碳排放量为 682.35 tCO_2e。土建材料生产阶段的碳排放总量为 8969.64 tCO_2e，其中材料生产过程的碳排放量为 8295.85 tCO_2e，材料运输过程的碳排放量为 673.79 tCO_2e；电气材料生产阶段的碳排放总量为 98.38 tCO_2e，其中材料生产过程的碳排放量为 95.62 tCO_2e，材料运输过程的碳排放量为 2.76 tCO_2e；水暖材料生产阶段的碳排放总量为 187.24 tCO_2e，其中材料生产过程的碳排放量为 181.45 tCO_2e，材料运输过程的碳排放量为 5.79 tCO_2e。

生产阶段碳排放量

表 12-12

分类	材料	碳排放量，$kgCO_2e$			分类	材料	碳排放量，$kgCO_2e$		
		材料生产	材料运输	合计			材料生产	材料运输	合计
土建材料	钢筋	2081804	79625	2161429	土建材料	大白粉	17352	10353	27705
	型钢	3326	129	3455		钢质防火门	224340	6425	230765
	镀锌铁线	36778	1401	38179		塑钢门窗	555448	10271	565719
	铁钉、铁件	15245	711	15956		涂料	90160	2306	92466
	混合砂浆 M5	87055	4742	91797		EPS 保温板	337231	6012	343243
	混合砂浆 M10	214508	11809	226317		SBS 防水卷材	1993	1387	3380
	水泥砂浆 M7.5	30283	2150	32433		再生橡胶卷材	3289	357	3646
	水泥砂浆 M10	124324	8003	132327		电焊条	138785	606	139391
	素水泥浆	142121	1923	144044		安全网	75073	545	75618
	商品混凝土 C10	21316	2125	23441		木材	1440	362	1802
	商品混凝土 C20	42695	2766	45461		水	1091	0	1091
	商品混凝土 C25	44382	2601	46983		支撑钢管	132597	4691	137288

分类	材料	碳排放量，kgCO₂e			分类	材料	碳排放量，kgCO₂e		
		材料生产	材料运输	合计			材料生产	材料运输	合计
土建材料	商品混凝土 C30	1826929	99066	1925995	土建材料	钢模板	105600	3938	109538
	商品混凝土 C35	905786	42867	948653		扣件	10141	393	10534
	超流态混凝土 C30	347882	17952	365834		木模板	15157	3810	18967
	预拌灰土 3∶7	26101	853	26954		支撑方木、脚手板	54977	13821	68798
	页岩实心砖	15269	12308	27577		其他水泥制品	5592	100	5692
	混凝土空心砌块	382912	228471	611383		布	5411	298	5709
	砂子	2177	78494	80671		其他塑料制品	4331	181	4512
	碎石	19	771	790		其他金属制品	67502	2133	69635
	PVC 塑料管	6490	73	6563		胶粘剂	89515	3076	92591
	石膏粉	1424	3886	5310					
电气材料	水泥砂浆 M10	2814	180	2994	电气材料	PVC 塑料管	31720	358	32078
	小型型钢	2079	81	2160		焊接钢管	4883	173	5056
	镀锌铁线	376	14	390		插座、开关	3437	158	3595
	钢丝	119	4	123		电表箱	26667	1228	27895
	电焊条	5945	26	5971		灯具	766	38	804
	油漆、涂料	140	4	144		其他电工器材	2172	95	2267
	线缆 BV-2.5 mm²	6826	152	6978		其他木材制品	318	19	337
	线缆 BV-4 mm²	120	3	123		其他金属制品	2337	74	2411
	线缆 BV-6 mm²	13	0	13		其他塑料制品	1763	74	1837
	线缆 BV-10 mm²	2603	59	2662		布	230	13	243
	线缆 BV-16 mm²	13	0	13		其他专用化学品	276	9	285
水暖材料	水泥 32.5 MPa	662	81	743	水暖材料	铸铁散热器	11993	471	12464
	水泥砂浆 M10	6	0	6		木材	59	15	74
	砂子	5	171	176		油漆、涂料	525	13	538
	碎石	3	114	117		水	54	0	54
	小型型钢	4666	181	4847		其他金属制品	74304	2348	76652
	镀锌铁线	141	5	146		其他塑料制品	3399	142	3541
	电焊条	4715	21	4736		胶粘剂	430	15	445
	钢管	32308	1143	33451		油漆溶剂	89	4	93
	衬塑钢管 DN40	936	33	969		布	192	11	203
	铸铁排水管	17624	692	18316		其他专用化学品	154	5	159
	PVC 给水排水管	29182	329	29511					

②建造阶段碳排放量计算仅包含施工机械运行、现场临时用电及机械维修与折旧，结果见表12-13。建造阶段的碳排放总量为 619.84 tCO_2e，其中机械运行的碳排放量为 466.41 tCO_2e（用电、柴油、汽油的碳排放量分别为 396.63 tCO_2e、63.32 tCO_2e 和 6.46 tCO_2e），机械运输、维修与折旧的碳排放量为 110.13 tCO_2e，现场临时用电的碳排放量为 43.3 tCO_2e。

建造阶段碳排放量，单位：tCO_2e 表 12-13

分类	项目	碳排放量	分类	项目	碳排放量	分类	项目	碳排放量
土建施工	机械用电	385.47	电气施工	机械用电	3.82	水暖施工	机械用电	7.34
	机械柴油	63.27		机械柴油	0.01		机械柴油	0.04
	机械汽油	6.33		机械汽油	0.13		机械汽油	0.00
	机械运输	2.84		机械运输	0.09		机械运输	0.02
	机械维修	47.16		机械维修	0.12		机械维修	0.10
	机械折旧	59.68		机械折旧	0.05		机械折旧	0.07
其他	临时用电	43.30						

3）施工方案优化思路

根据以上计算结果，汇总得到的碳排放总量、碳排放指标及各阶段占比情况见表12-14。建筑生产与建造阶段碳排放总量计算结果为 9875.10 tCO_2e，单位建筑面积的碳排放指标为 562.5 $kgCO_2e/m^2$，其中建筑生产阶段对碳排放总量的贡献最高，约达 93.72%，建造阶段次之，占比约为 6.28%。

此外，分析表明建筑材料生产与运输对建筑生产与建造阶段碳排放量的贡献极大。若能通过结构优化设计、调整施工组织步序等方式降低钢材、水泥砂浆和机械用电等碳排放量，会有明显减排效果。

建筑生产与建造阶段碳排放计算结果汇总   表 12-14

阶段	过程	碳排放量，tCO_2e	碳排放指标，（$kgCO_2e/m^2$）	占比
生产阶段	材料生产	8572.91	488.2	86.81%
	材料运输	682.35	38.9	6.91%
	小计	9255.26	527.1	93.72%
建造阶段	机械运行	466.41	26.6	4.72%
	机械运输、维修与折旧	110.13	6.3	1.12%
	临时用电	43.30	2.5	0.44%
	小计	619.84	35.4	6.28%
	合计	9875.10	562.5	100.00%

12.4
本章重点与难点

（1）掌握建筑碳排放计算的一般流程。

（2）了解建筑碳排放计算报告的编制要求。

（3）重点是结合工程案例进一步熟悉建筑碳排放计算与分析的方法。

思考题

1.本章所述多层住宅工程案例，如何选取结构设计方案？请阐述相应理由。

2.本章所述高层住宅工程案例，如何进行结构与施工组织的优化？请阐述相应理由。

3.基于碳排放计算，进行结构设计与施工方案优化时，还应考虑哪些因素？

第13章

建筑碳排放计算与分析支撑建筑智慧运维

建筑碳排放计算是支撑建筑智慧运维的重要依据，本章主要内容及逻辑关系如图 13-1 所示。本章主要内容为建筑碳排放计算与分析支撑建筑智慧运维，分为三个部分进行说明：第一部分为支撑作用概述，讲述了当下建筑智慧运维的发展趋势和建筑碳排放计算支撑建筑智慧运维的优势；第二部分为支撑原理分析，系统介绍了运维阶段碳排放，并讲述了智慧运维原理及技术架构、建筑智慧运维技术；第三部分为支撑效果分析，讲述了设备运行实时监测、设备故障的预测、主动维保与维保质量评价、实行单一集中管理模式和动态管理模式。

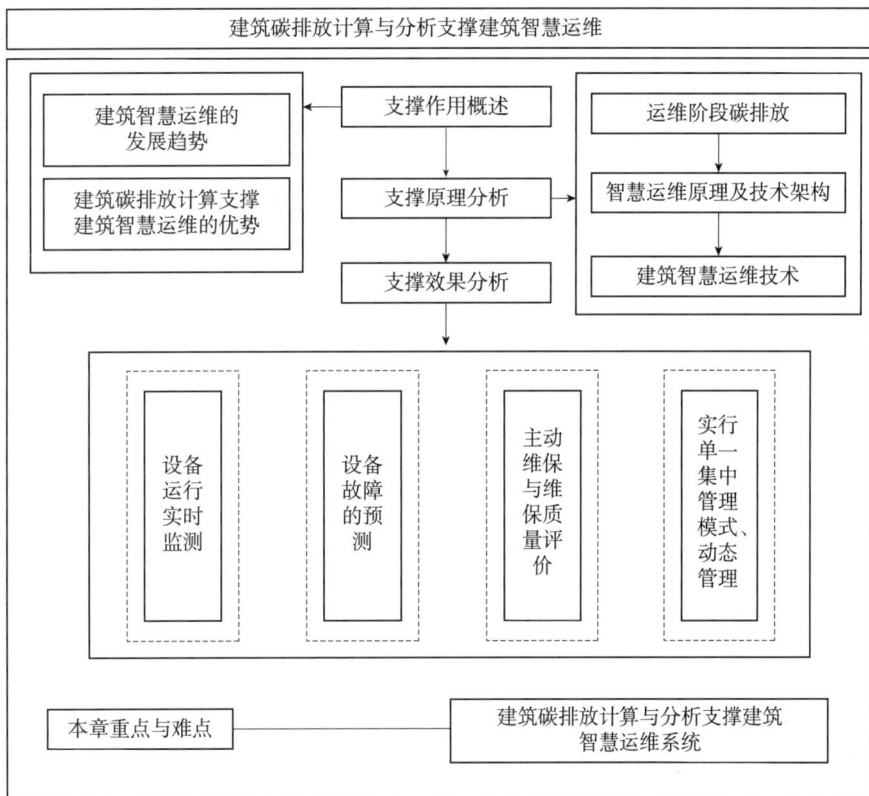

图 13-1　本章主要内容及逻辑关系

13.1 支撑作用概述

13.1.1　建筑智慧运维的发展趋势

碳达峰、碳中和是我国提出的未来经济、生产、生活高质量发展的内在要求，2030 年、2060 年的"双碳"目标更是为我国经济社会的高质量发展提供了方向的指引，并促进了全社会的新旧动能的转换。"双碳"目标的提出，有利于社会的健康绿色发展，指明了今后的发展方向。减少碳排放，最终实现碳中和的伟大目标，需要全社会的共同努力。

建筑业是我国四大碳排放领域之一，做好建筑业的节能减碳，对于实现"双碳"目标有很大的意义。在建筑的全生命周期中，建筑运行阶段的碳排放量占比较大，所以对于运行阶段的减碳就尤为重要。节能减碳，最重要的环节就是找出碳排放源，从源头把控，作为我国碳排放四大领域之一的建筑业，能否走好、走稳"碳达峰、碳中和"之路，将会显著地影响我国整体的碳达峰与碳中和难度。

我国建筑业发展迅速，人们的生活水平日益提高，对于建筑业的要求也越来越高，传统的建筑运维已经满足不了人们的要求，此外，建筑运行阶段的碳排放在建筑全生命周期的碳排放中占比较大，建筑的低碳化、智慧化运维是很好的解决方案，目前也有许多学者在做此方面的研究。

随着互联网技术的发展，建筑智慧运维作为一个新兴学科，拓宽了原有运维管理的范畴，它通过整合建筑、人员、环境、空间、机械等多种因素，可以通过多个角度，系统地分析建筑运维的实时情况，形成高效的建筑运维模式。建筑智慧运维可以对建筑进行高效的管理，在满足人们生活的要求的同时，对建筑运行阶段的减碳也有很重要的意义。

为了实现节能减碳，一方面应该从应用新技术开始，比如利用可再生能源进行发电，提高建筑用能电气化水平，推广实用节能智能家电，加快建筑节能改造，可以更好地在源头进行减碳。在建筑的运行阶段，可以根据不同的建筑特点，进行减碳分析，合理地利用当地的可再生资源。另一方面就是应用人工智能、大数据、物联网等技术。人工智能作为新一轮产业变革的核心驱动力，将进一步释放历次科技革命和产业变革积蓄的巨大能量，并创造新的强大引擎[58]。生产需求推动科技发展，反过来，科技发展又推动生产进步。进入 21 世纪后，物联网、大数据、云计算、边缘计算、人工智能等技术获得了飞速发展，依托这些先进的技术，建筑智慧化便有了实现的基石。通过这些技术，可以更好地实现建筑能源管理的高效和智能，推动互联网、大数据、人工智能、第五代移动通信（5G）等新兴技术与绿色低碳产业在需求侧和供给侧两方面深度融合。对于需求侧，通过应用先进的技术，实现对建筑的能耗实时监控，不多供也不少供，减少能源的浪费，可以实现节能；对于供给侧，采用多种能源供应的形式，根据建筑运维阶段的需要，采用不同组合的供能方式，从过去的单一消费转变为消费、生产、储存三位一体，灵活应用，可实现减碳。

随着计算机科学的发展，我国进入了新一轮的工业革命，人们的生活方式发生了改变，互联网技术普遍地应用于千家万户，精细化供能是未来的发展趋势。党的二十大报告明确提出了加快建设数字中国，并在智慧城市、云计算、大数据、物联网、人工智能、智能制造方面相继出台了一系列重要政策。通过大力支持人工智能应用及相关产业的发展，更好地推进当前中国经济社会面临的新旧动能转换、产业转型升级等重大任务，有力地推动我国发展不断朝着更高质量、更有效率、更加公平、更可持续的方向前进[59]，把新技术应用到建筑当中，可以更好地实现节能减排。目前已有很多的学者在研究建筑智能化，建筑业正在向信息化、数字化方向发展。做好建筑的节能减碳，是实现"双碳"目标的必经之路，同时也是建筑发展的重要方向。

在数字化转型发展背景下，通过创新发展和集成共享，推动运营模式转变，从而实现生产转型升级[60]。在建筑的信息化、数字化的过程中，建筑的智慧运维成为发展的主要方向，是建筑向信息化发展的重要体现。运行阶段是时间周期最长、投资成本最高的一个阶段，对建筑的运行阶段进行全面有效的管理非常重要，对于提高效率、降低成本具有非常大的意义[61]。建筑工程规模逐步扩大，给后期的运行提出了诸多挑战[62-64]。近年来，国内有很多建筑智慧运维的案例出现[64-66]，实现了建筑用能的精确把控，同时也对建筑运行阶段的管理起到了不可替代的作用。现在信息管理工作也逐渐地走上了精细化的道路，不再强调建设的重要性，而是越来越注重精细化管理，实现建筑的合理用能，减少不必要的能源浪费。

随着时代的发展，传统运维管理必然带来新的变革，这种变革趋势包含以下三个方向：

1）人工运维向自动智能运维转变

传统的建筑运维工作是采用单一的人工处理的方式来进行的，通过各种专业的人员对系统进行检查的方式来发现其中存在的问题，效率低并且对人员的要求较高。对于建筑运维不太复杂和建设规模不是很大的系统来说，单一人工的方式是可以解决的，但是随着系统越来越复杂、规模越来越大，人工的方式就不能很好地解决问题，所以最初的建筑智慧运维出现了。这类工具可以应用在建筑运维中，但是具体的指标和设备还要专业人员来确定。投入使用后，大量的工作是需要专业人员自己操作，但是可以在远程的系统中进行操作，不需要在设备上操作。这类系统只是实现了设备远程的控制操作，并没有智能化的运维，是比较难用的。人们渴望出现进行建筑运维自我管理的工具，可以实现建筑智慧运维，它更像一个高级管家一样，对于建筑的能源消耗和能源供给，可以更好地进行匹配，使可再生能源的比例增加，达到节能减碳的目标。

2）指标限值方式向预测能耗转变

指标限值方式是传统运维管理系统的核心特征。专业人员可以对设备的运行参数设定上限值和下限值，认为设备在这个范围内工作是正常的，如果设备运行的状态点超出了上限值或者下限值，那么机器就会自动地报警。对于建筑运维，通常设定一个能耗的范围，一旦监测中发现超出了限值，系统就会自动报警，随后专业人员来进行检查和处理。这种方式很难对实际的建筑运维起到指导作用，因为每个建筑的实际情况不同，结果只是报警和非报警，不能"防患于未然"，导致建筑智慧运维没有发挥出作用。大数据、人工智能等技术可以对建筑运维的能耗进行"学习"，可以更好地对建筑的能源消耗做出预测，具有指导意义，但同时也需要专业的人员来进行监视。对于常见的报警，专业人员可以设定好程序，系统可以自行解决，并且可以更好地配置相应的能源。

3）分散的运行监管系统向统一的集成管理平台转变

虽然大多数建筑在建立信息系统时采用的设备的原理有相似性，但是建筑运行监控系统比较分散，需求侧和供给侧的系统是相对独立的，导致不能形成统一的集成管理和多级系统之间的联动反应。智慧运维平台是基于物联网技术、云计算及大数据应用的建筑运维管控一体化的云平台，它不仅可实现建筑运维能耗的监控，而且可实现整个建筑运维的过程管理和运行管理，提高建筑运维阶段的管理效率与质量，实现建筑运维阶段的节能。智慧运行是智慧运维的核心，涉及运行监督、运行调节、运行控制和运行评价四大部分。运行监督是对建筑运维阶段设备的运行参数和环境参数进行监测，获得建筑运维的显性数据。运行调节是根据显性数据得出的分析结果形成需求侧和供给侧运行调度的最优决策方案。运行控制是根据最优决策方案进行控制。运行评价是根据优化后的运行结果，对设备及系统性能进行评价。智能运行的目的是实现能源转换设备的高效运行，使能源输送系统输送成本最小。

综上所述，以大量的数据库为核心，通过设定限值来进行建筑运维，已经满足不了人们的需求，同时也不能满足节能减排的需要。智慧运维管理平台需要有自主学习能力，可以学习建筑运维的日常运行状况，然后基于大数据分析和人工智能，主动地报备设备的异常情况并可以根据现有的供给侧进行合理的分配，增加清洁能源、可再生能源的使用，把建筑的安全运维和节能减碳作为目标来进行智慧运维。

13.1.2　建筑碳排放计算支撑建筑智慧运维的优势

建筑智慧运维在建筑智能化、生态化、绿色化、智慧化及可持续发展等方面具有重要意义，国家碳达峰碳中和目标的实现，离不开智慧运维。

建筑的水、电、暖、气等能源与资源消耗，直接关系到建筑的节能与减排目标，因此，有必要对其进行能耗监测。建筑智慧运维不仅为管理者提供实际用能水平参考，而且为设计者提供依据。建筑智慧运维首先要有合适的监测末端，如电表、水表、燃气表、热量表，以及各种传感器等；其次需要数据采集装置，负责数据汇集和转发；再次需要传输系统，比如控制网络或计算机网络；最后需要能耗监测信息平台对能耗数据进行处理、存储、融合、分析与应用。

建筑智慧运维作为一个新兴的学科，拓宽了原有设施管理的范畴，它通过整合建筑、人员、环境、资产、空间、设施等种种因素，通过多角度、系统地分析运维环境，以形成有效的建筑智慧运维模式[67]。BIM 和 IoT 等新型信息技术的发展与应用，为建筑智慧运维带来了更多可能性。

利用建筑碳排放计算来支撑建筑智慧运维，可以实现更精准的减碳，也可以实现有目的的减碳，通过分析建筑运维阶段的碳排放，可以指导建筑运行节能，主要体现为以下 3 个方面。

（1）建筑设备的用能效率控制方面： 主要通过提高电器及其他建筑设备的用能效率，例如提高中央空调热泵机组的制冷效率、水泵效率、风机效率等，从而节约能源和资源，减少碳排放。

（2）多能源系统优化调度、合理配置供给方面： 主要是在多能源系统供给时，根据负荷需求，优化调度和合理配置各产能子系统的生产，从而提高产能效率和传输能量的效率。

（3）优化和限制负荷需求方面： 通过监测建筑内人员分布时空信息、动态调整舒适度需求及个性化控制等手段，减少能源及资源浪费，在保证舒适度的前提下，尽可能地降低能源和资源消耗。

对于不同类型的建筑，碳排放的计算方法不同，对应的减碳路径不同，BIM 和 IoT 实现了建筑运维管理的数字化和智慧化，大大提高了建筑运维管理的效率。近年来，随着现代化信息技术的不断提升和应用，建筑行业获得了很大的发展，其中，数字孪生技术在建筑行业的应用推动了智慧建筑运维管理的发展。

目前，国内外建筑正在朝着数字化、智能化的方向方法发展，出现了很多智慧建筑层面的应用，但是对于建筑的智慧运维方面还有待加强。建筑智慧运维是在新一代互联网技术广泛应用的基础上建立起来的一种创新环境下的建筑形态，是智慧建筑发展的高级阶段。实现建筑的智慧运维有利于实现节能减碳，利用计算机技术实现精细化运维是关键。在满足人们的正常生活的前提下精准地供能，充分地借助大数据、人工智能等新技术实现自我感知、智慧分析和自我决策，减少能源的不合理应用，保护环境，减少碳排放，更好地服务于用户，是建筑智慧运维的目标。

13.2.1　运行阶段碳排放

建筑的全生命周期可以分为建筑的搭建与拆除、建材的生产和运输、建筑的运行阶段，其中碳排放占比最大的部分是在建筑的使用过程当中，也就是建筑的运行阶段。以商业办公大楼40年的生命周期为例，运行阶段的支出成本约占其整个生命周期支出总成本的78.3%[68, 69]。运行阶段是时间周期最长、投资成本最高的一个阶段，对建筑的运行阶段进行全面有效的管理非常重要，对于提高效率、降低成本具有非常大的意义[70]。作为建筑碳排放的重点部分，建筑运行阶段的节能减碳就更为关键。运行阶段的减碳是实现"双碳"目标的重要一步，优化建筑的用能系统是有力的减碳措施。我国越来越重视对于可持续能源的使用，也大力开发可再生能源。提高可再生能源在建筑供能系统的比例，推进建筑用能一体化，其目的是实现节能减碳，构建绿色家园。除了对建筑的用能系统的改造外，建筑运维设备的节能也至关重要。大力推进空调冷却水热回收，合理地增加空调的回风比例等技术充分利用了建筑运行阶段产生的废热、余热，在定频泵改为变频泵、多源热泵应用的同时，也应该充分考虑到系统的调节能力以及能源管理，使用大数据、人工智能技术实现建筑设备和建筑运维能耗的远程联动和操作，提高建筑节能管理效率，避免因末端使用人为的疏忽或者传统自控系统的负反馈调节延迟而造成的能源浪费。由于大多数建筑在使用阶段的用途比较单一，因此可以应用人工智能技术，对建筑的使用习惯加以分析，结合门禁系统或者采用图像识别技术实现建筑的供能实时调节，使建筑智慧运维系统更加智能化。将建筑区域的光伏系统、分布式储能设备、建筑内能耗预测等为一体的微电网系统与市政电网同步，可以实现"挪峰平谷"情况下的反向供能。

建筑运行阶段碳排放主要包含暖通空调、照明和电梯、生活热水、可再生能源、建筑碳汇系统在建筑运行期间的碳排放。根据建筑行业的特点，在建筑运行阶段碳排放预算需要首先去明确建筑物碳排放的计算边界，可以根据不同的计算目的来进行计算，也可以分阶段地进行计算。建筑运行阶段的各个用能情景是不同的，要想实现建筑精准减碳，首先要先进行准确的碳排放计算。暖通空调、照明和电梯、生活热水、可再生能源、建筑碳汇系统的碳排放量是不同的，可以根据每个阶段碳排放在全部碳排放中的占比来分析权重，比如暖通空调的碳排放量在建筑运行阶段占比较大，所以应该更加重视，采用节能的暖通空调系统对整个运行阶段都有很好的减碳效果。同时也不忽略占比较小的，采用适当的减碳措施，可以更好地实现节能减排。

13.2.2　智慧运维原理及技术架构

安装分类和分项能耗计量装置，可采用远程传输等手段及时采集能耗数据，实现建筑能耗在线监测和动态分析。建筑能耗监测与控制能够提高能效管理，通过系统监测，可以根据建筑能耗的实际情况，深入分析资源利用效率和节能潜力，及时发现问题并优化控制，以最大限度地提高能源利用率，从而达到全面节能降耗的目的。将建筑能耗监测信息化，采用数据采集设备对建筑进行信息采集及能耗监测，通过有线网络和无线网络进行数据传输，为运营管理与控制提供信息化决策支持，从而降低用能，提升节能效果。

构建合理的绿色建筑能耗监测控制平台与方式，并使其有效运行，根据能耗负荷预测数据分类模型，通过建筑配电系统的特点及末端能耗特性，可改善耗能系统运行状况，提高能源利用率，对于建筑运行阶段建筑节能具有深远意义。

建筑智慧运维技术架构（图13-2）应包括基础设施、智慧支撑平台、智慧应用、保障体系等内容。

基础设施应包括智能化基础设施、算力设施、物联专网。

智能化基础设施应满足智能建筑所必需的基础设施，包括信息基础设施、信息化应用设施、公共安全设施、机电设备管理设施，且符合下列要求：

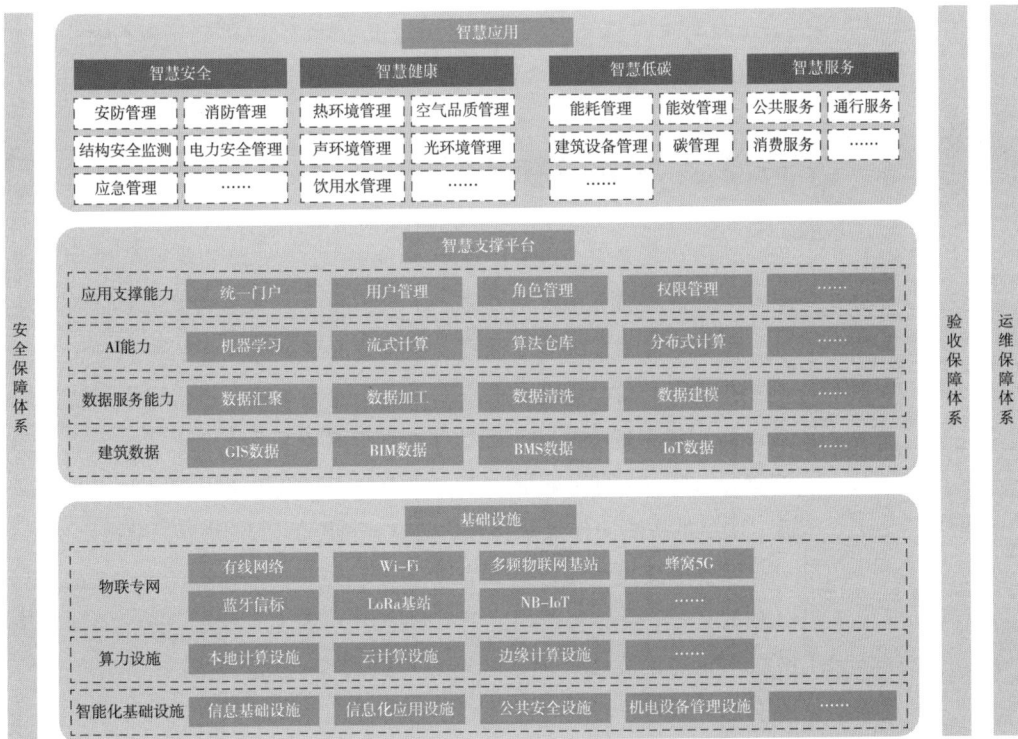

图13-2　建筑智慧运维技术架构示意图

（1）信息基础设施应满足建筑物的应用与管理对信息通信的需求，实现各类接收、交换、传输、存储和显示等功能的信息系统整合，形成建筑物公共通信服务的综合基础条件，宜包括信息接入系统、布线设施、移动通信室内信号覆盖系统、卫星通信系统、用户电话交互系统、无线对讲系统、时钟系统、有线电视及卫星电视接收系统、公共广播系统、会议系统、信息引导及发布系统等；

（2）信息化应用设施应以信息设施系统等智能化系统为基础，满足建筑物的各类专业化业务、规范化运维及管理的需求，宜包括公共服务系统、智能卡应用系统、物业管理系统、信息设施运行管理系统、信息安全管理系统、通用业务系统、专用业务系统等；

（3）公共安全设施应具有以应对危害公共安全的各类突发事件而构建的综合技术防范或安全保障体系综合功能，宜包括火灾自动报警系统、安全防范技术系统、应急响应系统；

（4）机电设备管理设施应实现对建筑机电系统及相关设备的能源使用情况进行监测、统计、评估、控制，宜包括暖通空调控制、冷热源控制、照明控制、给水排水控制等。

智慧支撑平台应包括建筑数据、数据服务能力、AI 能力、应用支撑能力等。建筑数据应实现对建筑内各子系统的数据资源进行统一收集、存储，宜包括 GIS 数据、BIM 数据、BMS 数据、IoT 数据等。基于 GIS、BIM、IoT、BigData 等先进信息技术，通过对建筑空间的 3D 精细建模和物联感知，实现大数据集成、挖掘、协同和共享，进而达成全生命周期的智慧运维。

13.2.3 建筑智慧运维技术

地理信息系统（GIS）技术是近些年迅速发展起来的一门空间信息分析技术，在资源与环境应用领域中，它发挥着技术先导的作用。GIS 技术不仅可以有效地管理具有空间属性的各种资源环境信息，对资源环境管理和实践模式进行快速和重复的分析测试，便于制定决策、进行科学和政策的标准评价，而且可以有效地对多时期的资源环境状况及生产活动变化进行动态监测和分析比较，也可将数据收集、空间分析和决策过程综合为一个共同的信息流，明显地提高工作效率和经济效益，为空间资源管理提供技术支持。

建筑信息模型或者建筑信息管理（Building Information Management）是以建筑工程项目的各项相关信息数据作为基础，建立起三维的建筑模型，通过数字信息仿真模拟建筑物所具有的真实信息。它具有信息完备性、信息关联性、信息一致性、可视化、协调性、模拟性、优化性和可出图性八大特点。

BIM 技术是一种应用于工程设计建造管理的数据化工具，通过参数模型整合各种项目的相关信息，在项目策划、运行和维护的全生命周期过程中进行共享和传递，使工程技术人员对各种建筑信息作出正确理解和高效应对，为设计团队以及包括建筑运营单位在内的各方建设主体提供协同工作的基础，在提高生产效率、节约成本和缩短工期方面发挥重要作用。

物联网（IoT）是指通过各种信息传感设备，实时采集任何需要监控、连接、互动的物体或过程等各种需要的信息，与互联网结合而形成的一个巨大网络。其目的是实现物与物、物与人，所有的物品与网络的连接，方便识别、管理和控制。这种模式将固定资产的空间位置信息管理起来，并且通过设定搬迁流程来管理资产位置的变动，达到便利快速跟踪资产的效果，使得传统上的"大盘点"不再成为繁琐沉重的工作，而是一系列的控制性的轻松的抽查任务，这可以安排在人手富余的空闲时间段内完成。甚至于在较为严格的搬迁管理流程之下可以完全无需盘点，这实际上是借助于信息化技术"告别"了固定资产的大盘点模式。实现固定资产的统一管理，相关部门可实时地掌握固定资产的购入、使用情况。购入资产及时登记，并打印条码。总部对分部、上级对下级盘点清查工作可以先通过查询发现可能发生的问题，并组织专门人员重点地清查，做到有很强的针对性。通过固定资产管理系统中的统计分析功能可方便地了解到固定资产的异动变化，及时调配资源。使用固定资产管理系统后，降低管理成本，提高工作效率，加强固定资产管理，避免重复购置。IoT 在建筑中的具体应用主要为人员管理（室内外人员定位、轨迹描述、特殊区域授权、紧急状态响应等紧密围绕"人、物、空间"安全的智能化管理目标）、设备管理（空间环境信息与设备、使用人的管理结合，更加合理、有效地管理办公、实验、公共服务空间及设备设施）、安全管理（门禁、安防、巡更以及土建、钢构的监测等，实现报警信息的联动处置机制）、能源管理（实时能源监测、功能模块能耗分析及优化运行调控等，实现节能减排的目的）。

数据服务能力应实现对建筑数据开展统一格式化、处理、熔炼，宜包括数据汇聚、数据加工、数据清洗、数据建模等；AI 能力是指通用的人工智能能力，宜包括机器学习、流式计算、算法仓库、分布式计算等。应用支撑能力应实现对智慧建筑应用服务提供统一辅助支撑，宜包括统一门户、用户管理、角色管理、权限管理等基础管理功能。智慧应用应包括智慧安全、智慧健康、智慧低碳、智慧服务等各类应用。智慧安全的各个应用及服务应实现维护智慧建筑内人、财产等各个方面安全，宜包括安防管理、消防管理、结构安全管理、电力安全管理、应急管理等。智慧低碳的各个应用及服务应实现维持建筑高效、节能、低碳运行，宜包括能耗管理、能效管理、建筑设备管理、碳管理等。

13.3.1　设备运行实时监测

设备运行实时监测主要是对建筑的机电设备进行运维，监测建筑的能耗情况和用能系统，通过实时的数据传输可以直观地看到设备的运行状态；搭建的集成可视化运维平台，可以让相应的技术人员更加直观清晰地进行设备的调试，来满足不同状态下的用能需求。目前传感器的布置越来越完善，可视化平台的数据越来越丰富。传感器可以检测设备的运行参数，主要的设备有水泵、制冷剂、锅炉、冷却塔、风机，以及给水排水系统和供配电系统中的设备。建筑智慧运维系统整合了真实设备的参数并进行计算，实时反映设备的运行情况、评估设备的性能状态，并及时预警，以降低设备故障率。一些重要的设备会连接到自动报警系统，工程师可以根据实际情况设置相应的控制参数，一旦系统的运行参数超出了设定值或者低于设定值的时候，系统就会自动报警，工程师可以快速地进行信息的查询以便快速响应。在日常的运维中，管理人员可以根据天气的变化和人员的分布情况来调试设备，选择最佳的供能组合，达到节能的目的。如果设备损坏，相应的运行参数不符合设定值，或者传感器信号中断，系统会及时地进行报警，并且设备的位置、编号都会被给出，方便人员进行查看，是维修团队快速制定方案的重要依据。

13.3.2　设备故障的预测

建筑的用能系统非常重要，不仅可以保证我们的房间温湿度达到舒适的要求，同时还可以保证日常的生产。一旦设备出现故障，对生产生活的影响很大。建筑智慧运维系统应用物联网技术，来获得重要设备的运行数据，应用人工智能神经元网络模型，可以定期地对重要的设备进行故障预测，比如当前可能发生故障的概率，将可能发生的异常情况及时报告给相应的工作人员，提醒工作人员进行重点的筛查。针对空调、水泵、风机等重要设备，建立以设备报修时的历史运行监测数据为预警范式、利用当前实时监测数据进行设备故障预测的 AI 算法，实现对重点设备故障提前预警，探索主动式运维方法，减少突发故障，提高保证率。

13.3.3　主动维保与维保质量评价

建筑智慧运维可进行可视化运维管理，相应的人员通过制订规范的作业计划，建筑设备的日常保养也建立相应的标准，利用虚拟场景强大的分析能力和数据展示的能力，直观地显示当前设备的运行状态以及能源消耗情况，提高了工作的效率，保证建筑运维的质量。比如空调设备需要定期的保养，空调的过滤器和电极式加湿器的加湿桶需要定期更换，维保工作包括了清洁，紧固，需要处理积灰、螺丝松动的问题，来保证设备的正常、高效地运转。由于建筑机电设备类型较多，不同类型设备往往由不同维保班组负责，因此维保班组较多，维保的过程和质量评价难度较高。在智慧运维过程中，每月在运维平台提前导入各类设备维保计划，系统自动发起维保工单，推送给相应的维保人员进行处理。在建筑智能运维模型上可实时显示各楼宇设备的维保完成情况。还可以利用设备维保工单执行情况数据和大量报修数据，对维保质量较差的情况进行自动识别，对维保单位工作质量进行量化评价。

13.3.4　实行单一集中管理模式、动态管理

建筑运维涉及的范围比较广泛，有暖通空调、给水排水、建筑供配电系统。不同的系统以及不同的设备安装的传感器不同或者数据不相通，操作流程复杂，各部门之间相互不能很好地配合。建筑智慧运维可以实现单一集中管理、利用信息化管理平台进行信息的整合，避免出现该现象，简化了操作流程，达到各个运维活动的协调统一。

建筑智慧运维不仅可以实现建筑运维能耗的有效管理，还可实时跟踪和更新数据，从而为决策者提供更加全面准确的数据信息。当建筑的使用情况、使用人、位置等信息等发生变化时，相应人员可以在平台中及时对变化的数据属性进行修改和调整，从而保证数据的完整性、统一性和准确性，实现建筑运维动态管理。

建筑智慧运维可以利用物联网、人工智能、仿真等技术实现数字化协同，让建筑变成一个可以全面感知的容器和载体。建筑的运维系统通过物联网技术，实现设备的相互连接。利用建筑智慧运维平台可以节省人工，使得以前需要很多人工完成的项目可以转变为由智能设备来完成，比如可以通过传感器来监测一些设备的运行，比如可以检测压缩机的进出口压力、锅炉的运行效率、风机的电流等。一方面通过智能能源管理降低它们的能源消耗，提高运行效率；另一方面，设备运行出现异常可以及时检修维护，而不用等到设备出现故障之后再维修或更换，延长其使用寿命。通过系统平台实现的可视化管理模式、仿真与预警的算法、主动式运维机制，为建筑管理者提供了高效、便捷、多样的管理模式，从而给建筑的运行态势监测、数据分析研判、应急指挥等工作的智慧化发展提供了更多的可能。

13.4 本章重点与难点

本章主要说明的是建筑碳排放计算与分析支撑建筑智慧运维系统，主要是为了帮助建筑来减碳，从支撑作用概述、支撑原理分析、支撑效果分析等多角度对其进行介绍与展示，并对平台在碳排放协同控制与综合管理等方面的应用潜力与前景进行了展望，助力建设项目方案优化与碳减排工作的稳步推进。智慧建筑运维保障体系与一般运维保障体系相比，主要突出特点为数据安全运维、智慧能力运维与智慧平台运维等方面，可以利用 AI 技术建立数据安全运维系统、设备故障诊断系统、数字化信息交互平台等，保障智慧建筑的智慧运行、设备设施管理、故障识别与诊断等方面。

思考题

1. 结合本章内容，想一想什么是数字化，为什么说数字化进程是社会高质量发展的必然选择，请结合建筑运维方面谈一谈。

2. 已知某建筑设计使用寿命为 50 年，空调系统的全年供热与制冷需求拟结果分别为 2890 kWh 和 6920 kWh，空调供热、制冷系统的综合性能系数 COP 分别为 2.6 和 3.6。空调在设计使用年限内充注制冷剂 R134a 共 8 次，每次充注约 1.4 kg，空调制冷剂的全球变暖潜势值为 1300。电力碳排放因子取 0.58 tCO_2/（MWh），计算空调系统的运行碳排放量。

3. 某幼儿园（无住宿）设计容纳 6 个班级，每班人数 30 人，幼儿园师生比为 1∶6。幼儿园年均开园天数为 210 d。幼儿园生活热水系统采用电热水器，热源效率为 95%，热水系统输配效率为 75%。设计冷水温度为 5℃，热水温度为 55℃，热水密度为 0.986 kg/L。估算该幼儿园热水系统的年均碳排放量 [电力碳排放因子取 0.58 tCO_2/（MWh ）]。

4. 结合本章内容，谈谈你在日常生活中见到的智慧运维的例子，其中都由哪些方面组成。

第14章

建筑碳排放计算与分析支撑新型建材开发

本章主要内容及逻辑关系如图 14-1 所示。

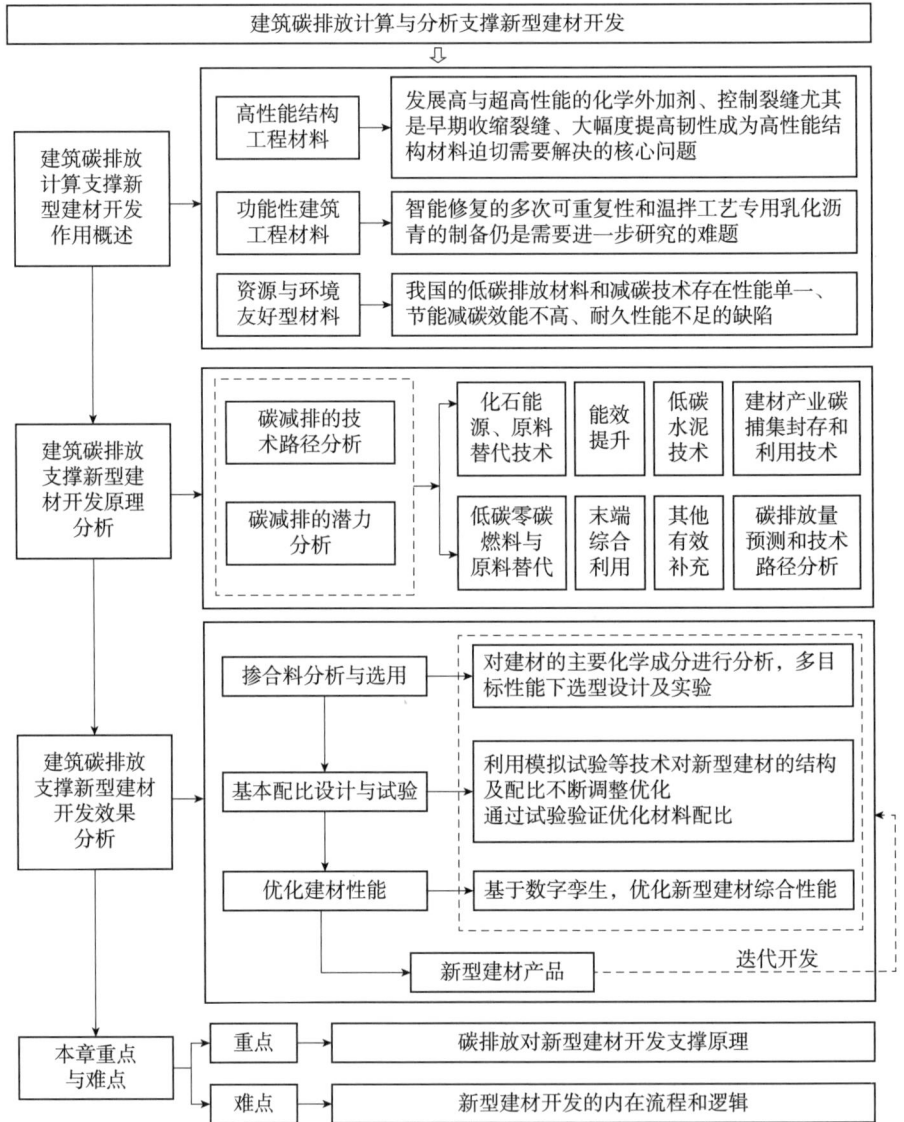

图 14-1　本章主要内容及逻辑关系

　　本章从新型建筑材料开发需要解决的问题入手，分别从新型建材开发趋势和建筑碳排放计算支撑新型建材开发的优势两个方面表明了建筑碳排放计算对新型建材开发的支撑作用。从建材开发碳减排技术路径和潜力两个角度论述了建筑碳排放计算支撑新型建材开发的原理，最后以案例形式总结了新型建材的开发过程和关键技术。

14.1.1 新型建材发展趋势

当今我国的城镇化建设已经从重视数量转为重视质量发展阶段。我国已建成和在建的城市基础设施、高层建筑、地下工程的数量均居世界首位。规模与质量并重的基础设施建设为新型建筑材料的发展带来了新的机遇，同时也带来了挑战。首先，重大基础设施工程关系国计民生，其设计寿命达几十年甚至上百年。实现新型建筑材料的高性能化，增强工程结构的抗灾变能力，延长构筑物的使用寿命，是亟待解决的重大科学问题。其次，大量新型建筑材料结构对材料的性能和功能提出了新的要求，迫切需要解决功能化设计、性能提升的关键技术难题。最后，传统建筑材料存在资源、能源利用效率低，环境污染严重的问题，不仅制约了我国建筑材料的可持续发展，而且阻碍了资源节约型、环境友好型社会的建设。

因此，大力开展新型建筑材料节能减碳、长寿命应用基础研究，解决废弃物高效利用和建筑材料循环再生的关键技术难题，推动新型建筑材料产业与资源、能源和环境的协调发展，促进节约资源、保护环境基本国策的落实成为新型建筑材料开发的当务之急。总之，实现建筑材料的高性能化、多功能化、长寿命化和环境友好化，是建筑材料发展的重要趋势。

围绕建筑工程材料的高性能化、多功能化、长寿命化和环境友好化，国内外学者在建筑工程的结构材料、功能材料、资源与环境友好型材料和测试技术等方向开展了大量的研究工作，并在材料损伤劣化与寿命评估、混凝土高性能化、外保温材料应用和粉煤灰利用等方面取得了富有成效的研究成果。随着建筑工程结构要求、服役要求的提高，以及国家减碳环保战略的实施，建筑工程材料的研究呈现出新的趋势。

1）高性能结构工程材料：现代建筑工程结构正向着高层、大跨、重载及结构轻量化并具有高耐久性与长寿命的方向发展，对材料的要求也日趋提高。高性能混凝土由于具有高强度、大流动性、高体积稳定性、高耐久性等传统混凝土无法比拟的优越性，已引起世界各国材料科学与工程界的密切关注和高度重视，欧美地区、日本等发达国家相继拨出巨资进行了持续研究与开发。近几年来国内对高性能混凝土的研究也取得了一些新的进展，不少重大工程开始重视混凝土的耐久性和使用寿命。然而，对高性能混凝土的认识还需一个过程，许多关键技术问题未能得到根本解决，在实际应用中，高性能混凝土仍然存在体积稳定性差、脆性大、易开裂等问题。如何提升建筑工程材料服役性能，保证或延长建筑物服役寿命，已引起了广泛的关注。因此，发展高与超高性能的化学外加剂、控制裂缝尤其是早期收缩裂缝、大幅度提高韧性成为高性能结构材料开发迫切需要解决的核心问题，也是推广应用高性能结构工程材料乃至是拓宽高性能结构工程材料应用领域的关键所在；而以新的思路，从微结构调控着手，采用各种综合的技术措施，实现建筑工程材料服役性能的全面提升，已是当务之急。

2）**功能性建筑工程材料**：不断出现的新型建筑结构和日益提高的人民生活水平，对建筑工程材料提出了多功能、高效能的要求。国内外在功能纤维、功能沥青、水泥沥青砂浆、表面涂装材料和智能修复材料方面开展了研究工作，部分成果已应用于实际工程。但是，可多次重复的智能修复和温拌工艺专用乳化沥青的制备仍是需要进一步研究的国际难题；高性能聚乙烯醇纤维的纺丝、改性沥青相容性好的新型改性剂制备、水泥沥青砂浆耐久性的评估、高性能水泥沥青砂浆的制备等应用基础和关键技术还没有被国内掌握，部分关键技术一直被发达国家所垄断。国家重大基础设施的兴建和既有构筑物的改造加固都刻不容缓地要求我们开展功能性建筑工程材料的研究。

3）**资源与环境友好型材料**：我国每年排放的各类固态工业废弃物超过12亿 t[71]，并呈现逐年增多的趋势，不仅造成极大的环境污染，同时也是巨大的资源和能源浪费。另外，我国的建设规模高速扩展，消耗了大量的资源和能源，严重制约了我国社会的可持续发展。在降低资源和能源消耗，减少对环境的负荷方面，各国学者都做了大量的研究工作，为实现建筑工程材料可持续发展做出了巨大的贡献。近年来，我国在减碳材料与减碳技术方面也开展了大量的研究，在工业废渣、城市淤泥以及废弃物再生材料的利用上也取得了明显的进展，为推动我国建筑节能减碳和废弃物资源化利用的进程做出了积极的贡献。但我国的研究成果与欧美国家相比还存在较大的差距，比如参照国外建立的建筑热动态特性、热环境理论和暖通空调设计理论，未充分考虑我国气候特征复杂和居住建筑以高层和多层公寓为主的实际情况；我国的低碳排放材料和减碳技术存在性能单一、节能减碳效能不高、耐久性能不足的缺陷；对废弃物利用的研究仍主要停留在宏观的层面，未能深入定性分析和定量揭示废弃物潜在的各种功能效应，在材料性能、机理、应用研究方面均缺少科学的理论指导，导致废弃物的利用方式简单，利用率还相当有限。开展低碳排放材料的开发、废弃物的资源化利用，实现建筑工程材料的资源节约和环境友好，推动建筑工程的低碳化，是当前该领域研究发展的主要趋势。

14.1.2 建筑碳排放计算支撑新型建材开发的优势

推动传统建材向符合高质量发展的新型材料方向发展，可以实现建筑材料的高性能化和耐久性。比如使用高性能的混凝土、钢材，实质是实现了建筑节材，减少了碳排放。同样的建筑如果使用了耐久性更优良的建材可以延长建筑寿命，减少建材使用量，不仅实现了节能减排，还提高了建筑质量。

再例如气凝胶等新型保温隔热节能材料和技术的发展，将提高建筑质量和效能，达到建筑节能的目的。

全生命周期评价（Life Circle Assessment，LCA）方法是系统化地描述产品生命周期中各种资源、能源消耗和环境排放并评价其环境影响的方法，作为一种重要的环境管理工具已纳入 ISO 14000 管理系列标准，并成为 ISO 14000 系列标准中其他各类环境管理工具的方法基础。建材工业是 LCA 应用较早，也较为成熟的一个方向，LCA 的出现也为绿色建材领域引入一种新的价值评估标准——全生命周期环境影响性，要求在关注建筑材料使用性和功能性的同时注重其全生命周期环境影响性。

通过研究玻璃、水泥、陶瓷等主要建材领域生产过程中的碳排放，并基于全生命周期的能耗建立相关的碳排放计算模型，可以有效支撑新型建材开发。比如计算出生产每立方米保温材料、每吨水泥的碳排放是多少，当生产工艺改善后碳排放又降低了多少。只有以这些核算、定量计算做基础，才能为建材领域的各个行业实现碳达峰提供依据，明确减排步骤。这也是对行业、企业碳排放量进行摸底的阶段，同时也为新型建材的开发提供参考依据。

《建筑碳排放计算标准》GB/T 51366—2019 的第 6.1.2 条定义了建材碳排放的定义和计算公式 [16]。建材碳排放包含建材生产阶段及运输阶段的碳排放。

$$C_{\text{JC}} = \frac{C_{\text{sc}} + C_{\text{ys}}}{A} \tag{14-1}$$

式中　C_{JC}——建材生产及运输阶段单位建筑面积的碳排放（$kgCO_2e/m^2$）；

　　　C_{sc}——建材生产阶段碳排放（$kgCO_2e$）；

　　　C_{ys}——建材运输阶段碳排放（$kgCO_2e$）；

　　　A——建筑面积（m^2）。

式（14-1）是建材碳排放计算的核心依据，指出了建材碳排放与建材生产过程密切相关，如何在新型建材开发过程中前瞻性地考虑建材生产所需要的能源消耗并对其进行预评估非常有必要，这部分将在 14.2 节中详细论述。建材的碳排放还与建材运输的过程紧密联系。这要求建材应当尽量选择轻质建材、建材运输阶段尽可能地缩短路程。而后者需要从建筑施工组织流程中优化工序，此外重中之重是建材应选用本地化建材，非必要不选择远距离运输的建材。

以上从建材碳排放的定义分析了其对新型建材开发的指导意义。接下来从规划和设计角度探讨建材碳排放应当如何具体指导新型建材的选用，从而影响新型建材的开发。

建设项目的全生命周期一般分为决策阶段、设计阶段、施工阶段和使用阶段。这里所涉及的为决策阶段和设计阶段。其中决策阶段又分为编制项目建议书、编制可行性研究报告和项目评估三项主要工作。项目建议书指拟建某项目的建议文件，是投资决策前对拟建项目轮廓的设想和初步说明，项目建议书中基本不涉及建材选用。可行性研究是在投资决策前，对拟建项目进行全面技术经济分析和论证的过程。在此工作过程中，建筑的类型基本决定了建筑选择的主要材料，对各种可能的建设方案进行技术经济分析和比较过程中也涉及了建材的选择。该项工作是决策建设项目能否成立的依据和基础。项目评估工作包括在可行性研究基础上，对项目的效益、风险、可行性等因素进行客观、科学的分析，总结项目意义，这部分工作涉及建材选用的内容较少。

项目设计阶段与新型建材的选用密切相关。更进一步来说，与建筑碳排放相关的决策 80% 发生在设计阶段，当一栋建筑进行到施工阶段后，进一步的节能减排效果已经难以实现，所以设计阶段的绿色低碳设计对于建筑全生命周期碳排放控制意义显著。2022 年 4 月 1 日实施的《建筑节能与可再生能源利用通用规范》GB 55015—2021 明确提出要求建设项目可行性研究报告，建设方案和初步设计文件应包含建筑碳排放分析报告。该要求可以使建筑师在设计之初就考虑建筑碳排放并进行总体碳排放估算，以此作为建设项目碳排放的限额，确保设计方案的可持续性。在设计方案优化阶段，需要重点考虑选择不同建材（包括建筑主体结构材料、建筑围护结构材料、建筑构件和部品等）时建筑功能和建材碳排放的匹配程度。此外，还可以进行相关的建材减碳措施效益模拟，方便建设单位和施工单位进行建材减碳措施的比选，有的放矢，提高建筑建材碳排放控制效率。

14.2 支撑原理分析

建材工业涵盖 30 个行业小类，298 类 1013 种产品。经综合测算，水泥、石灰石膏、建筑卫生陶瓷、建筑玻璃、混凝土和水泥制品、墙体材料等行业产生的二氧化碳排放占建材行业二氧化碳排放量的 98.5%，其中，水泥行业燃料燃烧产生的二氧化碳和工业生产过程产生的二氧化碳为建材行业最大，排放总量占建材行业的 84%，石灰石膏行业碳排放位居第二。可见，建材行业是建筑碳排放和工业碳排放的重点排放行业，也是实现我国碳达峰目标的关键领域。

建筑碳排放计算对新型建材开发的支撑原理可以溯源到《IPCC 碳排放指南》，具体体现为建材开发碳减排的技术路径和碳减排的潜力两个方面。本节将具体从以上两个方面论述建筑碳排放计算对新型建材开发的支撑原理。

14.2.1　建材开发碳减排的技术路径分析

降低建材开发碳排放的重点为降低建材生产过程中的化石能源消耗。以水泥为例，就是降低熟料烧成的化石能源消耗、降低石灰石的用量。

降低熟料烧成化石能源消耗的技术途径有提高能源效率技术、替代能源技术。降低石灰石用量的主要技术途径有原材料替代技术、新型低碳水泥熟料技术。上述四类技术部分已相对成熟，如高效冷却技术、高效粉磨技术和余热发电技术等；部分处于研发和示范阶段，如大比例替代燃料技术、高贝利特硅酸盐熟料生产应用技术、高贝利特硫（铁）铝酸熟料生产应用技术等；部分仍处于技术模型研发阶段，如新能源（包括绿氢、光伏、微波、红外等）煅烧水泥熟料技术。碳捕集、封存和利用技术（CCUS）是建材行业实现碳中和的"兜底"技术手段，由于水泥生产碳排放的特点，现已基本成熟的后捕集方法相对成本较高，而与熟料煅烧过程结合的全氧燃烧后捕集技术被认为是最经济的碳捕集手段。此外，由于水泥基材料矿物组成的特性，二氧化碳可用于矿化养护、改性此类材料，建材产业有一定的碳吸收利用能力。经过初步预测，到2060年实现碳中和时，能效提升、替代燃料、替代原料、低碳水泥和CCUS技术降碳比例分别为3%、27%、4%、11%和55%。

1）化石能源、原料替代技术

建材工业能源消耗品种主要是煤炭、电力、燃料油及少量的天然气、煤气、焦炭等。其中，煤炭作为所有化石能源中含碳量最高的一种，无论是作为能源被直接燃烧还是被用于原料、还原剂等非能源使用目的，都不可避免会产生大量二氧化碳。燃煤产生的二氧化碳排放总量大约占我国二氧化碳排放总量的85%以上。水泥行业是建材行业中的"碳排放大户"，也是全球二氧化碳排放的主要"贡献者"之一。

在环境条件许可和需要的情况下，水泥窑可实现利用废弃物、城市垃圾、替代燃料达到40%。据统计目前中国水泥行业的燃料主要为煤和天然气，采用替代燃料的时间短，燃料种类少，年替代量不足。在欧盟一些国家，水泥行业平均燃料替代率超过50%，荷兰高达98%。欧美水泥工业使用废旧轮胎，固体废弃物，屠宰业弃置的肉、骨头，废弃塑料，废机油及生物质燃料等替代燃料。我国水泥工业的燃料替代主要是协同处置生活垃圾，其他生物质燃料如秸秆等仅有个别企业正在开展示范项目工作，预计未来将有相当大的减排潜力。

建材行业碳排放主要源于燃料燃烧排放、过程排放和外购电力与热力排放。在水泥生产过程中，原材料碳酸盐分解产生的二氧化碳排放这种过程排放占到60%之多。生产水泥熟料的原料主要为石灰石、黏土、铁矿石和泥灰岩等钙硅铝铁质矿物。当废弃物中的钙硅铝铁含量较高时（如矿渣、粉煤灰、煤矸石、炉渣、硅钙渣、磷渣、赤泥和电石渣等），一般作为替代原料从水泥窑的预热器、分解炉或窑尾入窑进行协同处置；当废弃物的热值较高时（如废旧轮胎、废纸、废木材、焦油和城市生活垃圾等），一般作为替代燃料从水泥回转窑的主燃烧器入窑加以回收利用。原燃料替代能够充分发挥建筑行业消纳废弃物的优势，进一步提升工业副产品在建筑材料领域的循环利用率和利废技术水平，替代和节约资源，降低 CO_2 等温室气体排放。着力推广水泥窑炉协同处置废弃物等技术，大幅度提高燃料替代率，可积极推进碳达峰和碳中和。欧洲水泥工业中替代燃料的使用率较高，2018 年达到了43%，而全球水泥工业中替代燃料的使用比例仅为 6%。我国采用替代燃料的时间短，燃料种类少，只有不到 50 家水泥厂使用替代燃料，总体的燃料替代率不足 2%。可见在采用替代燃料方面，我国的建材生产还有着非常大的潜力。

2）能效提升

能效提升表现为通过使用提高能效的技术，使得建材行业的能耗和电耗持续下降，CO_2 排放也相应减少。在主要建材行业水泥、玻璃等生产过程中可以应用的节能技术分述如下。

水泥行业：截至 2020 年底，我国 1681 条熟料生产线中 69.84% 为 2500 t/d以上熟料产能生产线，提高单条熟料生产线产能可有效减少单位熟料能耗，降低熟料生产碳排放。近年来，低能耗烧成和新型粉磨技术的开发也对水泥生产能效提升起到积极的作用，如天津水泥工业设计研究院开发了六级组合重构预热预分解系统和生料辊压机终粉磨技术，并对供风系统和篦板结构进行了优化，实现了熟料标煤耗 ≤ 93 kg/t。水泥熟料生产过程中的余热再回收利用是降低水泥生产综合能耗的有效手段，南京凯盛开能环保能源有限公司开发了智能控制的水泥窑余热发电系统，该系统使用后，每吨水泥产品发电28.11 kWh，同时实现了降低碳排放量的目标。我国水泥生产能源效率正在逐步提升，如湖州槐坎南方 7500 t/d 熟料新型干法水泥生产线，吨熟料综合电耗小于 42 kWh；在吨熟料余热发电量为 29 kWh 的情况下，实现生产统计吨熟料标准煤耗为 95 kg。低能耗、超低排放、与环境相容的绿色生态理念，项目排放指标、能耗指标在全国乃至国际上均处于先进行列。我国熟料生产企业已基本全面配置余热回收系统，通过进一步提高能源回收利用率所起到的作用有限，如南方水泥吨熟料余热供电量已达 32 kWh/t。在风能、太阳能利用方面，国内水泥企业也同样有较大的空间。国内太阳能年利用小时数为1000~1600 h 之间，按 1300 h 计算，每 1 MW（占地约 15 亩）的太阳能光伏发电组件每年可以发电 1300 MWh，如年产 200 万 t 水泥厂内建设分布式光伏发电项目，利用厂房办公楼屋顶、空闲地面、废弃矿山安装 5 组（约 75 亩）该太阳能光伏板，按照 2020 年电网排放因子 0.53 kgCO$_2$/kWh 计算，年减少间接碳排放 3445 t，每吨水泥碳排放减少 17.22 kgCO$_2$/t。

玻璃行业：在平板玻璃行业 3 大主要碳排放类型中，化石燃料燃烧占整个碳排放的 70% 以上，因此节约能源、优化燃料结构、提高燃烧效率等是减少碳产生和碳排放的主要途径。

①通过能量转换实现节约能源：如玻璃熔窑引入氧气燃烧系统。玻璃熔窑引入氧气燃烧系统分为全氧燃烧和富氧燃烧两种。全氧燃烧是指使用纯氧作为助燃剂。富氧燃烧是通过提高助燃空气中的氧气比例强化燃烧，达到高效节能的目的；优化燃料结构，燃料低碳化；研究电力和化石燃料的最佳组合方案，使能源燃料的二氧化碳产生及排放达到最低。②提高燃烧效率：采用玻璃熔窑内保温技术及燃烧器改进技术有利于节约能源，减少碳排放；采用低温熔化玻璃的低温熔化技术，在不失去实用性的前提下，可尽可能减少碳排放；开发尽可能多地使用碎玻璃的办法。③采用配合料预热技术：配合料经预热后，可以大大降低熔化温度，减少燃料用量，燃烧生成的 CO$_2$ 也随之减少。如以流化床预热或特殊预热器预热，则 CO$_2$ 的排放量可降低 15% 以上。

3）低碳水泥技术

采用低钙熟料技术进行矿物组成调整，减低高钙的硅酸三钙含量，提升低钙的硅酸二钙含量，将硅酸二钙的含量由约 20% 提升至 40%，可少使用石灰石约 100 kg/tcl，可减排 CO$_2$ 约 40 kg/tcl；在该熟料体系中引入无水硫铝酸钙及硫硅酸钙等更为低钙的矿物，可再少使用石灰石约 300 kg/tcl，可减排 CO$_2$ 约 120 kg/tcl；以低碳熟料为胶凝组分，进行大掺量混合材设计，水泥的熟料系数可降低至 0.5 以下，单位水泥减排 CO$_2$ 约 300 kg/tcl。硫铝酸盐水泥 1970 年代在中国首次于工程中应用，由于其成本较高，一直只在特殊工程中使用。但是，硫铝酸盐生产中碳排放较硅酸盐水泥低，研究者和工业界仍将硫铝酸盐水泥作为未来低碳水泥的重要发展方向，尤其高贝利特硫铝酸盐水泥，则被视作有望取代或部分取代硅酸盐水泥熟料的胶凝材料体系。此外，高贝利特硅酸盐水泥熟料由于其烧成过程中低碳酸钙需求、低能耗和低烧成温度的特性，二氧化碳和氮氧化物排放也低于普通硅酸盐熟料，目前是低热水泥的研究方向之一。我国在硫铝酸盐水泥和低热硅酸盐水泥方面的研究和应用方面处于国际领先水平，成功研制了低热大坝水泥、低热微膨胀水泥、海工高抗蚀水泥等多个种类，并在国家重大工程中得到应用。

降低混凝土生产及服役过程中碳排放的方法主要有减少混凝土中熟料和胶凝材料使用量、利用固体废弃物等低环境负荷原材料、提升混凝土性能、延长混凝土服役寿命和中和吸收二氧化碳等。学界共识认为低碳混凝土包含高粉煤灰掺量混凝土（HVFAC）、超高性能混凝土（UHPC）、超高强混凝土（UHSC）、高强混凝土（HSC）、自密实混凝土（SCC）、轻质混凝土（LWC）和低聚物混凝土（GPC）。例如，高粉煤灰掺量混凝土（HVFAC）中粉煤灰掺量为胶凝材料用量的 40%~50%，其主要缺点为早期强度较低，但新拌状态时工作性能、可泵性、抗开裂等方面均表现优异。超高性能混凝土（UHPC）抗压强度通常为 120~200 MPa，最高可达 800 MPa，抗拉强度为 6~10 MPa，弹性模量为 40~70 GPa，国内桥梁工程中已有较多的应用。UHPC 制备方面，中国建材集团提出了基于性能需求的 UHPC 纳观→微观→细观→宏观多尺度调控理论，构筑了强键合的流变调控聚合物外加剂、微纳米降粘功能材料、无机膨胀材料和有机减缩外加剂，形成了系列 UHPC 主动调控方法与功能化制备技术。UHPC 结构性能和应用方面，中国建材集团建立了 UHPC 单、多轴本构模型，构建了 UHPC 构件的设计理论，研发了具有自重轻、装配率高、施工快捷、耐久性好、少维护、造价有竞争力等优点的 3 类 UHPC 装配式桥梁结构体系和可显著提升后浇节点区域施工效率和抗震性能的新型 UHPC 装配式建筑框架结构。

4）建材产业碳捕集封存和利用技术

目前 CO_2 捕集技术主要有吸收法、吸附法、膜分离法以及这些方法的组合等。吸收法分为物理吸收和化学吸收。物理吸收法通过物理溶解的作用，在加压或降温条件下实现 CO_2 的捕捉，再通过降压或升温实现 CO_2 的释放，常用的化学吸收剂主要是烷基醇胺溶液和热钾碱溶液。

吸附法是利用吸附剂在不同条件下与气体相互作用的不同，来实现气体的捕集和释放。膜法 CO_2 捕集是利用膜两侧压力差作为推动力，根据各组分在膜中渗透速率的不同而实现气体分离的过程。随着材料科学的进步，膜材料的分离性能和稳定性不断提高，同时也开发出无机膜（如金属、沸石、碳膜等）和混合基质膜，拓宽了应用领域。相比于传统的 CO_2 捕集技术，膜分离法具有设备体积小、投资少、能耗低、易操作、易维护等优点，被认为是较有发展潜力的 CO_2 分离技术。

膜分离法的核心就是膜的选择问题，按照分离机理的不同，通常可以将膜分为吸收膜和分离膜。一般膜分离技术需要吸收膜和分离膜两者配合，共同完成。按照膜材料的不同，可以将膜分为无机膜、有机膜以及金属膜三类。无机膜具有较好的化学稳定性，还有耐高温和耐腐蚀且不易被微生物降解、寿命比较长等优点，相对应的是其制造成本较高，且柔软性不够，需要特定的形状来满足需求。常见的无机膜有硅石、氧化铝膜、碳膜等。工业上多用有机膜来捕集分离 CO_2，常见的有机膜有聚苯醚、醋酸纤维、聚醚砜等。有机膜除了具有良好的选择性，还具有良好的渗透性，这可以使得 CO_2 精准地从气体中分离出来，并渗透到膜的另一侧，达到富集的目的。但是有机膜存在一个致命的缺点，就是耐热性比较差，无法满足工业上温度的要求。所以当前研究的重点是要开发高效率、低成本的膜材料来满足工业上的需求。同时也有研究发现，可以将膜法和别的捕集 CO_2 的方法结合起来，在一定程度上可以弥补两种方法捕集 CO_2 的缺陷，由此提出了四氢呋喃（THF）存在下基于水合物/膜混合法来捕集烟气中的二氧化碳方法，在三个水合物形成阶段，水合物相中的 CO_2 含量超过 98%。

此外，还有其他低碳建材的开发应用等技术路径。当前我国仅建筑垃圾每年产生 15 亿 t 以上，从资源化利用来看，我国建筑垃圾总体资源化率不足5%，远低于欧美国家的 90% 和日本韩国的 95%，处理方式仍处于粗放的填埋和堆放阶段。实现建筑垃圾资源化、产业化应当是今后我国建材减排的有效路径。在这方面，江苏省建筑科学研究院先后生产出建筑垃圾再生骨料、再生砖、单排孔和三排孔再生砌块等新产品。我国市政污泥年总产量逐年增大，2020 年我国市政污泥年产量达到 6000 万 t。将污泥焚烧后收集的灰与黏土混合制砖，其中污泥灰的掺量可高达 50%，尽管砖的综合性能好，但没有利用污泥的热值；干化污泥制砖可以有效利用污泥的热值并提高污泥砖的保温性能，但目前也存在着深度脱水困难的问题。此外，装配式建筑能够大幅度降低模板、保温材料、建筑工程水电的耗费量，而且可以降低大部分的建筑垃圾排放量，节能减排的效果非常明显，大大降低了环境污染。此外，低碳建材生产和应用方面，需推进建材制造业的绿色、低碳转型，开发工业尾矿、粉煤灰、煤矸石、化学副产石膏等的综合利用。采用钢渣、钒钛渣、粉煤灰、电石渣等工业固废全部或部分替代天然原料生产低碳建筑材料。利用新型墙材隧道窑协同处置建筑废弃物、淤泥和污泥等；开展赤泥、铬渣等大宗工业有害固废的无害化处置和综合利用，开展尾矿、粉煤灰、煤矸石、副产石膏、矿渣、电石渣等大宗工业固废的综合利用；在水泥、墙体材料和机制砂石等产品中提高消纳产业废弃物能力等。

14.2.2　建材开发碳减排的潜力分析

1）低碳零碳燃料与原料替代

目前石灰石是水泥生产的主要原料，每生产 1 t 水泥熟料大约消耗1.3~1.4 t 石灰石，在窑炉内高温分解产生的 CO_2 约占全部碳排放量的 60%。一方面，通过产品创新，发展低碳水泥，研发新水泥产品例如镁 - 硅酸盐水泥、碱 - 聚合物水泥、火山灰水泥等，可以通过减少或消除所用矿物原料的碳含量而减少工艺排放。受资源供应稀缺、水泥产品特性等因素影响，新型水泥产品可作为碳减排的补充。另一方面，很多工业固体废弃物如电石渣、钢渣、黄磷渣、粉煤灰、煤渣、铜渣、镁渣、硫酸渣、赤泥等其有效化学成分与水泥熟料的化学成分比较接近，具有作为水泥替代原料的可行性。资源化利用这些大宗固体废弃物，可以实现变废为宝。其中：2020 年电石渣年产量约 3733 t；预计 2024 年电石渣年替代率 2.07%，2025~2060 年替代率 2.13%~2.93%。2020 年钢渣年产量约 1.38 亿 t，水泥行业普遍用于水泥粉磨，也用于生料配料，理论掺加比例可达到 6%~10%，实际一般掺加比例在 2%~4%，限制钢渣利用的主要原因是生料粉磨电耗高和钢渣三价铬转换成六价铬造成浸出毒性高。可通过增加钢渣铬含量测试进行钢渣筛选调整配料及使用粗钢渣制备水泥等方式增加钢渣掺加量。

燃料替代技术措施在欧美发达国家，从烧废轮胎开始已应用了 30 年以上，技术成熟可靠，替代燃料（各种废弃物）对煤的热量替代率 TSR 已达 30% 左右。美国和日本的较低，约 15%~20%，德国和荷兰的最高，分别为 70% 和 90%。从 TSR 来看，这些发达国家正值扩大覆盖面和最后冲刺达到 100% 的阶段。

可燃废弃物的种类很多，例如废轮胎、废化工溶剂、废机油、动物骨肉、废塑料、废油墨、危险废物、木质废弃物、废棉织物、废家具、生活垃圾、市政污泥、废纸浆纸板等。现今我国在环保方面更加安全可靠，通过技术妥善地解决了生活垃圾、污泥、危险废物等的协同处置难题。今后在开拓废弃物应用种类方面的技术困难不会太大，应该可以较顺利地推进。水泥窑协同燃烧废弃物的经济效益也将会逐渐提升，水泥厂兼烧废弃物的积极性也会提高。加之政府技术政策激励措施的逐渐落实到位，我国水泥窑大面积推广协同处置废弃物技术的各方面主客观条件已经成熟。

我国随着人口增长以及城乡一体化脚步的加快，城镇人口越来越集中，生活垃圾量逐年上升。我国生活垃圾无害化处理的方式主要有三种：卫生填埋、焚烧和其他，目前仍以卫生填埋为主。与传统填埋、焚烧的处理方式相比，水泥窑协同处置废弃物的优势明显。和垃圾焚烧发电的原理相似，水泥窑协同处置固废也是利用高温处理垃圾，但和垃圾焚烧不同的是，水泥窑协同处置方式直接利用水泥生产线窑炉的高温，且温度远高于垃圾焚烧厂。对于垃圾处理，足够高的温度，便意味着足够大的优势。就水泥窑协同处置固废而言，其能够将固体废物垃圾充分稳定燃烧，固废垃圾中的重金属离子实现无废渣排放，二噁英等有毒有害有机物将被彻底分解或得到有效控制。

截至 2020 年底，我国最大的水泥企业中国建材所属水泥企业已建协同处置项目 24 个，在建项目 1 个，其中危险废物协同处置项目 14 个，生活垃圾处置项目 5 个，污泥处置项目 5 个，并有 13 个拟建项目。2020 年共处置危险废物 166.79 万 t，处置生活垃圾 185.98 万 t，处置污泥 122.74 万 t。

2）末端综合利用

碳捕集、利用与封存技术（Carbon Capture，Utilization and Storage，CCUS）：根据碳排放分析及碳减排路径分析，最多只能减少35%的碳排放量，其余的碳排放量，需进一步发展并使用CCUS，该技术是实现水泥工业碳减排和碳中和的重要途径。

水泥工业的碳排放大约60%是来自其主要原料石灰石的分解，这是水泥工艺过程所固有的。鉴于水泥生产中熟料工艺排放的特点，在没有新兴技术大规模代替熟料的情况下，碳捕集、利用与封存技术（CCUS）将成为水泥行业实现碳中和的唯一选择。

水泥窑废气中CO_2的浓度高（23%），排放CO_2的数量又多。这对低碳转型来说，是一个缺点，但是如果能将这些较高浓度的CO_2捕集净化后利用起来，就能使这个缺点变成优点。这样水泥厂不仅能生产水泥，还能提供优质的CO_2，可用于食品、干冰、电子、激光、医药、焊接等领域，为水泥企业创造一定经济效益，有利碳捕集与封存（Carbon Capture and Storage，CCS）的推广应用。

我国水泥工业在碳捕集技术方面起步较晚，除台湾水泥公司在花莲水泥厂进行的钙循环法半工业试验项目取得一定进展外，另一家水泥企业于2018年10月建成一套设计年产5万tCO_2的CCS装置可以生产工业级和食品级两种纯度（99.9%和99.99%）的CO_2，虽然其尚未达到设计产能，但已实现了零的突破。

作为水泥熟料生产环节碳减排的"兜底"手段，CCS、CCUS将充当重要碳减排技术路径，为水泥企业实现碳中和提供近一半的碳减排份额。"十五五"期间，需开展CO_2捕集、利用与封存技术的试验示范，积累碳捕集技术的工程建设、成本核算、运营管理和产品应用等经验，为大规模推广应用提供基础。

2020~2030年，中国建材集团拟开展碳捕集、利用与封存相关的基础性研究关键技术攻关，并进行碳捕集、利用与封存的示范应用，争取2030年集团内碳捕集率达到1%（年捕集量300万t左右）。2030年后实现规模化应用，最终推动水泥生产工业碳中和。

3）其他有效补充

在全面进行碳捕集、利用与封存的基础上，如果仍有少量无法捕集的碳排放量，无法完全实现建材企业的碳中和，则需要以下几种途径予以补充：

（1）实施碳吸收碳固化项目。大力发展植树造林等基于自然的增加碳汇的方式或建材产品固碳技术吸收CO_2等方式。

（2）挖掘清洁能源利用空间。在原有碳排放企业的厂区空地或厂房顶上布置光伏或风力发电站，在有条件的地方开发生物质和地热等。

（3）**倡导低碳绿色生活**。企业内部践行绿色办公、低碳出行等低碳生活模式等。

4）碳排放量预测和技术路径分析

水泥生产的碳排放可分为燃料排放、生产过程排放和间接排放，各环节排放比例约为 35%、60%、5%，其中，生产过程排放主要来源为水泥生产原料石灰石的分解。水泥生产的碳排放主要来源于熟料烧成阶段，因此，降低水泥生产碳排放的重点为降低熟料烧成的化石能源消耗、降低石灰石的用量。降低化石能源消耗的技术途径有提高能源效率技术、替代能源技术，降低石灰石用量的主要技术途径有原材料替代技术、新型低碳水泥熟料技术。上述四类技术部分已相对成熟，如高效冷却技术、高效粉磨技术和余热发电技术等；部分处于研发和示范阶段，如大比例替代燃料技术、高贝利特硅酸盐熟料生产应用技术、高贝利特硫（铁）铝酸熟料生产应用技术等；部分仍处于技术模型研发阶段，如新能源（包括绿氢、光伏、微波、红外等）煅烧水泥熟料技术。碳捕集、封存和利用技术（CCUS）是建材行业实现碳中和的"兜底"技术手段，而由于水泥生产碳排放的特点，现已基本成熟的后捕集方法相对成本较高，而与熟料煅烧过程结合的全氧燃烧后捕集技术被认为是最经济的碳捕集手段。此外，由于水泥基材料矿物组成的特性，CO_2 可用于矿化养护、改性此类材料，建材产业有一定的碳吸收利用能力。2025 年之前，充分利用现有成熟技术，提升能效、原料替代率 1%~3%，燃料替代率 5% 左右；到 2030 年，主要依靠原燃料替代（含氢能）、新型低碳水泥；2040 年后，充分发挥 CCUS 作用（包含二氧化碳建材化利用）；到 2060 年，实现 CCUS 利用率 100%。经综合预测，到 2060 年实现碳中和时，能效提升、替代燃料、替代原料、低碳水泥和 CCUS 技术降碳比例分别为 3%、27%、4%、19% 和 48%。

14.3

支撑效果分析

14.3.1 案例背景

本节以江湖淤泥烧结砖新型建材为例，详述碳排放如何在新型建材开发过程中的应用。众所周知，江河、湖泊治理已成为环境保护、环境治理的紧迫任务，而江河湖泊淤泥的治理又是其中极其关键的问题。长江流域湖泊、内河淤积问题日渐突出，在一些地区，如江苏省的太湖流域已严重地影响了当地的生态环境。以江苏省江南主要水系太湖，及其上游滆湖等区域湖泊为例，湖泊总面积 2500 多万 km^2，据统计，平均淤积深度 0.5~1.2 m，淤泥总量达 20 亿 m³。而且随着水体的总流动速度减缓、富营养化程度的加深，淤积速度进一步加快，对湖泊的生态构成威胁。湖泊淤泥治理已经成为湖泊及环湖生态治理的主要任务之一。在此背景下，淤泥处理的问题尤为突出。之前普遍采用的方法一是填埋，就近填充低洼地、水塘等。二是将泥浆冲入长江。前者要占用大量的土地，对环湖、沿河原生态有副作用，后者对长江有副作用。两者的共同特点是将清出的淤泥弃置，未能资源化利用，而且淤泥处理费用昂贵，增加了地方政府财政负担，约束了湖泊清淤工作快速高效地实施。

江苏省建筑行业每年要消耗从外部调集来的大量的工业原材料，同时排放超过 1 亿 t 的各类固体工业废弃物。这些废弃物的排放与堆积，不仅造成极大的环境污染，同时也是巨大的资源和能源浪费。

基于以上原因，利用江河湖泊淤泥、城市污泥及粉煤灰、炉渣、木屑、农作物秸秆等多种工农业废弃物制作新型墙体材料，一方面，解决江河湖泊淤泥、城市污泥及其他多种工农业废弃物的出路，可以减少填埋、冲淤等费用、废弃物处理费用及环境负面影响，起到变废为宝，充分利用资源，缓解资源紧张，减少环境污染，实现循环经济和可持续发展的作用。另一方面，可以利用江河湖泊淤泥、城市污泥的自身有机质含量高的特点，制造出高附加值的建筑自保温墙体材料，基本实现墙体的自保温，为推进减少建筑碳排放工作做出贡献[72]。

14.3.2　案例开发关键技术

江湖淤泥烧结砖自保温墙体技术中，江湖淤泥烧结砖的热工性能是墙体保温节能的关键。影响江湖淤泥烧结砖热工性能的因素有很多，包括砖的尺寸、基材材性、孔排数、孔形、空心率、孔（空腔）尺寸等，影响江湖淤泥烧结砖墙体热工性能的因素则还包括砌筑砂浆的材性、墙体含水率等。理论分析结合模拟计算、试验研究的结果可以得出各影响因素对江湖淤泥烧结砖及砌体热工性能的影响程度，在材料设计时加以综合考虑以确定合理的设计模型。

开发首先对江河湖泊淤泥的主要化学成分进行了分析，其中占比最大的成分为 SiO_2，其次为 Al_2O_3、Fe_2O_3，此三项之和达到 80% 左右，这与传统的烧结砖所用的黏土基本相似，经成分分析后进行选用，大部分可作为制作烧结砖的很好的原料。淤泥中重金属离子有一定的含量，但做出河道淤泥烧结多孔砖后重金属离子含量比淤泥中要低，在高温煅烧下固结了一部分重金属离子，使得溶出的重金属离子减少。因此河道淤泥中重金属离子对淤泥烧结多孔砖的应用基本不构成影响。城市污泥的成分与江河湖泊淤泥的成分相似，重金属含量也较低，对制成的烧结多孔砖的应用也基本不构成影响。

开发过程：

1）掺合料的分析与选用。烧结砖原料中主要的掺合料有内燃料、增塑剂、减塑剂等。内燃料可采用煤粉、煤渣、粉煤灰、煤矸石粉、木屑、秸秆粉末等，这些材料均具有一定的发热量，可根据实际需要进行选用和添加。当淤泥的塑性指数偏低或偏高时，可添加一定的增塑剂或减塑剂。为改善烧结砖的热工性能，可添加造孔剂以增加砖中的微孔，降低砖的重量，提高其保温性能。

内燃料须经粉碎、筛分，使其达到以下技术要求：①颗粒粒径：以不超过 3 mm 为宜，粒径过大，既不易充分燃烧，也不利于砖坯成型，且成型坯体表面粗糙，易缺棱掉角。如果内燃料中含有石灰石、硫铁矿等有害杂质，粒径应再小些。②含水率：一般为 10% 左右，以粉碎、筛分时不扬尘为宜。如果水分过高，会使粉碎、筛分困难，且会增加砖坯含水率。

2）基本配比设计与试验。根据试验采用的湖泊淤泥成分，调整配方，筛选较优成分配比。针对淤泥含水率高、干密度低等特点，在试制过程中，研发人员对制砖料的配合比不断调整优化，以达到制砖土料的最佳配合比。

湖泊淤泥的含砂量较小，经陈化后的淤泥可加入内燃料及造孔剂进行配比；湖泊淤泥的含砂量较大，如大于 5%，可加入城市污泥改善其塑性，加入污泥后，由于污泥具有一定的热值，可适当减少内燃料。污泥的掺量一般控制在湖泊淤泥量的 1/4 ~1/3，具体情况视材料的含水率等因素而定。

污泥含水率在 80%~85%，运到厂区先置于停放场，经自然干燥等使含水率降低到 60% 以下，再拌进煤粉、粉煤灰（渣）等内燃料。稻壳、木屑等可部分作为内燃料，更主要的是作为造孔剂掺入。从研究淤泥成分及热特性出发，采用稻壳和木屑作成孔剂，研究成孔剂掺量、成孔颗粒大小对淤泥烧结保温砖物理性能的影响。结果表明：成孔剂掺量（质量百分比）为 10%，烧结温度为 950 ℃时，制备的淤泥砖强度达 10 MPa 以上；木屑的成孔效果优于稻壳；稻壳作为成孔剂，粒径一般宜控制在 1 mm 左右。

3）提高江湖淤泥烧结砖热工性能。首先，优化了江湖淤泥烧结砖的孔形设计。根据淤泥的塑性和生产工艺条件设计砖的孔形，总的原则是：尽量采用条形孔，不用圆孔，特别是用于非承重砖；缩小孔宽（10~15 mm 为宜）；空心率 ≥ 25%；型砖分别为纵向三排孔、四排孔。淤泥空心砖的主要规格尺寸为 240 mm × 115 mm × 90 mm，以生产直角六面体为主。其次，通过掺入适量内燃料和成孔材料，严格控制粒度。在制坯淤泥中，掺入适量内燃料（粉煤灰、烟囱灰等）和成孔材料（木屑、造纸污泥、稻壳等秸秆类），不仅节土、节能、利废，缩短干燥周期，还能提高砖的机械强度，提高热工性能；为了利于成型，减少设备磨损，提高质量，严格控制材料粒度（<3 mm，其中 2 mm 以下大于 75%）。最后，把好计量关，确保配料准确。

采用两道破碎、两道搅拌工艺，提高制坯质量均匀性。淤泥掺入内燃料和成孔材料后，不仅塑性指数下降，而且体积密度小的成孔材料用量少，与淤泥不易混合均匀（尤其是造纸污泥为颗粒状）。为了提高制坯泥料的塑性和质量均匀性，采用一道辊机粗碎、搅拌机搅拌，再经第二道辊机细碎、搅拌机搅拌的两道破碎、两道搅拌工艺，不仅提高了节能砖的外观质量和力学性能，还提高了热工性能。

通过该新型建材的开发，新型建材生产单位已综合利用工农业可利用资源 12.35 万 m^3，利用电厂工业废渣 5.3353 万 m^3，合计利用工农业可利用资源 16.685 万 m^3。不仅节约了大量砂、石资源，还节约建材生产用煤 14208 t（标准煤）。

14.4 本章重点与难点

本章对碳排放计算如何指导新型建材开发进行了具体阐述。首先结合新型建材开发的趋势点明建筑碳排放对新型建材开发的支撑作用。然后应用国家标准规范和 IPCC 温室气体排放指南对支撑作用的原理进行了先总后分的详细梳理。确定了合理的建材开发措施，在此基础上用实际案例阐述了建材开发与碳排放相结合的要点所在。实现了碳排放和新型建材开发的高效结合。

本章重点是碳排放对新型建材开发支撑原理部分内容，通过对国家标准规范的细致解读分析，对碳排放的技术路径和碳减排的潜力具体分析说明有助于理解碳排放对新型建材开发支撑原理。

本章难点为新型建材开发的内在流程和逻辑以及碳排放计算对新型建材开发的指导作用。案例中新型建材开发的具体实现这部分内容不要求掌握。

思考题

1.《建筑碳排放计算标准》GB/T 51366—2019 中建材生产阶段碳排放公式是什么，公式中各个参数含义是什么？

2.《建筑碳排放计算标准》GB/T 51366—2019 中建材运输阶段碳排放公式是什么，公式中各个参数含义是什么？

3. 举例说明新型建材开发各个阶段是如何达到建筑碳排放最少化要求的。

第15章

碳排放计算支撑建筑碳汇交易

本章主要介绍了碳排放计算对建筑碳汇交易的支撑作用。首先从建筑碳汇交易机制分析、特性分析和意义出发，进一步论述了碳排放计算在支撑建筑碳汇交易计算的准确性、支撑建筑能耗限额标准的科学性和支撑建筑碳汇交易体系的可靠性三方面的作用。其次，阐明了碳排放计算支撑建筑碳汇交易核算、体系建立和相关配套措施的原理，并以实际案例分析了碳排放计算支撑建筑碳汇交易的效果。本章主要内容及逻辑关系如图15-1所示。

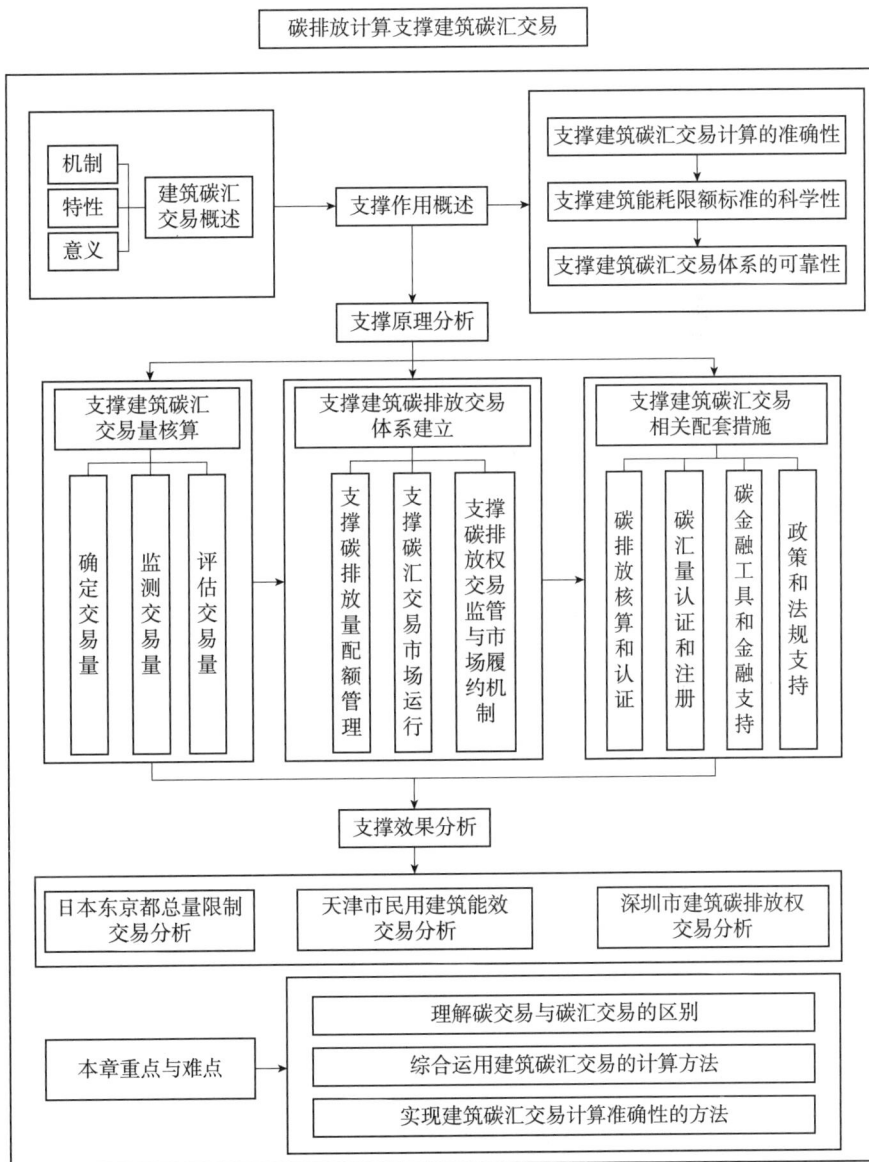

图15-1　本章主要内容及逻辑关系

15.1.1　建筑碳汇交易概述

建筑碳汇交易是指建筑企业采用一定的技术和措施，降低建筑的碳排放量，将减排量作为一种资产进行交易的行为。建筑碳汇交易的核心在于通过建筑活动的碳减排或碳捕集来获得碳汇，并将其用于碳交易市场，以实现环境和经济效益的平衡。因此需要对建筑的碳排放量进行计算和监测，以确保减排量的准确性。建筑碳汇交易通常包括碳汇计算、认证、交易平台和碳汇市场等。

1）建筑碳汇交易机制

碳排放权交易的概念来源于排污权交易的概念。在碳排放交易机制下，排放温室气体的行为成为一种权利，从而可以对其估值和买卖。在碳交易市场中，参与者可以通过购进温室气体减排量的方式，用于抵消自身多排放的温室气体，或出售自身的温室气体排放配额获得收益。这就意味着参与者需要在自我减排和从市场上购进减排量的成本间取舍，从而实现整个市场上减排成本的最低化[73, 74]。

在碳排放权交易的发展历程中，1997 年 12 月 11 日签订的《京都议定书》对碳交易的发展起到了里程碑式的作用。该议定书的生效，使减排成为签署本议定书的发达国家的法定义务，并确立了三个实现减排的灵活机制：联合履约、排放贸易和清洁发展机制。全球的碳交易市场大多基于《京都议定书》而建立。从交易对象角度可以把全球碳交易市场分为两大类：基于配额的市场和基于项目的市场。前者以总量为控制目标，以碳排放配额为交易标的，形成了"总量控制与交易系统"。后者则以具体项目产生的减排量为交易标的，将项目实施后与未实施状况下对比，对由于项目实施产生的减排量进行核证，经过核证后的减排量可以在市场上交易，由减排成本高或无法完成减排目标的企业购入，通过抵消完成后者的减排目标[75]。

2）建筑碳汇交易特性

一般的碳排放权交易模式主要是针对能源集中的行业，对建筑领域还不具有普遍适用性。建筑作为一类特殊的用能主体，由于其物理属性、能耗特点以及减排方式等方面具有一定的特殊性，因此建筑领域的碳排放权交易具有区别于常规碳交易体系的特性，具体如下：

（1）**碳排放量核算难度大**　与一般的工业生产用能不同，建筑的产业模式较为复杂，不同能源品种所处的用能阶段也不相同。由于建筑的能源利用主要集中在需求侧，并且建筑的自身属性、能源供应以及业主行为等均会对建筑的温度、照明等产生较大影响，这也导致建筑能源消耗量、碳排放量难以界定，核算难度较大。此外，建筑类型的不同也会导致不同的建筑用能方式，比如商场、酒店等公共建筑会呈现出与居住建筑所不同的能耗特点。这些也给建筑碳排放量的核算、减排基准线的设定带来较大难度。

（2）**单体建筑交易成本高**　建筑碳交易主体的显著特点是数量较多且分布散乱。以居住建筑为例，一幢住宅的节能量相对较少，将其分配到每户的节能量会更少，则可进行碳交易的数量也十分有限。同时，在碳交易过程中必然会涉及碳排放量的统计、减排量的核定等工作，碳交易的运行成本较高。如果交易量过小，则其经济效益并不大，难以具备商业价值，市场化推动建筑碳交易的难度也会增大。

（3）**交易属性稳定性强**　建筑特别是民用建筑不会轻易移动，很少存在排放转移，有利于城市中碳交易的开展。

3）建筑碳汇交易的意义

碳排放权交易作为市场化节能减排手段，对遏制中国建筑能耗过快增长有重要意义。一方面，建筑碳排放权交易是完成国家节能减排目标的重要举措之一；另一方面，建筑碳排放权交易可以更好地发挥市场配置资源作用，是经济低碳转型的有效途径。

（1）**建立区域碳汇交易是推动低碳城市建设的重要手段**　低碳城市，已经成为世界上许多城市的追求，以实现在城市发展过程中减少对环境的破坏，促进人与自然的和谐相处。碳排放权交易机制，可以用市场这只"看不见的手"，优化调节减排资源的分配，用最小的成本实现最大的减排收益。同时，建筑领域涉及的主体多，行业广，有助于在全社会形成关注气候变化问题、减少温室气体排放的意识。在思想上和行动上，双重支持低碳城市的建设。

（2）**探索建筑领域碳汇交易是顺应产业结构调整的趋势**　我国正处于快速发展的时期，一些粗放型发展的弊端已经显现，为此，我国正在实行产业结构调整和能源结构调整。随着产业结构调整的深入，未来第三产业，尤其是城市中的第三产业比重会逐渐增加，它们的能源消费和温室气体排放也会逐渐增加。因此，建筑领域就成了城市节能减排的潜力点。

（3）**深化建筑领域碳汇交易是深入开展碳交易的途径**　目前，根据国家的有关规划，2017~2020年的主要任务是全面实施全国性的碳排放权交易体系，调整和完善交易制度，实现市场稳定运行。2020年以后，是稳定深化阶段。在这一发展过程中，如何从试点平稳过渡到全国性市场，如何建立一套科学、完整、严密的流程、核算方法和监管体系，如何充分发挥碳交易机制的作用，都是需要仔细考虑的。研究建筑领域碳排放权交易的开展方法，有助于碳交易更深入地开展。

15.1.2 支撑建筑碳汇交易计算的准确性

碳排放计算研究对建筑碳汇交易计算的准确性有以下几个重要作用：

（1）**支撑全面碳计算**：通过碳排放计算研究，可以建立科学完善的碳计算体系，实现项目全生命周期的碳排放量计算，准确测量和评估建筑物在其整个生命周期内所产生的碳排放量。因为碳汇交易中对建筑物的碳排放减少量进行量化和认证是十分重要的，因此这种碳排放量全面、准确的计算对于进行建筑碳汇交易计算至关重要[76]。

（2）**支撑标准化和认证**：碳排放计算可以基于国际或行业标准进行，确保计算方法的一致性和可比性。通过遵循标准化的计算方法，可以提高碳汇交易的准确性，并为交易的认证过程提供支持。标准化和认证确保了参与者之间的公平和可信度。

（3）**支撑监测和追踪**：碳排放计算可以提供监测和追踪工具，用于跟踪建筑物或活动的碳排放量的变化。通过定期计算和比较排放量，可以评估减排措施的效果并确保交易的可靠性。监测和追踪有助于发现潜在的误差或不一致性，并采取相应的纠正措施。

（4）**支撑验证和核查**：碳排放计算为建筑碳汇交易提供了验证和核查的基础。独立第三方机构可以对计算结果进行验证和核查，以确保数据的准确性和可靠性。验证和核查过程是保证交易准确性和可信度的重要环节。

碳排放计算研究对建筑碳汇交易计算的准确性具有重要作用，从确定碳排放量、支持标准化和认证、提供监测和追踪工具，并支持验证和核查等方面发挥作用，从而确保碳汇交易计算的准确性[77]。

15.1.3 支撑建筑能耗限额标准的科学性

建筑能耗限额标准是建筑碳排放权市场建立的重要基础。不同类别建筑物能耗特点不同，建筑能耗基准线较难确定，科学合理的建筑能耗限额标准对建筑碳排放权交易市场的正常运行至关重要。具体而言，碳排放计算对建筑能耗限额标准支撑作用体现在以下几方面：

（1）**支撑全面评估建筑能耗**：碳排放计算可以用于对建筑的能耗进行全面的评估。通过收集建筑的能源使用数据，结合相关的碳排放因素，可以计算建筑的碳排放量。这些计算结果可以提供科学依据，用于评估建筑能源效率，确定建筑能耗限额标准的目标和要求。

（2）**支撑制定能耗限额标准**：基于碳排放计算的结果，可以制定建筑能耗限额标准。通过分析碳排放计算数据，结合能源效率和环境影响等因素，可以确定合理的能耗限额，以促进建筑的节能减排。这样的标准可以提供科学基础，确保建筑能耗限额的科学性和可行性。

（3）**支撑监测与验证实施情况**：碳排放计算可以用于监测和验证建筑的能耗限额标准的实施情况。通过定期收集、记录和计算建筑的能源使用数据，可以评估建筑的碳排放量是否符合设定的能耗限额标准。这种监测与验证过程可以提供科学的数据支持，确保能耗限额标准的科学性和可靠性。

（4）**支撑标准持续改进与更新**：碳排放计算为建筑能耗限额标准的持续改进提供了重要依据。通过对建筑能耗数据的分析和碳排放计算的研究，可以识别出能源效率提高的潜力和方向。这有助于不断优化和更新能耗限额标准，以适应不断变化的技术和市场条件，提高建筑节能减排的科学性和效果。

碳排放计算在支撑建筑能耗限额标准的科学性方面具有重要作用，它可以用于建筑能耗评估、制定能耗限额标准、监测与验证实施情况，并为持续改进提供科学依据。这有助于确保建筑能耗限额标准的科学性、可行性和有效性，推动建筑行业的可持续发展。

15.1.4　支撑建筑碳汇交易体系的可靠性

建筑碳汇交易体系是一个涉及建筑领域碳排放减少和碳汇增加的市场机制，旨在通过交易碳减排量和碳汇量来促进建筑行业的低碳发展。该体系包括碳排放核算和报告、碳汇认证和评估、碳交易市场、碳交易规则和标准、碳市场监管和核查，以及激励措施和政策支持等组成部分。碳排放计算研究对上述各部分起到不同程度的支撑作用。

（1）**支撑碳排放核算和报告**：碳排放计算方法和技术的研究成果可以提供准确、可靠的碳排放核算和报告指南，推动建立统一的计算方法和标准，确保建筑项目的碳排放量计算准确无误。这有助于建筑碳汇交易体系中的项目参与者遵循一致的计算方法，提供可比较的碳排放数据。

（2）**支撑碳汇认证和评估**：碳排放计算研究可以提供建筑碳汇潜力和效益的评估方法。通过深入研究建筑领域的碳汇项目，可以确定和量化不同措施和技术对碳汇的贡献。这有助于建筑项目评估自身的碳汇潜力，并为认证和评估提供科学依据。

（3）**支撑碳交易规则和标准**：深入研究碳排放计算可以为建筑碳汇交易体系的规则和标准制定提供科学依据。例如提供计算方法、核查程序和报告要求等方面的技术指南，帮助制定合理的交易规则，这有助于确保交易体系中规则的公平性、一致性和可操作性。

（4）**支撑碳市场监管和核查**：碳排放计算研究对于建筑碳汇交易体系的监管和核查机制也具有重要作用。研究可以提供核查和验证的方法和技术，帮助监管机构确保碳减排量和碳汇量的真实性和准确性，有助于防止欺诈行为和不当操作，维护市场诚信和稳定。

碳排放计算在支撑建筑碳汇交易体系的可靠性方面具有重要作用，为碳排放核算和报告、碳汇认证和评估、碳交易市场、碳交易规则和标准、碳市场监管和核查，以及激励措施和政策支持提供了科学依据和技术支持，确保交易体系的可靠性、透明性和可持续性。

15.2.1　支撑建筑碳汇交易量核算

建筑碳汇交易量核算是指确定建筑通过能源节约、碳减排等措施所减少的碳排放量，即建筑的碳汇量，并基于这些数据确定建筑的碳汇交易量。而碳排放计算是计算建筑的碳排放量的过程，用于评估建筑实际的碳排放情况[75]。因此，碳排放计算是建筑碳汇交易量核算的基础。

具体而言，建筑碳汇交易量核算需要通过收集建筑的能源使用数据，并进行碳排放计算，以确定建筑的净碳排放量。然后，通过与基准情景进行比较，计算建筑的碳汇量。净碳排放量和碳汇量之差即为建筑的碳汇交易量。在进行碳排放计算时，需要考虑建筑的能源消耗、能源类型、碳排放系数等因素，以准确计算建筑的碳排放量。这些计算结果是建筑碳汇交易量核算的基础，用于确定交易量、核查交易的可靠性和合规性。

因此，可以说碳排放计算提供了建筑碳汇交易量核算所需的关键数据和指标，支持建筑碳汇交易的实施和监测。它们是建筑碳汇交易体系中相互依赖和相互促进的关键环节，共同推动建筑行业的碳减排和低碳转型。

15.2.2　支撑建筑碳排放交易体系建立

建筑领域碳排放交易体系主要分为三个部分：碳排放量配额管理、碳汇交易市场运行、碳排放权交易监管与市场履约机制[78]。碳排放计算对这三部分起到不同层次的支撑作用。

1）支撑碳排放量配额管理

碳排放量配额管理是指有关部门对建筑企业或相关主体的碳排放量进行配额分配。对于碳排放量的配额分配通常分为两部分：一部分针对已有建筑，一部分针对新建建筑。通过建筑的建设规模、机械设备运行状况等测定其碳排放量，并推算出合理的建筑碳排放配额量。

2）支撑碳汇交易市场运行

交易市场的运行，如交易市场的开展点、交易双方入市退出以及交易方式等都是碳排放交易市场平稳运行的关键。建筑领域碳排放交易市场的规模、制度建设、开展过程中的监督管理可能还存在一些问题，导致碳排放市场交易不一定能达到预期效果，所以仍需进一步探讨和解决。

3）支撑碳排放权的交易监管与市场履约机制

碳排放权的交易监管与市场履约机制是我国建设建筑碳排放权交易体系的关键。在碳排放交易过程中，有关部门应严格监管碳排放交易市场，监测监督建筑主体的碳排放量以及交易行为，对落实节能降碳措施的企业予以激励，多措并举建立健全建筑碳排放交易体系，助力实现我国节能减排、绿色低碳的发展战略目标。

15.2.3　支撑建筑碳汇交易相关配套措施

建筑碳汇交易相关的配套措施包括：碳排放核算和认证、碳汇量认证和注册、碳金融工具和金融支持、政策和法规支持。这些配套措施共同构建了一个完整的建筑碳汇交易体系，促进碳减排和碳汇的实现，并为碳市场的正常运行提供支持[79]。碳排放计算在上述几个方面均起到不同程度的支撑作用。

（1）**碳排放核算和认证**：碳排放计算是进行碳排放核算和认证的基础。通过收集建筑的能源使用数据和应用碳排放因子，可以计算出建筑的碳排放量。这些计算结果可以用于核查和认证建筑的碳减排情况，确保交易的真实性和合规性。

（2）**碳汇量认证和注册**：碳排放计算也用于计算建筑的碳汇量，并作为认证和注册的依据。建筑通过采取碳汇措施（如植树造林、生态修复等），可以增加碳汇量。通过准确计算碳汇量，建筑可以获得相应的认证证书，证明其在碳市场中的可交易碳汇量。

（3）**碳金融工具和金融支持**：碳排放计算提供了评估建筑碳减排和碳汇效果的依据，帮助设计和发行碳金融产品。基于建筑的碳排放量和碳汇量，可以制定相应的碳金融工具，如碳信用、碳配额等，用于交易和衡量建筑的碳减排和碳汇贡献。

（4）**政策和法规支持**：碳排放计算为政府制定碳市场政策和法规提供了重要的数据支持。通过对建筑的碳排放进行计算和分析，政府可以制定碳定价机制、设定碳排放目标，并为建筑业提供相应的政策和法规支持，以推动碳减排和低碳发展。

由此可见，碳排放计算在建筑碳汇交易相关配套措施中发挥着重要的作用，为碳排放核算认证、碳汇量认证、金融支持和政策支持提供了必要的数据和基础。

<table>
<tr><td>15.3

支撑效果分析</td><td></td></tr>
</table>

15.3.1　日本东京都总量限制交易分析

日本东京都总量控制与交易体系是全球第一个以城市大型建筑为对象的总量控制与交易体系。东京对办公楼和商业建筑作了强制性能耗标准要求。自运行以来，东京建筑碳排放权交易体系在设计、运行与管理等方面都取得了一些成功经验[74]。

1）碳排放总量控制与分配方法简单易行

东京确定了"2020 年比 2000 年下降 25%"的减排目标，工业建筑与公共建筑的排放量必须减少 17%。东京于 2002 年开始实施建筑碳排放的强制报告制度，提前收集掌握建筑的碳排放数据。东京的碳排放配额分配法为历史排放法（即"祖父制"法），以前一个履约期（五年）内连续三年的历史碳排放量均值为基准年排放量。根据不同类别建筑强制减排系数（表 15-1），确定下一个履约期内建筑的碳排放配额。强制减排的公共建筑碳排放配额计算方法：碳排放定额（5 年）= 基准年排放量（1- 减排系数）×5。

不同类别建筑强制减排系数　　　　　　　　　　　　　　　　　　　表 15-1

	类别	减排系数
I-1	商业建筑、区域供冷及供热设施（工厂）	8%
II-2	符合环境健康标准（EHC）的商业建筑	6%
II	工业建筑	6%
最高等级	高能效建筑 / 设施被认证为：高级 / 近高级建筑	减排系数的 1/2 或 3/4

该方法避免了碳排放定额的公平性争议，使得交易体系简单、易操作。对未达标的业主或单位，处以最高 50 万日元罚款，并加收超额减排量 1.3 倍的手续费。履约期内未完成的减排量，在第二个履约期内将增加其差额的 1.3 倍。

2）建筑碳排放等级分类公平有效

东京的总量控制和分配方法虽然简单易行，但对能效高的建筑存在双重不利。一是能效高的建筑历史碳排放量小，其排放配额就会较低；二是能效高的建筑减排潜力小，减排成本高。因此，东京根据建筑能效等级分类，凡是达到高级或近高级的，其减排系数只有一般建筑的50%或25%。

3）碳抵消机制作用大

对公共建筑的碳排放强度作强制要求同时，允许其他建筑的碳减排量作为抵消信用来源，提高了减排积极性。大型设施和可再生能源证书等也可作为抵消信用来源，且无抵消额度限制，增强了东京都总量控制与交易体系的影响力。但对交易对象和额度进行了限制，只允许购买年排放量少于15万t建筑的减排量，且最多可购买其自身年排放量定额的三分之一。

4）市场流动性低

东京碳交易市场流动性差，交易量极低。主要有两个方面的原因：一是履约期长达五年，交易都集中到最后一年，其余四年里的交易量极少；二是对可交易配额严格限制，市场可售碳排放量较少。东京规定达到强制减排系数之后的超额减排量才可用来交易，且不能超过其当年碳排放配额的一半[80]。

15.3.2 天津市民用建筑能效交易分析

1）市场基本情况

天津建筑碳排放权交易市场2010年正式启动，是我国首个自主开发的碳交易体系。市场主体分为两类：一是强制类主体，包含供热企业、公共建筑等；二是激励类主体，可以进行自愿减排交易。在起步试点阶段，只要求供热企业进行自愿减排交易，同时政府设立了民用建筑能效储备基金以发展和稳定交易市场[81, 82]。

2）交易程序和管理制度

制定并实施了《天津排放权交易所民用建筑能效产品交易规则》《天津市能效方法学管理规则》《天津市民用建筑能效交易实施方案》等政策。政府部门负责交易市场的监督指导，其下属机构天津市民用建筑能效专业委员会负责注册、签发减排量、交易备案系统。民用建筑能效核证机构负责减排量的核证工作，并承担法律责任，政府部门对其进行资格认定和监管。交易所负责市场交易和管理。根据《天津市民用建筑能效交易实施方案》规定，天津市民用建筑能效专业委员会提取签发减排量的5%作为民用建筑能效储备基金调节市场[83]。

3）能耗定额

逐步制定居住建筑供热用能指标、公共建筑（包括商业、酒店、医院、文化场馆、学校和办公建筑等）用能定额。在试点阶段，天津建筑供热企业能耗定额由其供热面积和建筑能耗定额标准确定。政府制定了居住建筑单位供热面积标准煤能耗量标准 q，且每年根据实际情况有所调整。

4）MRV 机制

建筑业主根据能耗监测系统统计数据自主申报，第三方核证机构负责建筑能耗数据信息检查核证，并负法律责任。

5）惩罚机制

处于自愿减排交易阶段，没有强制性惩罚措施。

15.3.3 深圳市建筑碳排放权交易分析

深圳市建立了碳排放管理系统、配额管理系统、碳补偿系统、交易系统、报告和认证系统、处罚和激励机制等六项碳排放管理规定。纳入交易体系的建筑共分四类，即政府办公建筑、商业办公建筑、商场建筑和宾馆酒店。已经形成了四类公共建筑单位建筑面积能耗定额标准[81]。

1）市场基本情况

深圳市将"十二五"时期 21% 的强制性碳减排目标分解到各行业部门，对公共建筑碳排放强度作出了强制性要求，启动了碳排放配额交易。深圳建筑碳排放权交易市场于 2012 年底建成，2013 年 6 月成功运行，为繁荣和稳定市场，深圳市政府出资设立了交易储备基金。

2）管理制度与交易程序

深圳市通过了《深圳经济特区碳排放若干管理规定》《深圳碳排放权交易试点登记管理办法》《深圳温室气体排放信息报送办法》和《深圳碳排放权交易办法和管理规定》等管理办法。建立了碳排放管理系统，配额管理系统，碳补偿系统，交易系统，报告和认证系统，处罚和激励机制等六项碳排放管理规定。

3）建筑能耗定额的确定

深圳建筑能耗核算范围为建筑消耗的电、天然气、燃油。纳入交易体系的建筑共分四类，即政府办公建筑、商业办公建筑、商场建筑和宾馆酒店。经过科学的调查研究并结合减排目标，形成了四类公共建筑单位建筑面积能耗定额标准。

4）MRV 机制

深圳采用的 MRV 机制与天津类似，建筑业主根据能耗监测系统统计数据自主申报，第三方核证机构负责建筑能耗数据信息检查核证，并负法律责任。

5）惩罚机制

根据政府规定，超过能耗限额的建筑业主要购买等量的碳排放权，否则将面临碳排放市场价格三倍的处罚。

15.4.1　理解碳交易与碳汇交易的区别

碳交易和碳汇交易是两个与减缓气候变化和碳减排相关的概念，二者容易造成混淆和误用，在学习中需要明确两个概念的区别与联系。

1）碳交易（Carbon Trading）

碳交易是温室气体排放权交易的统称，在《京都议定书》要求减排的 6 种温室气体中，二氧化碳为最大宗，因此，温室气体排放权交易以每吨二氧化碳当量为计算单位。在排放总量控制的前提下，二氧化碳排放权作为一种商品，从而形成了二氧化碳排放权的交易，简称碳交易。

在碳交易中，企业或国家可以在达到排放限额的情况下出售其多余的碳排放配额，而其他企业或国家则可以购买这些配额，以弥补其自身的排放超标。碳交易的主要目标是通过市场机制创造经济激励，促使企业和国家减少碳排放。

2）碳汇交易（Carbon Offset Trading）

碳汇交易涉及购买和销售碳汇单位，用于抵消某一活动或过程的温室气体排放。

在碳汇交易中，个体、企业或国家可以投资项目，如重新造林或清洁能源，以减少大气中的二氧化碳浓度。他们可以获得碳汇单位，并将其用于抵消其自身的碳排放。碳汇交易的主要目标是通过投资碳减排项目来抵消无法避免的排放，从而减少净碳排放。

3）联系和区别

碳交易和碳汇交易都旨在减少温室气体排放，但它们通过不同的途径实现这一目标。碳交易是通过在市场上买卖碳排放配额来鼓励减排，而碳汇交易是通过投资碳减排项目来抵消排放。主要区别在于碳交易着重于强制性的碳排放控制，而碳汇交易则侧重于补偿性的碳减排。碳交易通常涉及法定的排放上限和市场交易，而碳汇交易涉及项目投资和碳抵消。

在实践中，碳交易和碳汇交易通常会相互结合，以实现更全面的碳减排目标。企业和国家可能会采取减排措施来满足法定排放限制，并使用碳汇交易来抵消那些难以减少的排放，这有助于创建更具综合性的碳减排战略。

15.4.2 综合运用建筑碳汇交易的计算方法

建筑碳汇交易的计算方法需要综合考虑建筑的整个生命周期，采用先进的技术和工具，以确保计算的准确性和可比性。在实施建筑碳汇交易时，需要根据实际情况选择适合的计算方法。碳汇交易的计算方法包括以下几种：

1）基于活动的计算方法

这种方法是根据建筑的活动，如供热、供电、供水等，来计算建筑的碳排放量。这种方法适用于建筑的运营阶段。建筑的碳排放量可以通过建筑能源消耗量和能源碳排放系数相乘来计算。能源碳排放系数是指每个能源单位的 CO_2 排放量，可以通过国家能源统计数据或者其他数据来源来获取。

2）基于物质流的计算方法

这种方法是根据建筑使用的材料和能源流量来计算建筑的碳排放量。这种方法适用于建筑的整个生命周期，包括建筑材料的生产、运输、安装、使用和拆除等阶段。建筑的碳排放量可以通过建筑材料的生命周期分析来计算。

3）建筑能耗监测法

这种方法是通过对建筑能耗进行实时监测和管理，来计算建筑的碳排放量。建筑能耗监测法需要采用先进的建筑自动化系统和传感器技术，实时监测建筑的能耗和碳排放量，从而实现建筑碳汇交易。

4）碳足迹计算法

这种方法是采用碳足迹计算工具来计算建筑的碳排放量。碳足迹计算法是一种综合的计算方法，可以考虑建筑的整个生命周期，包括材料生产、运输、使用和拆除等阶段。碳足迹计算工具包括 LCA 等。

15.4.3 实现建筑碳汇交易计算准确性的方法

确保建筑碳汇交易计算的准确性是非常重要的，需要采用一系列措施来实现，包括：

1）采用国际标准

建筑碳汇交易计算需要采用符合国际标准的方法和工具，例如 ISO 14064 等。这些标准确保了计算方法的准确性，从而避免了不同地区和组织之间计算结果的差异。

2）数据采集和监测

建筑碳汇交易需要对建筑的碳排放量进行实时监测和管理。这可以通过采用先进的建筑自动化系统和传感器技术来实现，同时还需要对建筑的能源消耗量、材料使用量等数据进行收集和监测。

3）碳排放因素

建筑碳汇交易计算需要准确确定建筑的碳排放因素，包括建筑能源的碳排放系数、建筑材料的碳足迹等。这需要采用权威的数据来源和计算方法来确保其准确性。

4）模型验证

建筑碳汇交易计算需要采用合适的模型进行计算。这些模型需要进行验证和检验，确保其准确性和可靠性。同时，还需要根据实际情况进行调整和修正。

5）审核和认证

建筑碳汇交易计算需要经过第三方审核和认证，以确保计算的准确性。这需要采用独立的认证机构，并遵循相关的认证标准和程序。

确保建筑碳汇交易计算的准确性需要综合考虑多个方面，采用一系列的技术和措施来实现。只有这样，才能保证建筑碳汇交易的公正性和可持续性。

思考题

1. 天津、深圳和东京的建筑碳排放权交易体系有何异同？

2. 我国建筑碳汇交易的合理实施路线是怎样的？

3. 在不影响减排目标实现的前提下，为增强管制对象的履约能力，是否存在灵活履约机制？

参考文献

［1］ Carson R. Silent spring[M]. Thinking about the environment. Routledge，2015：150-155.

［2］ WCED. Our common future[R]. Oxford：Oxford University Press，1987.

［3］ United Nations. Rio Declaration on Environment and Development[EB/OL].（1992-8-12）[2023-10-27]. https：//www.un.org/en/development/desa/population/migration/generalassembly/ docs/globalcompact/A_CONF.151_26_Vol.I_Declaration.pdf

［4］ United Nations. United Nations Framework Convention on Climate Change[EB/OL].（1992-5-9）[2023-10-27]. https：//unfccc.int/resource/docs/convkp/conveng.pdf

［5］ United Nations. Kyoto Protocol to the United Nations Framework Convention on Climate Change[EB/OL].（1997-12-10）[2023-10-27]. https：//unfccc.int/resource/docs/convkp/kpeng.pdf

［6］ United Nations. The Paris Agreement[EB/OL].（2015-12-12）[2023-10-27] https：//unfccc.int/sites/default/files/resource/parisagreement_publication.pdf

［7］ United Nations. Transforming our world：the 2030 Agenda for Sustainable Development[EB/OL].（2015-9-25）[2023-10-27]. https：//sdgs.un.org/2030agenda

［8］ 习近平. 习近平生态文明思想学习纲要[M]. 北京：学习出版社，人民出版社，2022.

［9］ Eastman C M，Sacks R. Relative productivity in the AEC industries in the United States for on-site and off-site activities[J]. Journal of Construction Engineering and Management，2008，134（7）：517-526.

［10］ 王喜文. 工业 4.0：智能工业[J]. 物联网技术，2013，3（12）：3-4+6.

［11］ 孙澄，韩昀松. 基于计算性思维的建筑绿色性能智能优化设计探索[J]. 建筑学报，2020（10）：88-94.

［12］ 吴刚，欧晓星，李德智，等. 建筑碳排放计算[M]. 北京：中国建筑工业出版社，2022.

［13］ 钟丽雯，于江，祝侃，等. 建筑全生命周期碳排放计算分析及软件应用比较[J]. 绿色建筑，2023，15（2）：70-75.

［14］ 中华人民共和国住房和城乡建设部. 绿色建筑评价标准：GB/T 50378—2019[S]. 北京：中国建筑工业出版社，2019.

［15］ 中国工程建设标准化协会. 建筑碳排放计量标准：CECS 374：2014[S]. 北京：中国建筑工业出版社，2014.

［16］ 中华人民共和国住房和城乡建设部. 建筑碳排放计算标准：GB/T 51366—2019[S]. 北京：中国建筑工业出版社，2019.

［17］ 罗平滢. 建筑施工碳排放因子研究[D]. 广州：广东工业大学，2016.

［18］ 朱惠英. 建立健全建筑领域碳排放核算体系[J]. 工程建设标准化，2022，280（3）：28-29.

［19］ 张孝存. 建筑碳排放量化分析计算与低碳建筑结构评价方法研究[D]. 哈尔滨：哈尔滨工业大学，2018.

［20］ 曾婷，汤煜. 大数据时代背景下建筑全生命周期碳排放数据库研究[C]//2019 国际绿色建筑与建筑节能大会论文集，2019：4.

［21］ 伍廷亮. 大数据下建筑工程全生命周期碳排放数据库建设探析[J]. 建材发展导向，2017，15（8）：26-29.

［22］ 谭平，吕娜，张瑞红. 建筑材料[M]. 北京：北京理工大学出版社，2009.

［23］林家南，祝连波，吕雨彤等.国外建筑业碳排放权发展态势的可视化研究——基于CiteSpace软件的计量分析［J］.上海节能，2022（5）：561–569.

［24］张天舒，盛沁心.中国建筑业碳排放影响因素及其时空分布特征研究［J］.环境科学与管理，2023，48（7）：21–26.

［25］刘广一，王继业，汤亚宸等.电网碳排放因子研究方向与应用需求的演变进程［J/OL］.电网技术：1–17［2023–10–22］

［26］范薇，徐兆良.双碳目标下减碳固碳建筑材料的应用［J］.黑龙江科学，2023，14（17）：149–151+154.

［27］林明超，李晓娟，卢家婧.绿色建筑碳排放核算方法及减排路径研究［J］.上海节能，2023（8）：1111–1124.

［28］杨勇.全生命周期理念下的建筑碳排放测算方法［J］.北方建筑，2022，7（4）：21–25.

［29］赵民，王思雨，康维斌等.建筑领域碳排放核算研究综述［J］.暖通空调，2022，52（11）：13–22.DOI：10.19991/j.hvac1971.2022.11.02.

［30］刘依明，刘念雄.基于SimaPro、BEES和AIJ-LCA & LCW的建筑生命周期评估工具研究［J］.建筑节能（中英文），2021，49（6）：14–20.

［31］潘毅群，郁丛，龙惟定，等.区域建筑负荷与能耗预测研究综述［J］.暖通空调，2015，45（3）：33–40.

［32］Kavgic M，Mavrogianni A，Mumovic D，et al. A review of bottom-up building stock models for energy consumption in the residential sector[J]. Building and Environment，2010，45（7）：1683–1697.

［33］BEng D J. A physically-based energy and carbon dioxide emission model of the UK housing stock[D]. Leeds：Leeds Metropolitan University，2003.

［34］Müller A. Energy demand assessment for space conditioning and domestic hot water：a case study for the Austrian building stock[D]. Wien：Technische Universität Wien，2015.

［35］Kranzl L，Hummel M，Müller A，et al. Renewable heating：Perspectives and the impact of policy instruments[J]. Energy Policy，2013，59：44–58.

［36］Lippiatt B C. Bees 4.0：Building for environmental and economic sustainability[J]. technical manual and user guide，2007.

［37］李蕊，石邢.三种建筑全生命周期碳排放计算软件比较研究［C］.第十一届全国建筑物理学术会议论文集，2012，50–53.

［38］王吉凯.基于产品生命周期的碳排放计算方法研究［D］.合肥：合肥工业大学，2012.

［39］绿建斯维尔.绿建斯维尔建筑碳排放软件CEEB——助力我国建筑领域实现"双碳"目标！［EB/OL］.（2021–11–25）［2023–06–05］. https：//mp.weixin.qq.com/s/yp6sJFWccToJU0HonKoB6A.

［40］骏绿网.【骏绿网直播回顾】干货分享｜建筑碳排放如何计算及软件应用[EB/OL].（2023–03–31）［2023–06–05］. https：//www.jungreen.com/course/play?id=7b46a239-8196-40c7-8918-ae780125e75a.

［41］绿建斯维尔.聚焦两会｜如何让更多建筑"绿"起来？代表委员这样说［EB/OL］.（2023–03–14）［2023–06–05］.http：//caserver.gbsware.cn/news/202303/1745.html.

［42］Langevin J，Harris C B，Reyna J L. Assessing the potential to reduce US building CO_2 emissions 80% by 2050[J]. Joule，2019，3（10）：2403–2424.

［43］禾筑.碳中禾建筑碳排放计算免费软件使用攻略（一）［EB/OL］.（2022–05–10）［2024–05–05］.https：//mp.weixin.qq.com/s/7Gu6b-sevWIAblMEuP55oQ

［44］中华人民共和国住房和城乡建设部.建筑节能与可再生能源利用通用规范：GB 55015—2021[S]. 北京：中国建筑工业出版社，2021.

［45］全国环境管理标准化技术委员会.环境管理 生命周期评价——要求与指南：GB/T

24044—2008. [S]. 北京：中国标准出版社，2008.

［46］Xiaocun Zhang, Wang Fenglai.Life-cycle assessment and control measures for carbon emissions of typical buildings in China[J]. Building and Environment 86（2015）: 89-97.

［47］Xiaocun Zhang, Wang Fenglai.Hybrid input-output analysis for life-cycle energy consumption and carbon emissions of China's building sector[J]. Building and Environment 104（2016）: 188-197.

［48］张孝存，王凤来 . 建筑工程碳排放计量 [M]. 北京：机械工业出版社，2022.

［49］中国建筑能耗与碳排放研究报告（2022 年）[J]. 建筑，2023（2）: 57-69.

［50］建筑施工与运营碳排放研究课题组 . 建筑低碳化探索：施工、运营碳排放与低碳策略研究 [M]. 北京：中国建筑工业出版社，2016.

［51］王庆一 . 中国建筑能耗统计和计算研究 [J]. 节能与环保，2007（8）: 9-10.

［52］王霞 . 住宅建筑生命周期碳排放研究 [D]. 天津：天津大学，2011.

［53］王上 . 典型住宅建筑全生命周期碳排放计算模型及案例研究 [D]. 成都：西南交通大学，2014.

［54］城乡建设领域碳达峰实施方案 [J]. 安装，2022（8）: 1-4.

［55］王松庆，王威，张旭 . 基于生命周期理论的严寒地区居住建筑能耗计算和分析 [J]. 建筑科学，2008，24（4）: 58-61.

［56］荆娴 . 基于绿色建筑理念的沈阳老旧住宅适老化改造研究 [D]. 沈阳：沈阳大学，2022.

［57］康一亭，刘瑞捷，吴剑林，等 . 国家游泳中心"冰立方"冰壶场改造减碳潜力研究 [J]. 建筑科学，2022，38（4）: 236-242.

［58］中华人民共和国国务院 . 新一代人工智能发展规划的通知 [Z]. 2017-07-08.

［59］陈海波 . 与领导干部谈 AI：人工智能推动第四次工业革命 [M]. 北京：中共中央党校出版社，2020.1.

［60］陈兴明 . 分散式 CO_2-EOR 项目数字化管理转型探索与实践 [J]. 油气藏评价与开发，2021，11（4）: 635-642+658.

［61］汪再军 .BIM 技术在建筑运维管理中的应用 [J]. 建筑经济，2013（9）: 94-97.

［62］高林帅，李馨，马安平 .BIM 的智慧建筑运维管理系统设计 [J]. 电子世界，2021，11（1）: 178-179.

［63］庄重，李宇舟，李阳 . 基于数字孪生的设备大数据智能运维平台构建 [J]. 四川建筑，2021，41（4）: 211-213.

［64］石鹏 . 基于 BIM 与物联网的建筑运维管理系统研究 [D]. 郑州：郑州大学，2020.

［65］罗钢，邢泽众，李欣宇，等 . 基于 BIM 的京杭运河枢纽港扩容提升工程绿色智能运维管理平台开发 [J]. 建筑技术，2020，51（1）: 69-73.

［66］范华冰，李文滔，魏欣，等 . 数字孪生医院——雷神山医院 BIM 技术应用与思考 [J]，华中建筑，2020，38（4）: 68-71.

［67］申玉民 . 基于区块链的数字孪生智慧建筑运维管理技术研究 [D]. 青岛：青岛理工大学，2022.

［68］刘汝朋 . 物业管理信息系统的研究 [J]. 中国科技博览，2015，29（1）: 1-4.

［69］朱洪顺 . 基于 BIM 技术的建筑运维管理框架设计及功能价值分析 [D]. 成都：西华大学，2021.

［70］汪再军 .BIM 技术在建筑运维管理中的应用 [J]. 建筑经济，2013，9（1）: 94-97.

［71］中华人民共和国生态环境部 . 大中城市固体废物污染环境防治年报 [EB/OL].（2020-12-28）[2023-06-05]. https: //www.mee.gov.cn/hjzl/sthjzk/gtfwwrfz/.

［72］江苏省建筑科学研究院有限公司 . 江湖淤泥烧结自保温墙体关键技术研究 [R]. 2015.

［73］国家发展改革委气候司 . 关于推动建立全国碳排放权交易市场的基本情况和工作思路 [J]. 中国经贸导刊，2015，1: 15-16.

［74］任宏，卢媛媛，蔡伟光，等．我国建筑领域碳排放权交易框架研究 [J]. 城市发展研究，2013，21（8）：70-76.

［75］巫蓓，刘珈铭，任庚坡，等．基于分项计量数据的建筑碳排放权交易探讨 [J]. 上海节能，2015（7）：396-401.

［76］陈浩，康欣．始于碳计算 终于碳交易——建筑业低碳发展探索 [J]. 绿色建筑，2023，15（4）：1-4+9.

［77］王毅刚．碳排放交易制度的中国道路 [M]. 北京：经济管理出版社，2011：11.

［78］卢媛媛．我国建筑碳排放权交易框架构建研究 [D]. 重庆：重庆大学，2014.

［79］朱潜挺，常原华，朱拾遗．国内外碳交易体系对构建京津冀区域性碳交易市场的启示 [J]. 环境保护，2019，47（16）：18-26.

［80］仇勇懿，孙江宁．日本低碳城市的政策与实践——以东京碳排放限额和交易计划为例 [C]// 城市发展研究——第 7 届国际绿色建筑与建筑节能大会论文集．北京：中国科学技术出版社，2011：445-449.

［81］刘小兵，武涌，陈小龙．我国建筑碳排放权交易体系发展现状研究 [J]. 城市发展研究，2013，21（8）：64-69.

［82］李骏龙，由世俊，张欢，等．天津市办公建筑能效交易基准线研究 [J]. 建筑科学，2012，28（10）：29-33.

［83］丁宇．中国首个基于碳强度约束设计的市场——天津民用建筑能效市场 [J]. 产权导刊，2010，（11）：66.